螞蟻﹒螞蟻

Journey to the Ants: A Story of Scientific Exploration

螞蟻大師威爾森與
霍德伯勒的
科學探索之旅

霍德伯勒Bert Hölldobler、
威爾森Edward O. Wilson◎著

蔡承志◎譯

目　次

導讀
與螞蟻共舞

吳文哲／台灣大學昆蟲系系主任

　　螞蟻，這類最為人熟悉的昆蟲，看似弱不禁風，隨時有喪命、滅種之虞，卻是人類的「老前輩」，在人類尚未出現的數千萬年前，牠們已經以十分進化的社會化生活型態佔據了廣大的地表，並存活至今，與我們比鄰而居。這類人類的「小鄰居」究竟有何特殊，竟能熬過這千萬年來嚴苛的地球環境遽變，成為目前堪與人類相抗衡的地表優勢物種之一？威爾森與霍德伯勒這二位當代螞蟻學界的泰斗，累積二人超過八十年的螞蟻觀察和研究所得，要在本書告訴各位讀者許多這類頑強微小昆蟲的精彩故事。但在正式展開這段螞蟻奇航之前，我們有必要先就螞蟻的生活習性作一了解。

　　目前，全世界已命名的螞蟻計達九千多種，不過，據估計應有兩萬種以上的螞蟻生活在地球上。螞蟻家族中的成員大約可分為20個亞科（螞蟻屬於動物界、昆蟲綱、膜翅目、蟻科，且可再將其分為16

個現存亞科及 4 個已絕滅的亞科）。昆蟲在外型上一般可區分為頭部、胸部及腹部三個部分，但螞蟻則在胸、腹之間則多了一或二節縊縮的腰部，這也是區分螞蟻和其他昆蟲的最簡單方法，螞蟻依據腰部節數的這個特徵又可分為腰部一節的種類，如山蟻、針蟻及琉璃蟻等，與腰部兩節的家蟻及擬家蟻等種類。

　　地球上的昆蟲有數百萬種之多，其中螞蟻與白蟻這兩類社會性昆蟲因為在體型、生活環境及一些群聚的特性上，看上去有些相似的地方，因此人們經常常將白蟻與螞蟻誤認為同類，甚至認為白蟻是「白色的螞蟻」。實際上，螞蟻和白蟻是兩類截然不同的昆蟲，牠們有著不同的社會性結構、不同的遠古祖先及完全不同的發育過程。在昆蟲的世界裡，螞蟻與蜜蜂、胡蜂等昆蟲的親緣關係反而比較親近。在昆蟲分類的位階上，螞蟻與蜜蜂等蜂類昆蟲歸於膜翅目、細腰亞目之下，而白蟻則隸屬於等翅目。

　　在歐洲或美洲的寒、溫帶森林中，經常可以發現如小土丘般的蟻巢，此類螞蟻隸屬山蟻亞科下的木匠蟻屬，俗稱為木蟻或林蟻。蟻丘是什麼呢？應該說是木蟻的摩天大樓吧！為何木蟻要將牠們的家建得如此高大呢？一般而言，昆蟲幼蟲在發育的過程中，環境溫度的高低經常影響其發育速率的快慢，螞蟻的幼蟲也不例外。在寒溫帶的森林地區，地底的溫度一般都比較低，因此木蟻便將大部分的蟻巢建築在地面上，一方面可減少因地面潮濕所帶來的寒氣，另一方面也能增加陽光照射的面積。但並非所有的螞蟻都建築如城堡般雄偉的蟻丘，如在台灣中低海拔的樹林中經常可以發現到的懸巢舉尾蟻，便是把蟻巢建築在樹上，其形狀如同一個繡花球般，因此常被誤認為蜂巢；渥氏棘蟻則把整個蟻巢建在地下，地面上只有一個進出小孔，很難想像地下有個規模浩大的螞蟻帝國。在木蟻的蟻丘中有著許許多多的房間，房間有大有小各具不同功用。蟻丘的最底部也就是

在地面以下的部分，此處的溫度雖比地面以上為低，但一年四季的溫度變化相對較為穩定，且較不易受螞蟻天敵的攻擊，因此這裡是為蟻后的房間及（存放較脆弱蟻卵的）卵室的最好位置；而蟻丘高處受到陽光照射及漸離地面的雙重影響，其溫度也愈高，木蟻便依照各齡期幼蟲發育所需之溫度來分配房間，愈高之處為齡期愈大的幼蟲室，而最溫暖的部位就屬化蛹室了；存放食物的房間則零散地分布在蟻丘中。舉尾蟻的蟻后室則位於球狀蟻巢內部的中央，幼蟲室分布在周圍，越往外層溫度越高，幼蟲室中的蟲齡也越大。但並非所有的螞蟻都有如此完整的「房間管理」，如爪哇分針蟻的蟻巢，雖有卵室及幼蟲室等的分別，但卻是零星地分布於巢內。瘤顎家蟻屬種類的巢則僅有一個房間，大大小小的個體均生活在一起。

螞蟻的世界是個極端母性的社會，不管是辛勤工作的工蟻或是努力生產的蟻后皆為雌性，那螞蟻的雄性呢？雄蟻一般在蟻巢中所佔的比例極低，且僅出現在螞蟻的生殖期（一般是在五月～七月）。這樣一個以女性為主的社會究竟是如何形成的呢？這就要針對螞蟻的遺傳學做一簡單說明了。人類的男女是由性染色體的組合來決定，XY 為男生，XX 則為女生。但螞蟻的染色體中並無性染色體，決定性別的方法就在於染色體的套數，染色體雙套的個體為雌性，單套則為雄性，而染色體的單雙套則是取決於卵子受精與否，受精卵發育成雌蟻，未受精卵則發育為雄蟻（蟻后可以利用儲精囊上的肌肉來控制所產的卵是否要受精）；因此，在蟻巢中沒有工作能力的雄蟻受控於蟻后，且僅在交配季節才出現。絕大部分蟻后所產的卵將發育成工蟻，僅有少數發育較快速的幼蟲有機會可發育為新的蟻后。大部分的螞蟻從卵孵化為幼蟲之後，約需經過 2～3 次的脫皮才會化蛹。而山蟻亞科與針蟻亞科螞蟻的末齡幼蟲有發達的絲腺，因此化蛹的過程是在幼蟲所織的繭中完成的。但並非所有的螞蟻均會結繭，如家蟻亞科螞蟻

的幼蟲是不會吐絲的，原因是此類螞蟻幼蟲的絲腺退化了，如經常在我們家中出現的小黃家蟻便是如此。

螞蟻吃什麼呢？事實上，螞蟻的食物就是地球上所有可吃的東西。專門吃種子的收割蟻及吃真菌的切葉蟻，都是吃素的螞蟻；恐怖的軍蟻和針蟻是絕對的肉食主義者；在你家廚房中肆虐的家蟻則是來者不拒的雜食者。木蟻是雜食性的螞蟻，在寒溫帶森林中的小昆蟲和植物果實均是牠們的食物，另外，蚜蟲為了獲得更多植物體內微量的胺基酸而不停地吸食汁液，蜜露這種從牠們肛門排出的液體便成了螞蟻的美食。分泌甜蜜給螞蟻當食物的昆蟲，除了蚜蟲外還有介殼蟲、角蟬、一些甲蟲及蝶類的幼蟲等。螞蟻的食物大部分是液體狀的，牠們是如何搬運的呢？在昆蟲的消化系統中，胃的前方有一個囊狀的器官稱為嗉囊（又可稱為前胃），螞蟻便是利用它來儲藏所採穫的液體食物，再帶回巢中回吐（交哺）給其他同伴或幼蟲，因此螞蟻的嗉囊又可稱為「社會性胃」。

螞蟻在森林中扮演著不同的角色，牠們會去掠取其他的動物，但也是其他動物的美食。螞蟻的敵人除了鳥和食蟲的動物（如食蟻獸、穿山甲、蜘蛛等）外，最重要的天敵便是其他同種或不同種的螞蟻；螞蟻天性好戰，因為牠們所需的自然資源是相同的，為了生存彼此間的競爭自是不可避免的。儘管螞蟻在人類眼中是如此的微不足道，但她們在自然界的重要性卻如大樓的基石般不可動搖，也許當人們自地球上消失時，螞蟻仍繼續與森林相互依存。

一九六九年，一位年輕的德國科學家霍德伯勒敲開了威爾森位在哈佛大學的辦公室大門，從此展開了兩人長達二十餘年的合作情誼，這段歷程詳細地記錄在本書的第二章裡。到了一九八五年，由於研究經費的短絀，加上德國與瑞士各大學紛至沓來的邀約，促使霍德伯勒下了離開哈佛的決

定，臨別之前，二人決定合撰一本書，闡述二人所知道的一切有關螞蟻的知識，成就了《螞蟻》一書的誕生，儘管厚達 3.4 公斤重，這本「巨無霸」專業論著仍於一九九一年摘下普立茲獎的桂冠，成為當代螞蟻學的經典作品。不過，一直要到一九九四年，一般大眾才有幸讀到《螞蟻》一書的濃縮精華本：《螞蟻‧螞蟻》，免去攀爬閱讀高山之苦，就能一窺螞蟻世界的堂奧。本書以十四個章節為主要架構，並穿插極引人入勝的圖片使本書增色不少，唯一美中不足的是該書原版未能將圖片插置在文章中的相關位置，使讀者往往不能很方便地利用圖片輔助了解本文的意思，中文翻譯本則試圖克服此缺憾，為圖片編號插在文中適當的段落，而增加了本書的價值。我在此就佔一些篇幅，為各章的內容作一摘要式的介紹。

第一章「螞蟻的優勢王朝」明確點出在地球的生態系中，螞蟻扮演著舉足輕重的角色，雖然牠們身形纖細，卻是擁有最大生物量的生物類群，而扣緊了整個生物能量循環的重要環節。螞蟻之所以能稱霸地球乃在於其獨特的社會性與多樣性；無私的社會性結構使其能充分利用自然界所賦與的任何資源，而優於許多獨居型生物。第二章「螞蟻之愛」則詳細描述了兩位作者踏入螞蟻學研究的歷程，且因熱愛螞蟻研究而結為好友的人生之旅，頗富勵志性，值得老師與家長借鏡。第三章「群落的生與死」，說明了螞蟻族群的建立與崩解；一個網路般的地底王朝是如何經由一隻蟻后而興起，然後逐漸衰頹。第四章「螞蟻的溝通方式」和第五章「戰爭與外交政策」則利用擬人化的描述方式，將各式各樣的螞蟻如何與自己同巢夥伴相互傳達訊息，及如何為了獲得更多的食物、資源，佔領更廣大的生活空間，或保護自己的蟻巢而使盡各種手段的精彩故事，作者以流暢的筆觸和生動的圖片將這部分如動畫般呈現給讀者。在第六章「古螞蟻」中，我們看到了螞蟻學者為了尋找夢幻般的原始螞蟻，不惜穿越半個地球，冒著天

寒地凍，在荒野中「尋夢」，體會到尋找生命真理的路途往往是出人意表卻又處處充滿驚嘆。第七章「衝突與優勢」則在描述看似和平的蟻巢，內部卻是充滿著權力的爭奪與妥協，蟻后們以其特殊的「政治」手段奪取統治權力，一場場和平或血腥的政權轉移在此章節中赤裸裸地呈現著。第八章「合作的起源」，儘管前一章節的蟻后間鬥爭仍在進行著，但那一大群默默奉獻自我的偉大工蟻們，卻以生物界少有的「利他行為」照顧她們的眾姊妹，本章則從遺傳學的角度來解答這一特殊行為的真相。第九章「超級有機體」，由於螞蟻本身獨特的社會結構，以單一個體作為研究觀察對象的傳統作法，並不適用於螞蟻，螞蟻是為群落而生，為群落在打拼，我們唯有將群落作為研究觀察的單位，才能看到真正的螞蟻全貌，這種對於生命現象的新思考邏輯看似怪異，卻又似乎無法質疑。第十章「社會性寄生蟲：昆蟲駭客」與第十一章「取食共生物種」則是在介紹一大群與地球上最「強悍」生物生活在一起的昆蟲，不管牠們是不請自來，或是被盛情邀請，因為牠們的加入使螞蟻的世界又添加了許許多多新奇的故事。第十二章「軍蟻」，「螞蟻雄兵」的字眼充斥在電視、電影影集誇大教育下的刻板印象裡，本章以實地的田野觀察記錄，對於這群有著特殊行為及蟻巢內成員數量最大的螞蟻作了最徹底地敘述。第十三章「最奇特的螞蟻」，二位作者將其多年經歷到的各種五花八門、千奇百怪螞蟻，透過如放大鏡般的巧妙文字帶領著讀者一窺這些螞蟻驚人的面貌，這也是螞蟻世界中最引人入勝之處。第十四章「螞蟻如何控制環境」，上萬種螞蟻盤據在地球上絕大多數的陸域環境中，但牠們是如何在那些連人類都難以適存的地域中頑強地活著，螞蟻的巧妙智慧在此發揮得淋漓盡致。「尾聲：誰能夠繼續存活」，適者生存這殘酷的歷史戲碼一再地在地球的舞台上上演著，對於已存活千萬年的螞蟻而言，誰能存活的問題似乎只是人類自問自答的迷

咒而已，無干於牠們的生存。「螞蟻研究法」，對於有心想要嘗試製作螞蟻標本的讀者而言，本章提供了實際操作的機會，從採集、飼養觀察到標本製作，皆有詳細的說明，頗富教育性。文末的附錄「台灣家屋中的螞蟻」則是由從事台灣螞蟻研究多年的年輕學者撰寫，介紹台灣八種常見的家屋螞蟻，配合家屋螞蟻生物學方面的概述，讓讀者對於住在家中的討厭小房客，有更深層的認識。

迄今，台灣坊間尚未出現以螞蟻自然史為題材的科普書籍，關於螞蟻學的相關知識也多僅限於雜誌、報章的片段式報導，或是兒童、青少年出版品的粗淺介紹，無論是專業性或整體性都略嫌不足，因此，大眾對於螞蟻的認識往往只停留在，「螞蟻有什麼好研究的，螞蟻不是只有三種嗎？大螞蟻、小螞蟻及白色的螞蟻。」等淺薄的觀念上。《螞蟻‧螞蟻》的出版無疑填補了此一不足，可說是讀者踏入螞蟻世界的最佳入門書籍。有了二位螞蟻學巨擘的精彩領航，螞蟻鮮為人知的複雜生命現象，有了一個清晰的輪廓。那是一個自成一格的生命世界，和人類的社會一樣，她們在求溫飽之外，有其獨特的文明，也有殘酷的野蠻殺戮。她們不比人類高貴多少，卻是絕對不比人類卑微，甚至讓人充滿敬畏之情，也許下次當你看到一行或一隻螞蟻從腳旁走過，爬上糖粒、殘羹剩飯，不妨多仔細瞧瞧她們，也許會看到你從未見識過的嶄新螞蟻。

前言

　　我們在一九九〇年出版了一本專論，《螞蟻》，不但在學術界獲得高度好評，也意外地廣受一般大眾的注意。不過那是一本技術性書籍，主要是寫給其他的生物學者閱讀，以及作為螞蟻學研究的百科全書或隨身手冊。同時，那本書的主要目標是希望能夠兼容並蓄，因此篇幅龐大，總共包含了 732 頁的圖表與雙欄位文字內容，精裝本的長寬各為 31 與 26 公分，重達 3.4 公斤。《螞蟻》一書並不是供讀者臨時起意購買，或讓讀者從頭到尾仔細閱讀的著作。我們撰寫該書的時候，也無意以直接明快的寫作方式，將鑽研這種驚人的昆蟲過程裡的奇遇向讀者報告。

　　《螞蟻・螞蟻》一書則擷取了螞蟻學的研究精華，濃縮成為較能為人接受的篇幅，並減少使用專業術語。我們也承認，由於一直親身鑽研這些研究對象，我們在書中無可避免地會從較為偏頗的角度，來探討這些主題與物種。如果書中所討論的主題，有必

要使用某些專有名詞，我們也會適時定義。

我們一開始是依照討論的主題來鋪陳，然後逐漸朝螞蟻的自然史發展。我們會解釋，螞蟻可以取得如此驚人的成功結果，主要歸因於群落成員能夠彼此合作，故能迅速發揮悍然無匹的強大威力。牠們之所以能夠結合群力發揮這樣的高度效率，則是由於牠們擁有高度發展的化學溝通能力：牠們能夠從身體各個部位，釋放出各式各樣的化學物質供同巢螞蟻嗅聞與測試，這些同伴則根據被釋放的化學物質、釋放時的環境，來判斷它們究竟是一種警告、吸引力、育幼、供應食物或其他活動信號。換言之，螞蟻和人類一樣，二者之所以能夠成功，完全得力於他們擅長使用信號來溝通。

螞蟻完全是為群落而生。工蟻對於群落幾乎是百分之百忠誠。或許正因為如此，同種螞蟻不同群落之間發生有組織衝突的頻率才會遠高於人類的戰爭。螞蟻因種類的不同，會從事各種宣傳、欺敵、熟練的偵搜行動，以及獨力或結盟展開大規模攻擊行動來制壓敵人。在極端誇張的例子裡，有些螞蟻會向敵人投擲石塊，有些則會搜捕奴隸，來增強自己的勞動力與攻擊武力。然而，即使慘烈的領域保衛戰正如火如荼地進行著，交戰的各城邦內部卻不見得能夠保持和睦。自私的行為經常可見，在繁殖權力發生衝突的情況下，更是如此。擁有卵巢的工蟻有時候會與蟻后競爭，將自己的卵植入群落的育幼室。牠們有時候會趁蟻后不在的時候，有時候乾脆就當著牠的面，為了爭奪掌控權而互鬥。昆蟲學家發現，螞蟻群落是處於一種達爾文式的平衡狀態，也就是說，牠們為了生存，一方面會效忠群落，一方面會在群落內部爭奪控制權。於是，群落成員之間形成了一種既密切又複雜的關係，足以導致一種協調良好的巨大有機體的出現，也就是著名的昆蟲「超級有機體」。

我們後面會提到，螞蟻在恐龍時代，也就是大約在一億年前崛起，並迅速遍布世界。牠們與其他多數深具優勢的生命型態一樣，都在各地發展出各式各樣的物種（人類是一種明顯的例外）。現存的螞蟻種類數目，可能達到數萬之譜。螞蟻在發展茁壯的歷程裡，產生了各式各樣的驚人適應類型。這便是牠們的第二項演化成就，本書的第二部分便是要討論這個主題。我們會在那些篇幅裡，帶領讀者探索千變萬化的螞蟻種類，從社會性寄生蟻類到軍蟻、遊牧群落、擅長偽裝的女獵人，與建造控溫摩天大樓的蟻群。

　　我們兩人從事螞蟻研究的時間加起來已超過了八十年，我們在這裡要告訴各位許多故事，有些是以個人奇聞軼事的型態，有些則是以自然史的方式來陳述。我們也大量引用數百位昆蟲學家的研究結果。我們希望與各位分享我們和這些科學家所體驗到的興奮之情與樂趣。但願各位能夠經由我們的介紹，了解到這些昆蟲在許多方面，實在是攸關著我們人類的生存。

伯特・霍德伯勒

艾德華・威爾森

一九九四年一月三日

第一章
螞蟻的優勢王朝

　　我們熱愛螞蟻，我們的專業則稱為螞蟻學。我們和所有螞蟻學者一樣（世界上只有不到五百位螞蟻學者），都以一種特殊的眼光來看待地球表面，我們把它視為一個螞蟻群落構成的網絡。我們的腦袋隨時攜帶著一張這種頑強微小昆蟲的全球群落地圖。由於牠們無處不在，和牠們一些可預測的特質，使我們無論身處何處都像是在自己家裡一樣，因為我們已經學會了解讀牠們的部分語言，而且對牠們部分社會組織結構的了解也遠超過任何人對於人類行為的了解。

　　我們由衷讚佩這些昆蟲的自力更生。螞蟻能夠在人類持續破壞改變的環境縫隙中繼續生存，似乎根本不在乎人類是否存在，牠們只需要一處不太受到干擾的環境，便可以築巢、搜尋食物和傳宗接代。亞丁、聖荷西的市立公園，烏斯馬爾的馬雅神廟的階梯，以及聖胡安市內的排水溝裡，都是我們過去幾年進行研究的一些地點，我們在那裡跪地匍匐觀察這些微細的

生物，牠們並不知道我們的存在，但是，牠們卻是我們終生關注研究的對象與無上喜悅之源。

　　螞蟻的數量實在多得讓人咋舌。一隻工蟻還不到人類體積的百萬分之一，然而所有螞蟻加起來，卻是可以在陸地上與人類匹敵的優勢生物。無論你在哪裡，只要身體往樹幹上一靠，第一個爬到你身上的生物幾乎都是螞蟻。漫步在市郊走道上，眼睛盯視地面，計算你所看到的不同動物，螞蟻必然是輕而易舉獲勝。英國昆蟲學家威廉斯曾經計算出，在任何時刻，地球上都有一百萬兆（10^{18}）隻昆蟲存活。若根據保守估計，這當中約有百分之一是螞蟻，總蟻口數就是一萬兆隻了。一隻工蟻的平均體重，依不同蟻種可達一到五毫克。如果我們將世界上所有螞蟻的體重加起來，則可以得到相當於全人類的重量。不過，正由於一隻螞蟻的體型相當微小，所以整個陸地的地表環境都可以為螞蟻所覆蓋。

　　因此，如果我們從毫米尺度來看世界，螞蟻明顯與其他動、植物相中的各個物種息息相關。牠們既攸關著其他無數動、植物種屬的生存，自然也深刻影響牠們的演化歷程。工蟻是其他昆蟲與蜘蛛類的主要捕食者。螞蟻大軍則是其他同體型生物的送葬隊伍，超過百分之九十的動物軀體都被螞蟻蒐羅搬運回巢當作食物。牠們也將種子運回巢中作為食物，沒有吃完的則棄置巢中或蟻巢附近，使得大量植物品種得以借助螞蟻之力四處散播。所有螞蟻累積搬動的土壤體積超過蚯蚓，這個搬運過程也讓大量的土壤養分產生循環作用，對於維護土地生態系統的健康非常重要。

　　由於螞蟻在結構與行為上的高度特化，牠們遍布全球各陸域環境，大量聚居在適合自己生存的地點。分布於中、南美洲森林裡，身上長了棘刺的紅色切葉蟻會將新鮮的樹葉與花朵碎片搬運到地底的巢室裡培養真菌；細小的刺顎家蟻屬會運用類似陷阱的觸發式長大顎捕捉跳蟲；軀體呈筒狀

的盲眼鋸鈍針蟻屬會蠕動身體深入腐壞的木頭裂縫中獵捕衣魚；軍蟻會集結成扇狀隊伍行軍前進，幾乎沒有任何動物可以逃過牠們的肅清捕獵行動；還有其他數量龐大的各類螞蟻則會搜捕獵物、屍體、花蜜甘露以及植物殘塊。在任何有昆蟲的地表都可以發現螞蟻。此外，還有一些極為特殊的螞蟻能夠適應深層土壤的生活方式，終其一生幾乎從未出現於地表上。這類螞蟻的頂上，還有一種大眼螞蟻生活於森林頂蓬高處，其中幾種還能以幼蟲吐絲的方式密合樹葉，建構一處細緻的蟻巢居室（圖 1-1 ～ 1-3）。

　　我們在芬蘭的森林裡，就清楚看到了螞蟻是如何展現牠們的優勢地位，那種特殊的生存型態讓我們印象深刻。我們在綿延跨越北極圈的寒帶森林裡，發現這些昆蟲依然是地表的主宰。五月中旬，芬蘭南岸的天空烏雲密布，細雨輕飄，溫度只上升到攝氏十二度左右（華氏 54 度，至少對於衣著單薄的自然學者而言，並不覺得舒適），當地落葉性植物的樹葉只有部分萌芽，可是螞蟻卻已經活躍地四處行動。牠們集結成群沿著森林小徑行動，爬上覆蓋著苔蘚的龐大石塊，並在濕地草叢裡穿梭。我們可以在幾平方公里的範圍內找到十七種螞蟻，佔芬蘭已知螞蟻相（譯注：代表該地區所有螞蟻種類的組合現況）的三分之一。

　　建築蟻丘的山蟻類螞蟻體表呈紅色或黑色，大小和家蠅差不多，是當地的優勢螞蟻。有幾種螞蟻的蟻丘呈圓錐體狀，並以剛挖掘的土壤與植物枝葉碎片覆蓋表面，每一個蟻巢都可以容納數十萬隻工蟻，蟻丘聳立高達一公尺，若以螞蟻的尺寸換算，相當於一座四十四層樓高的摩天大樓。蟻丘的表面到處都是蜂擁攀爬的蟻群。牠們成縱隊在同一群落的相鄰蟻丘之間行軍，隊伍延伸可達數十公尺長。牠們在蟻道上列隊行軍紀律森嚴，其模樣就好像我們搭機低飛，俯視都市間高速公路的情景。部分螞蟻則列隊攀爬到附近松樹之上，照料棲息於樹上的成群蚜蟲，和蒐集牠們排泄出來

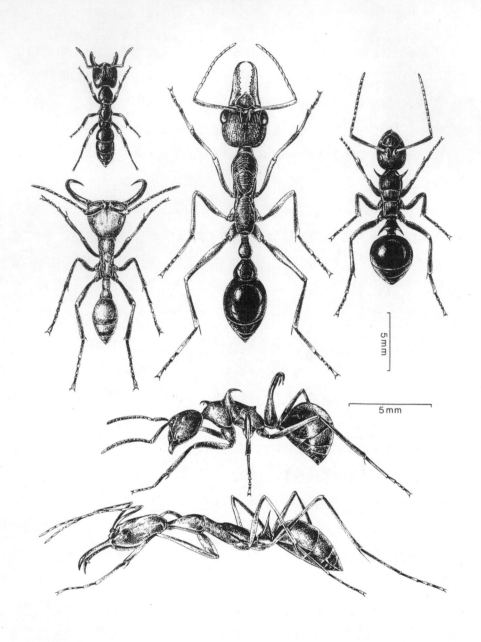

圖 1-1

分布世界各地的 9,500 種螞蟻的工蟻，呈現出極為多樣化的繽紛型態。上中為牙針蟻屬裡的犬蟻，其左邊是軀體厚實的鈍針蟻（或稱為鈍蟻），以及擁有鍊刀狀大額的游蟻屬軍蟻。犬蟻右邊是軀體擁有許多棘刺的棘蟻，下為另一隻棘蟻與擁有長大額的鋸針蟻（Turid Forsyth 繪圖）。

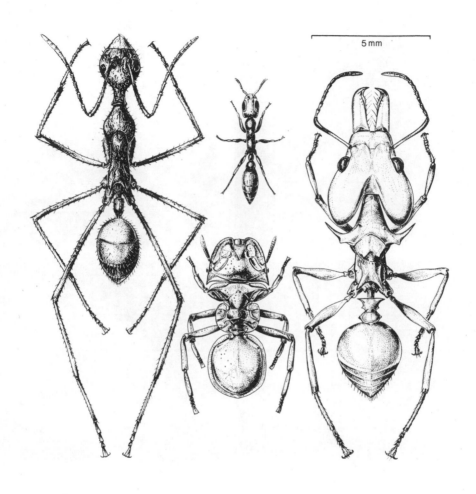

圖 1-2

分布於南美洲的數種螞蟻。左邊的是擁有長頸
的琉璃蟻；右邊的是體軀多刺，並擁有長形陷
阱觸發式大額的針刺家蟻（Daceton）。中上
者為擬家蟻，其下為扁龜家蟻（Turid Forsyth
繪圖）。

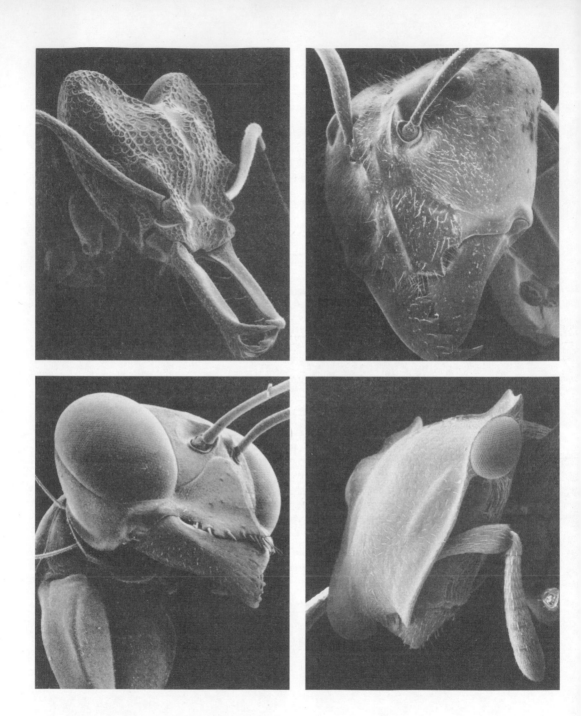

圖 1-3

各種螞蟻的頭部特寫。由左上角順時鐘排列各為：澳洲的
多彩長頸家蟻；分布於婆羅洲的巨大巨山蟻，這是世界上
最大的螞蟻；南美洲的扁龜家蟻；以及分布於南美洲的破
壞碩眼山蟻（由 Ed Seling 進行電子顯微影像掃瞄）。

的蜜露。另外，一支小型狩獵隊伍則在林間地表搜捕獵物。我們看到有些在捕獲毛蟲或其他昆蟲之後，正在返巢途中。部分則正在攻擊其他規模較小的螞蟻群落，並於獲勝後將防禦者的屍體搬運回巢作為食物（彩圖I-1）。

芬蘭森林裡的螞蟻扮演著當地極重要的捕食者、腐食者與翻土者等角色。我們與芬蘭昆蟲學家一起進行搜尋，幾乎是每幾平方公尺就可以在石塊下、土壤頂層的腐殖質下，以及散布森林地表各處的腐朽木頭裡發現牠們的蹤跡。雖然我們還沒有對「蟻口」進行精確估計，不過，螞蟻數量很可能至少佔該區域生物量的百分之十。

發現於熱帶棲息地的螞蟻種類與數量並不下於芬蘭。馬瑙斯是巴西亞馬遜中部地區的一個重要都市，德國生態學家貝克、菲特考與克林格在該市附近的雨林區內發現到的螞蟻與白蟻總數，幾乎佔了當地動物生物量的三分之一，也就是說，如果我們將所有各類大小動物，從美洲豹、猿猴類到蚯蟲與小型蟎類、螞蟻與白蟻等的體重加總，螞蟻與白蟻就佔了三分之一重。若是將螞蟻與白蟻和另外兩種常見的社會性昆蟲，即無螫蜂與胡蜂加總在一起，牠們竟佔了當地昆蟲生物量百分之八十的驚人比率。至於在南美洲雨林區的林冠層，螞蟻則佔有絕對最高優勢。祕魯的雨林樹棚高層，螞蟻就佔了該區所有昆蟲總數的百分之七十（圖1-4）。

熱帶地區螞蟻種類的多樣性，遠高於芬蘭等其他寒帶地區國家。我們與其他研究人員在祕魯雨林區佔地八公頃（20 英畝）的一個地點，就鑑識出了超過三百種螞蟻。我們甚至於在鄰近區域裡的一棵樹上，就鑑識出了四十三種螞蟻。這個數目幾乎是芬蘭或不列顛群島全境螞蟻種類的全部數量。

雖然，其他地區很少進行類似的螞蟻數量與多樣性的調查評估工作，

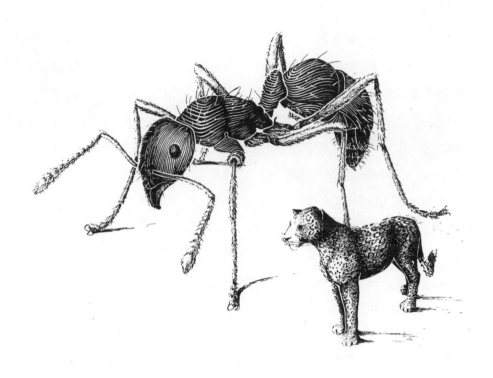

圖 1-4
巴西亞馬遜雨林地區的所有螞蟻乾重，約四倍
於所有陸棲脊椎動物（哺乳類、鳥類、爬行類
與兩棲類）之總和。圖示的彎顎針蟻與美洲豹
之相對尺寸便可以顯示這個差異（Katherine
Brown-Wing 繪圖）。

不過我們深信在世界其他多數地方，螞蟻與其他社會性昆蟲在各個地表棲息地，也佔有相同程度的優勢。整體而言，社會性昆蟲很可能就佔了昆蟲生物量的半數，甚或更多。請想想下面這種不成比例的情況：截至目前為止，生物學家已辨識出的昆蟲物種達 750,000 種，其中高度社會性昆蟲只佔了 13,500 種（其中有 9,500 種是螞蟻）。因此，有一半以上的現存昆蟲數量是由百分之二的昆蟲物種所組成，而這些少數物種都生存於健全的組織化群落裡。

我們認為，發生這種異常現象的主要原因是，生物在面對嚴酷的生存競爭時，敗者即受到淘汰之故。高度社會化的昆蟲，尤其是螞蟻與白蟻，佔據了地表環境的中央舞台，牠們佔據了最適合築巢的最佳地點，將此地的衣魚驅逐，並獵捕胡蜂、蟑螂、蚜蟲、半翅類昆蟲，以及幾乎所有營獨居生活的各種昆蟲。獨居型昆蟲通常是居住在比較偏遠的暫時性棲息地點，例如：樹木遠端的細枝、極端潮濕或乾燥或腐朽的木材碎片、葉子表面，以及新出現的溪邊土壤等。因此，牠們必須是體積相當小，或者移動迅速，要不然就是擅長偽裝，或者具有厚實堅甲的物種。我們想像，螞蟻與白蟻分布於生態系統的中心，而獨居昆蟲則位於邊緣位置，不過這種想法有可能犯了過度簡化的毛病。

螞蟻與其他社會性昆蟲如何來主宰陸地環境？我們認為，牠們的優勢直接來自於牠們的群居天性。如果一個群體的所有成員都能一致行動，那麼數量就是力量。當然了，並非昆蟲才具有這種能力。我們環顧整個演化史就會發現，最能促使物種獲致成功的一項重要策略，就是建構一個社會性組織。就以珊瑚礁為例，珊瑚礁覆蓋了大部分熱帶地區的淺海海床，珊瑚礁是呈薄片外型的珊瑚蟲聚集而成的群落有機體。精確而言，珊瑚蟲是水母的遠親，後者營獨居生活，數量也沒有那麼多。人類是地質學史上最

成功的優勢哺乳類動物，也是最超卓的社會性物種。

最進步的社會性昆蟲，也就是那些能夠營造出規模最龐大也最複雜的社會的物種，由於牠們兼具三種生物特徵才得以獨占鰲頭：（一）成蟲照顧幼蟲；（二）至少有兩代成蟲同巢居住；（三）每個群落的成員都能區分為專司生殖的「王室」階級，以及不從事繁殖的「勞動」階級。這群精英物種，也就是昆蟲學家所稱的「真社會性」（也就是「真正的」社會性）昆蟲，主要是由四個常見的類群共同組成：

所有螞蟻，在正式分類學上隸屬於膜翅目的蟻科，其中包含了科學界已知的大約 9,500 個物種，預估至少還有兩倍於此的螞蟻種類尚待發現，其中多數位於熱帶地區。

有些蜂類。包括小花蜂科與蜜蜂科（包括了蜜蜂、熊蜂與無螫蜂）的部分種類。在蜜蜂科裡，至少有十個演化分支已經達到真社會性層級，這當中包含了科學界已知的至少一千個物種。營獨居生活的蜂種數目則遠多於此，包括絕大多數的小花蜂科。

有些胡蜂。我們知道胡蜂科裡大約有八百種，細腰蜂科裡則有幾種也已經達到這種演化層級。不過，這種真社會性胡蜂與前述的蜂類情況一樣，僅佔同類中的少數。其他在分類學上屬於許多不同科的數萬種胡蜂，則都是營獨居生活。

所有白蟻。都隸屬於一個完整的等翅目，而且全部都是真社會性昆蟲。探究白蟻的起源，我們可以遠溯自一億五千萬年前的中生代時期，牠們類似蟑螂的遠祖自此逐漸演化，並在外觀與社會行為上逐漸與螞蟻趨同，除此之外，這兩類昆蟲並沒有任何雷同之處。目前，科學界已知的白蟻種類約有兩千種。

根據我們的觀點，螞蟻之所以崛起成為全世界的優勢物種，是因為牠

們發展出了高度自我犧牲的生存方式來服務群落。因此，在某些環境下，社會主義的確可以發生效用，馬克斯當初只是挑錯了物種。

　　螞蟻的高度勞動效率也呈現出明顯的優勢。就以下面的情況為例，有一百隻獨居的雌性胡蜂與一個擁有相同數量的雌性工蟻的螞蟻群落相互競爭。這兩個族群在相鄰地點各自築巢。每天，一隻胡蜂挖掘一個巢穴，和捕獲一隻毛蟲、一隻蚱蜢、一隻蠅類或其他獵物當作子代的糧食。接著，胡蜂在獵物上產下一顆卵，隨後將巢穴封閉。胡蜂的卵孵化成為幼蟲，並以母親先前所捕獲的昆蟲維生，一段時間之後，幼蟲成長為新的胡蜂成蟲。如果胡蜂母親在封閉巢穴之前的一系列步驟上錯過其中任何一個，或者順序錯誤，那麼整個作業就會工虧一簣。

　　而附近一個螞蟻群落的運作方式，就像一個社會單元，這麼做可以自動克服上述所有這些困難。螞蟻群落的作法如下：一隻工蟻開始挖掘一個巢室以擴大群落蟻巢，以備日後可以將幼蟲遷移至此進行育幼工作，藉以增添新的群落成員。即使這隻螞蟻有任何步驟沒有做好，所有的必要工作項目還是可以完成，使得群落得以繼續成長。因為，只要有另外一隻姊妹工蟻接手完成挖掘工作，其他的姊妹便可以將幼蟲搬入該巢室，其餘成員則負責供應食物。許多螞蟻還擔任「巡邏」的角色。這些螞蟻處於一種待命狀態，不眠不休地在各個通道、各個房間之間遊走，負責應變各種意外狀況，並依需要往返執行各種不同的工作項目。牠們可以比營獨居生活的昆蟲更迅速完成一系列步驟，也更可靠。牠們就像是工廠的勞工集團，隨時根據需要與機會逕行介入，在生產線上來回工作，進而提升整體的作業效率。

　　營社會生活的好處在發生地盤爭端與食物爭奪戰時，最為明顯。工蟻比獨居型胡蜂更能義無反顧地投入戰場。牠們可以像六腳神風特攻隊一樣

衝鋒陷陣，而獨居的胡蜂就沒有任何選擇餘地了，萬一牠陣亡或受傷，牠的適者生存遊戲也就此告終。事實上，只要牠在築巢與供應食物的過程裡，將任何必要步驟搞砸了，就會導致敗亡的結局。螞蟻則不然。首先，那隻工蟻根本就不負責生殖，即使牠喪命了，也會有新的姊妹誕生於巢中，迅速取代其功能。只要蟻后受到保護並繼續產卵，一隻或數隻工蟻的死亡對未來群落成員基因庫的表現幾乎沒有任何影響。群落的蟻口數量並不重要，最重要的是有多少處女蟻后與雄蟻能夠投入婚飛，並成功建立新的群落。假設螞蟻與營獨居胡蜂之間的爭鬥，持續到幾乎所有的工蟻都死亡殆盡，但是只要蟻后在衝突過後仍然倖存，螞蟻群落還是贏了。因為蟻后與倖存的工蟻很快就可以重建工蟻族群，並繁衍出處女蟻后以及雄蟻。而那一隻胡蜂因為營獨居生活之故，本身就相當於整個群落，所以螞蟻群落可以繼續生存下去，牠（群落）卻早已經死了。

群落在與胡蜂群或其他營獨居昆蟲相互對抗時，佔有先天上的競爭優勢，這句話意謂著所有群落都可以保有各自的原始築巢地點和覓食區，來維繫群落母后的生命。有些螞蟻種類的母后可以生存達二十年之久。還有其他種類的年輕蟻后在交配後還會返回母巢中，如此一來，母代可以將牠的蟻巢與地盤遺贈給子代，讓群落有可能得以綿延下去。而且就遺傳觀點而言，這個方式可以更進一步促成特質的遺傳。在歐洲森林中建築蟻丘的林蟻群落，經常可以延續長達數十年，並年復一年大量生產蟻后與雄蟻。這些群落的中心，蟻后固然會一個接一個死去和被取代，但蟻巢和地盤的代代相傳則讓這類群落無異於永生。

螞蟻群落這類超級有機體還有其他的能力。牠們所建造的大型蟻巢超過獨居胡蜂的巢穴規模，而且持續得更久。螞蟻群落更可以設計出精巧的實體建築來調節氣候。某類螞蟻的工蟻可以貫通地道深入地表，抵達較

為潮濕的土壤以保持蟻巢適當的濕度。其他種類的螞蟻則會挖掘通道與巢室，並建立向外輻射的通道，以增加流入巢室的新鮮空氣流量。若發生短期危機，牠們也會積極回應，迅速擴大本身的建築結構。許多螞蟻種類因面臨旱季或高熱而導致蟻巢乾涸之際，工蟻會組成鬆散的接水隊伍，在短距離內來回衝刺，口對口傳水，隨後吐出噴灑於蟻巢的地面與牆上。如果有敵人破牆而入，部分工蟻會起身攻擊入侵者，其他工蟻則會負責搶救幼期個體或搶修損害區域。

以人類的標準而言，群落的生命型態或許是一種古老的現象，不過從昆蟲的整體演化過程來看，它的發展卻是相當晚近的，它出現於昆蟲開始存活於地表的後半期地質時段。昆蟲是最早移居陸地的物種之一，可以回溯遠至四億年前的泥盆紀時期。隨後，牠們於石碳紀的濕地沼澤裡發展出形形色色的豐富物種。到了約兩億五千萬年前的二疊紀，森林裡已經滿布蟑螂、半翅類、甲蟲類與蜻蜓類等昆蟲，這些昆蟲與今天的相同物種極為類似，此外還有一些甲蟲狀昆蟲；翼展達九十公分（三英尺）狀似巨大原始蜻蜓的昆蟲；另外還有一些目的昆蟲則已經滅絕。最原始的白蟻約在兩億年前的侏羅紀或白堊紀的早期出現，至於螞蟻、社會性蜂與社會性胡蜂則是於一億年後的白堊紀才發展出來。整體而言，真社會性昆蟲，特別是螞蟻與白蟻，最遲在五千萬到六千萬年前的第三紀初期便已經成為當時的優勢昆蟲。

回溯這段悠遠的歷史，已經超過人屬完整生命史的百倍長度，不過，這裡卻產生了兩個弔詭的現象。若是群落生活為昆蟲帶來了這麼大的優勢，為什麼會延遲了兩億年之久才出現？還有，為什麼昆蟲終於發展出這種創新的生活型態之後，過了兩億年後，仍然還有許多昆蟲沒有發展出群落生活？我們最好從反面來問這些問題：獨居生活比起社會性生活，是否

有前面沒有提到的優勢？我們認為這個問題的答案是，獨居昆蟲的繁殖速度較快，而且在短期資源有限的情況下，這種生活方式也比較有利。這些昆蟲撿拾螞蟻與其他真社會性昆蟲的殘餘，而填補了暫時性的生態棲位。

　　或許這麼說會讓人覺得奇怪，那就是高度社會性昆蟲的繁殖速度比獨居性昆蟲慢。基本上，所有群落都是勞力密集的小工廠，這些勞工皆致力於大量生產蟻巢的成員。不過，最重要的一點是，群落才是繁殖的單元而非個別勞工。每一隻獨居胡蜂都可能成為母親或父親，然而在螞蟻群落中只有數百分之一或數千分之一的成員才能扮演這種角色。母群落，也就是超級有機體繁殖單元，必須先產出大批工蟻，隨後才會產出有能力建立新群落的處女蟻后。也只有在這個條件下，牠們才算是達到相當於獨居個體的性成熟階段。

　　由於群落是一種大型的有機體，因此也必須佔有大規模的運作基地。牠們霸佔大塊木頭與掉落的樹枝，卻將散布各處的落葉與樹皮碎片讓給移動靈活和繁殖迅速的獨居性昆蟲。牠們佔據河川兩岸的穩定地形，而放棄了偏遠的不穩定泥灘畸零地。同時，整個族群必須先行移動之後，個別成員才能安全向外移居，所以牠們在各個覓食場之間的遷移擴張速度也比較慢。

　　因此，獨居性昆蟲比較適合擔任拓荒者。牠們可以比社會性昆蟲更快速地前往遠方，找到風吹落的斷枝殘葉定居：可能是一小片新生地中的一株幼苗、順水而下的一根樹枝，或一根新生的葉枝，並在那裡繁衍興盛一段更長的時間。相形之下，螞蟻群落就是生態環境裡的重型卡車。牠們需要時間來成長，而且移動緩慢，不過一旦發動就很難停止。

第二章
螞蟻之愛

　　在生物學的全面革命帶動下，螞蟻的科學研究於一九六〇和七〇年代得以加速進行，並有了長足進展。昆蟲學家很快就發現，群落成員主要是依賴味覺與嗅覺來辨識分布身體各處的特殊腺體所分泌的各種化學物質，並以此進行溝通。他們認為，近親選擇促成了利他特質的演化，這是達爾文提出的一種理論，即手足之間的無私相互照應，使他們取得了生存的優勢，而且這些個體擁有共同的利他基因，可以遺傳給下一代。這些昆蟲學家也證實，精密群落階級體系的建立──包括蟻后、兵蟻與工蟻，已成為螞蟻社會的獨有特徵──是取決於食物或其他環境因素，而非基因。

　　一九六九年秋季發生了一件令人興奮的事情，霍德伯勒於該季中旬初抵哈佛大學擔任客座教授，也敲開了威爾森的辦公室大門。我們的相遇代表了兩個不同的科學學門，也代表了兩個不同國家的科學文化的

接觸，只是當時我們並沒有這樣的體會。但可以確定的是，我們的會面結合了兩個學門，此舉也促成了學界對螞蟻群落與其他複雜動物社會有更深入的了解。其中一個學門是動物行為學，它主要是研究動物在自然狀態下的行為。這個行為生物學分支形成於一九四〇與五〇年代，在歐洲一帶萌芽、發展，與傳統美國心理學所強調的本能重要性，有極大的分野。行為學也強調動物如何發展出不同行為，來適應物種賴以生存的部分特殊環境。這個學門也特別鑽研要避開何種敵人、獵捕何種食物、最好的築巢地點、到何處與誰交配以及如何交配等等發生於複雜生命週期的每一個步驟。當時的行為學者（許多人至今依然）既是舊派的自然學者，腳穿泥濘的長統靴，攜帶防水筆記本，望遠鏡的頸帶浸透汗水環繞在脖子上，同時也是藉由實驗來分解本能行為組成的現代生物學者。他們結合這兩個途徑來提高研究的科學性，並發現了「信號刺激」，也就是激發與導引動物例行行為的簡易信號。例如：雄性棘魚的紅色腹部，在動物眼裡只不過是一個紅點，卻能夠招惹另一條雄性棘魚對手展開全套的地盤威嚇展示。因為雄魚是對閃現的顏色而非整條魚，至少並非針對我們人類所看到的整條魚來作出反應。

如今，在生物學的年報裡，俯拾可見這類信號刺激的例子。乳酸的氣味可以引導黃熱病媒蚊找到吸血對象；雄性粉蝶雙翅的紫外線閃光可以讓等待交配的雌性蝴蝶找到對象；水中少量的麩胺基硫可以誘使水螅朝它的方向伸出觸鬚探索獵物；資料便是如此逐步累積成大量的動物行為庫資訊，使得行為學者能夠深入了解動物的這些行為。他們發現，動物要存活就必須仰賴牠們感官世界中的瑣碎片段資訊，來精確回應快速變遷的環境。不同於簡單的信號刺激，動物對環境的回應經常是一種複雜的過程，而且不得有誤。通常，動物是一步錯全盤皆輸，很少能有第二次機會。再

彩圖 I-1

芬蘭原始林裡的多梳山蟻的大型蟻丘。這張照片是霍德伯勒於一九六〇年初探芬蘭螞蟻相時所拍攝。圖中為他的朋友，螞蟻學家海契‧渥倫林內。

彩圖 I-2

美國西南 Chihuahuan 沙漠地區的婚飛狀況。傾盆大雨軟化土壤之後，多種螞蟻開始進行交
配活動。白霜前琉璃蟻的有翅雄蟻與處女蟻后爬上小型矮樹叢，並由此展開婚飛。

對頁

許多種螞蟻的雄蟻與雌蟻進行婚飛時，會群集交配。上圖顯示沙漠毛收割家蟻飛向上風聚集
於沙漠灌木上。雄蟻抵達之後，便會釋出強烈氣味，吸引許多雌蟻與其他雄蟻來到集體交配
場。下圖顯示大群大頭蟻家屬的一種螞蟻，群集於亞利桑那沙漠地區的一條鄉間柏油路面上
空。

彩圖 I-3
分布於美洲的皺毛收割家蟻的蟻后與雄蟻集體交配。成千雄蟻與雌蟻群集於特定地表進行交配。前景是一隻雄蟻與一隻年輕雌蟻進行交尾（John D. Dawson 繪圖，國家地理學會提供）。

彩圖 I-4

鬍毛收割家蟻群集於特定地點進行交配。雄蟻數量遠超過處女蟻后的數量。通常 10 隻或更多雄蟻同時試圖與一隻蟻后交尾。

彩圖 I-5

交配後數個小時內，蟻后身處最危險的時期。牠們會將雙翅剝離，尋覓適當地點掘巢，大半蟻后在這個時期被其他種螞蟻、蜥蜴或蜘蛛捕食喪生。圖示一隻蟹蛛捕獲一隻瑪麗卡巴毛收割家蟻的蟻后。

對頁

蟻后在建立蟻巢並撫育第一批工蟻之後，群落便迅速發展。上圖顯示一隻沙漠大頭家蟻蟻后身邊環繞著牠的第一批工蟻、卵、幼蟲與蛹。下圖顯示第一隻頭部呈方形的兵蟻，以及一隻體色還很淡的剛孵化工蟻。

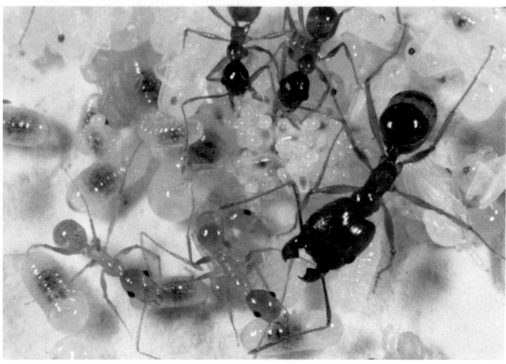

彩圖 I-6

破壞巨山蟻。曾經有一隻這種分布於澳洲的螞蟻蟻后在實驗室蟻巢裡存活超過 23 年。牠在這段時期裡產下數百代工蟻。

加上牠們幾乎沒有機會可以在事前演練，因此牠們的行為庫必須表現出優異的遺傳自動化功能。簡言之，動物的神經系統必須具有相當程度的預先設定功能設計。行為學者了解，如果上述說法為真，也就是如果行為確實來自遺傳，而且是針對每個物種量身設計，他們便可以將動物行為視同解剖結構的一部分，得以傳統的實驗生物學技術將它的組成元素逐一拆解分析。

到了一九六九年，行為可以拆解成為原子單位的想法，鼓舞了我們這一代的行為生物學者。我們兩人尤其受益良多，這全拜我們與任教於德國慕尼黑大學的偉大奧地利籍動物學家，卡爾‧馮‧費立區的興趣類似。這位行為生物學始祖，無論在當時或現在都是世界上最具聲望的一位生物學者，他發現了蜂巢裡的蜜蜂可以藉由細膩的搖擺舞步，來向同巢夥伴傳達牠在巢外發現到的食物地點與距離。他的這項發現讓人讚嘆，時至今日，搖擺舞步仍然是我們探索已知動物符號語言的最佳捷徑。說得更通俗一點，馮‧費立區在動物感官與行為上的許多一流獨創性實驗，使他成為受人敬重的生物學者。他與他的奧地利同胞，也就是德國的蒲朗克行為生理學研究院的前院長康拉德‧勞倫茲，以及來自荷蘭的英國牛津大學教授尼科‧丁伯勤，三人由於引領行為學的發展，共享一九七三年的諾貝爾生醫獎。

第二個促成我們對動物社會產生新領悟的分水嶺，則大部分要歸功於發軔於英美二國的族群生物學，它的研究途徑與動物行為學大相逕庭。族群生物學專門研究整個生物體族群的特色，研究族群如何成長聚集、散布，終至無可避免地開始萎縮而滅絕。這個學門對數學模型的依賴，不下於對生物體的田野和實驗室研究。這個學門與人口統計學非常類似，經由追蹤個別生物體的出生、死亡與移動，來描繪出族群的整體趨勢，並藉此

推演出族群的最終命運。這個學門也鑽研生物體的性別、年齡與遺傳組成。

我們二人在哈佛開始合作後，便了解到動物行為學與族群生物學能夠緊密契合，並在螞蟻與其他社會性昆蟲的研究上產生極佳的結果。所有的昆蟲群落都是規模極小的族群。藉著追蹤群落個體的生與死，我們得以對這些族群有最深入的了解。牠們的遺傳組成，尤其是成員之間的血緣關係可以預先決定牠們的合作屬性。我們透過動物行為學學習到群落成員之間如何溝通、如何建立群落與如何劃分階級等許多細節，而且唯有將這些行為視為是全體群落族群的演化產物，我們才能對這些知識有全盤的理解。概括言之，那正是社會生物學這個新學門的基礎，它主要是針對複雜社會的社會行為與組織的生物學基礎做有系統的研究。

我們開始討論這次的結合及我們的研究計畫時，威爾森時年四十歲，為美國哈佛大學的教授；霍德伯勒則為三十三歲，是德國法蘭克福大學的講師，休假前來哈佛大學擔任訪問學者。三年後，霍德伯勒回到法蘭克福大學沒有多久，旋即受聘到哈佛擔任專任教授。隨後，這兩位朋友便一起在該大學的比較動物學博物館裡，共同使用新建完成的實驗室側翼的四樓空間。霍德伯勒於一九八九年回到德國，接受維爾茨堡大學玻維利生物科學研究中心的延聘，擔任一專門從事社會性昆蟲研究的新設學系的系主任。

大家都說科學能夠真正跨越國界的藩籬，將不同的特質融合成為一個普遍為眾人所接受的簡明真理知識體系。我們二人以明顯異於學術傳統的途徑踏入科學這個領域，因為我們在童年時期都享受到研究昆蟲的樂趣，而且在我們心智發展的關鍵時期得到大人的支持與鼓舞。簡言之，我們在童年的「蟲蟲時期」進入這個領域之後，很幸運地這一路走來從未被迫放

棄這個興趣。

霍德伯勒的啟蒙地點是在巴伐利亞，時間是第二次世界大戰期間，一場大規模空襲即將把戰爭帶入德國本土前夕的一個美妙初夏時分。當時七歲的他正與休假返家的父親重聚，他的父親卡爾是一位駐紮在芬蘭的德國軍醫。當時，霍德伯勒醫師獲准休假回到奧克辛福特的家裡。一天，他帶著伯特散步穿過森林，二人沿途只是邊走邊談，邊到處看看。但是，這次漫步卻對他產生了深遠的影響。卡爾是一位相當積極又熱心的動物學者，尤其對螞蟻社會情有獨鍾。他深入鑽研許多寄居於蟻巢裡的奇特小型蜂類與甲蟲，並成為這個領域的世界知名專家。他一邊沿著小徑步行，很自然地就隨手翻開石塊與小木塊來看看究竟下面有哪些生物。昆蟲學研究的一項樂趣便是深究土壤底層下面的繽紛生命，這一點他知之甚深。

其中一塊石頭下面隱藏了一個木匠蟻的大型群落。這種螞蟻的體表呈現閃亮的黑棕色，當他翻起石塊讓蟻巢短暫暴露於陽光下之後，工蟻就瘋狂地奔跑去抓住外型類似蠐螬（譯注：金龜子類幼蟲，通常呈白色短胖的新月形）的幼蟲與包覆在繭內的蛹（未成熟的姊妹），並迅速撤退進入蟻巢的地底通道。這個突發的影像攫住了伯特的注意力，讓他終生難以忘懷。這真是個奇特又美麗的世界，打造得如此成功而完美！曾在一剎那間，一個完整的螞蟻社會呈現在他眼前，在他腦海中觸發了夢幻般的影像，很快地，牠們就像水銀瀉地般，迅速地鑽入地底世界，重新恢復那種超乎我們想像的奇特生活方式。

霍德伯勒居住在奧克辛福特這個靠近維爾茨堡的中古小城裡。戰後，他的家裡到處都是小寵物，有時候還養狗、老鼠、天竺鼠、一隻狐狸、魚、一隻大型的蠑螈（也就是美西螈）、一隻蒼鷺與一隻穴烏。伯特最感興趣的是一隻養在一罐小藥瓶裡，會吸食人血的跳蚤，他讓這隻跳蚤吸食

自己的血，由此可以看出，他在幼年時期就已經開始嘗試從事科學研究。

最重要的是，父親的身教以及母親的愛心與耐心，在在都鼓勵著他開始拳養螞蟻。他將採集到的活生生螞蟻群落養在人工蟻巢裡進行研究，試著認識當地的許多螞蟻種類。他繪製牠們獨特的結構特徵，以及觀察牠們的行為，他的熱情也與日俱增。除了這些嗜好之外，他還培養出採集蝴蝶與甲蟲的嗜好。他對於各式各樣的生命開始滋生出無法磨滅的興趣，從此，他的最大願望便是投身生物學研究。

伯特於一九五六年秋季進入維爾茨堡大學，原來希望畢業後能夠在高中教授生物學與其他科學學科。不過，就在參加最後一次大學考試之前，他的眼界提升了。之後，他獲准進入維爾茨堡大學的研究所，目標也改為獲得博士學位。他的指導教授是卡爾‧高斯伐德，高斯伐德是一位林蟻專家。這類體表呈紅色或黑色的大型螞蟻群集生活，牠們建築的蟻丘散布在北歐的森林各處，每公頃可達數百萬隻。高斯伐德希望發展出一種螞蟻養殖法，不須依賴殺蟲劑就能控制森林植被的毛蟲和其他蟲害數量。幾個世代以來，歐洲的昆蟲學者都注意到，每當有食葉昆蟲大量繁衍的情況爆發，蟻丘附近林木上的樹葉大半還是能夠保持完整。這種保護效果很明顯是來自於螞蟻捕食害蟲的結果。計算結果顯示，一個林蟻群落一天可以捕獲超過十萬隻毛蟲。

卡爾‧埃希瑞契是森林昆蟲學早期的先驅人物，他提到的「綠色島嶼」就必須依賴林蟻的保護才得以實現。埃希瑞契於一八九〇年代就讀於維爾茨堡大學，受教於當時最負盛名的胚胎學家玻維利。幸運的是，當時一位年輕的胚胎學家，威廉‧惠勒，正好在維爾茨堡大學展開為期兩年的訪問學者生涯，惠勒後來成為美國的螞蟻學先驅。惠勒很快就將他的主要研究活動轉移到螞蟻身上（隨後，他於一九〇七年在哈佛落腳，成為昆蟲

學教授，也成為威爾森的老師）。惠勒將他早期對螞蟻的研究熱忱，傳遞給年輕的埃希瑞契，受到他的部分影響，埃希瑞契放下了對醫學的興趣，轉而攻讀森林昆蟲學。他鑽研這個課題，並在生命後期完成多部鉅著，這些著作影響了德國一整個世代的研究人員，高斯伐德正是其中之一。不過，剛開始的時候只有卡爾‧霍德伯勒受到影響，當時他在維爾茨堡大學修習醫學與動物學，並將螞蟻學介紹給高斯伐德。他鼓勵這位年輕的學生到北巴伐利亞的法蘭克尼亞一帶，順著美因河沿岸的石灰岩地帶探索豐富的螞蟻相。這次的研究結果成為高斯伐德博士論文的研究基礎。於是，下列這兩條系出同門的分支得以開展、交會：一是，惠勒－埃希瑞契－卡爾‧霍德伯勒－高斯伐德－伯特‧霍德伯勒；二是，惠勒－法蘭克‧卡本特（威爾森在哈佛的教授）－威爾森，剛開始由惠勒在維爾茨堡發動，然後分道揚鑣，我們隨後會看到，二者在繞了一圈之後，終於在哈佛交會，再次接觸到始於德國的志業。這就是科學界的傳承網路。

伯特在維爾茨堡大學並非只受到高斯伐德的指導。由於他的父親在二次大戰後與其他螞蟻學者之間的情誼，使他在進入大學之前就見過許多螞蟻研究狂。其中包括了瑞士的海恩瑞契‧庫特以及盧森堡的羅伯特‧史湯伯。當時伯特對森林昆蟲學興趣濃厚，不過童年時期培養的心志仍將他拉回到螞蟻身上。當時他也受到漢斯－約亨‧奧楚姆的啟迪。奧楚姆當時在教授動物學，是世界最頂尖的神經生理學家，也是激勵後進的楷模。

伯特念大學的第一份研究功課是前往芬蘭，進行一個由北到南的林蟻調查研究。那是一份全職工作，不過，當他看到同樣明顯可見的木匠蟻時，他的目光再也無法轉移了，因為當年藏身奧克辛福特小鎮附近石塊下，在他腦海中觸發夢幻般形影的螞蟻就在眼前。他突然沈緬在當年拜訪卡累里亞（前蘇聯城鎮）森林的鄉愁裡，他的父親便是在那裡熬過戰時危

機四伏的艱困生活。如今，那裡已經成為一處可以讓人從容研究當地神祕動物相的地點。當時，芬蘭的大部分地區都能夠保持野生的環境，時至今日依然如此，尤其是北部的大片區域。伯特在森林與林間空地四處尋訪，看到到處充斥著尚未研究的昆蟲生命，更堅定了他獻身田野生物學研究的信念。

　　從此，他的心思逐漸從高斯伐德所重視的應用昆蟲學，轉移到基礎研究領域上，無論是他的直覺或早期的訓練都支持他這樣做。就在那一次的芬蘭之行後三年，他聽說法蘭克福大學開了一門馬丁・林道爾所主持的研究所課程，林道爾是馮・費立區天分最高的學生，一般咸認 他是這位偉大科學家的衣缽傳人。林道爾與他的團隊於一九六〇年代，也投身於蜜蜂與無螫蜂這波當時令人振奮的新興研究潮流，使得法蘭克福成為動物行為學裡馮・費立區－林道爾學派的研究重鎮。該學派的傳統不是徒具一組專業研究團隊和一套技術，它還有一套研究哲學，它的根本理念為研究者必須對生物個體情有獨鍾而且充滿好奇之情，尤其是牠們在自然環境中的狀態。這種全面理解生物個體的方法，特別規範研究者必須竭盡所能去理解他所選擇的物種的所有面向。研究者要嘗試去了解，或至少要試著去想像，生物行為與生理機能如何適應自然環境。之後，選擇一個可以被切割的行為片段，來解剖分析它的成分。找出一個你感興趣的現象，然後朝最有可能取得研究成果的方向前進，過程中若碰到新的問題也不要猶豫，要馬上提出。

　　每一位成功的科學家都有幾種發現自然奧祕的獨門功夫。馮・費立區本身就很擅長兩種絕活。第一個是詳細檢查蜜蜂在蜂巢與花朵之間來回飛翔的狀況，這是研究者在蜜蜂的生命週期裡很容易觀察與操作的部分。第二個是行為制約法，馮・費立區利用這個方法將刺激（例如：花朵的顏色

與香味）和隨後的糖水大餐加以連結。蜜蜂與其他動物會在各項測驗裡對刺激有所反應，當然了，這些刺激的強度必須能夠被動物所察覺。馮·費立區便是採用這套簡易的技巧，率先獲得確鑿證據，證明蜜蜂可以看見顏色。此外，他也發現蜜蜂看得到偏光，這是人類欠缺的能力。即使是在烏雲籠罩太陽的狀況下，蜜蜂都能夠利用偏光來估計太陽的位置，以獲得方向讀數。

一九六五年，霍德伯勒修完他在維爾茨堡大學的博士必修學分之後，便搬到法蘭克福加入林道爾的實驗團隊。這群由德國博士生與年輕博士後研究員所組成的優秀年輕科學家團隊，當中的成員注定日後會成為社會昆蟲學與行為生物學的要角。這個團隊的成員包括了，愛杜亞得·林森邁爾、修貝爾特·馬柯、烏爾瑞契·馬舒維茲、藍道夫·曼瑟爾、維爾納·拉瑟梅爾與魯迪蓋爾·韋納。韋納後來轉到蘇黎世大學，成為研究蜂與螞蟻的視覺生理學與方向定位的先驅。

這個研究圈的確讓霍德伯勒的才智獲得充分發揮。在這裡，他能夠自由鑽研從孩提時代便深為著迷的螞蟻，並受到馮·費立區本人的鼓舞，於是他開始投入所有的時間，對螞蟻的行為與生態展開新的研究計畫。他於一九六九年取得相當於第二個博士學位的資格和在德國教書的證書，也開始了他的授課生涯。展開新事業之後不久，他即前往哈佛訪問兩年，隨後回到法蘭克福大學進行短期教學，旋即於一九七二年重返哈佛，成就了他與威爾森長達二十餘年的合作情誼。

一九四五年，霍德伯勒在奧克辛福特意外地撞見到那個螞蟻群落之後不久，威爾森便從莫比爾老家搬到阿拉巴馬州的北方城市迪卡托，這個城市是根據史蒂芬·迪卡托而命名的。迪卡托是一八一二年戰爭的英雄人物，他以一首餐後敬酒詞：「我們的國家啊！願她永行正道；然而，無論

對錯，她都是我們的國家。」揚名於世。迪卡托市正如它的命名，是一個著重正義思維與公民職責的自治市。當時，已屆十六歲的愛德，朋友都叫他巴格思（蟲蟲，Bugs）或絲耐克（蛇，Snake），他認為現在該是為自己的未來好好作打算的時候了。現在該是他向美國童子軍（當時他已經晉升到老鷹級）和抓蛇賞鳥這些雕蟲小技說再見的時候了，最好暫時也不與女孩子來往（不過，只持續一陣子），最重要的是，他要開始仔細思量自己未來的昆蟲學家生涯。

當時，他認為最好的途徑是鑽研某些可能會產生科學研究發現的昆蟲類別，以及取得相關的專業學識。他的第一選擇是雙翅目（蒼蠅便是屬於這一目），尤其是長足虻科，美國人有時候也稱之為長腳蠅，我們經常可以看到這種略具金屬閃爍光澤的藍綠色昆蟲，在日光照耀的樹葉表面翻飛，表演求偶舞。這個領域的研究機會相當好，光是美國境內這類昆蟲就超過了一千種，至於阿拉巴馬州的種類則大半還有待研究。然而，當時威爾森卻遇到了障礙，無法完全實現他的第一個雄心壯志。因為戰爭阻礙了昆蟲針的供給，這是用來保存與貯藏蠅類標本的標準器材。這種呈黑色珠狀針頭的特製昆蟲針是在捷克斯拉夫製造生產，當時這裡已經被德軍所佔領。

那個時候，他亟需一種只憑現有器材就可以保存的昆蟲。於是，他轉而選擇螞蟻。他的採集場地則是田納西河畔的林地與原野。他的器材包括了容量 5 特拉姆的藥瓶子、藥用酒精還有鑷子，這些器材都可以在小鎮裡的藥局買到。他的教科書是惠勒完成於一九一○年的經典著作，《螞蟻》，購書的錢則是來自他晨間替迪卡托市的《迪卡托日報》送報所得。

在此之前六年，立志成為自然學者的種子早已經深植於他的心中，只是地點不在阿拉巴馬州的田野。當時，威爾森全家居住在華盛頓特區的中

心地帶，這裡相當接近首都博物館區（譯注：位於華盛頓特區，美國政治中心區內一處極空曠的廣場，周圍設立許多國際級博物館與重要研究機構），他們週日短程駕車便可以來此郊遊，然而對這位未來的自然學者而言，更重要的是，他從家裡就可以步行前往國立動物園以及岩溪公園。在成年人眼中，這裡不過是一處位於極度活躍的政府中心附近的衰退市區；可是，對一個十歲孩子而言，這裡卻是一處美玉珍鑽唾手可得的魔幻自然世界。在陽光普照的日子裡，威爾森會攜帶一個捕蟲網與裝有氰化物的殺蟲罐，在動物園裡到處閒晃，為的就是能接近大象、鱷魚、眼鏡蛇、老虎與犀牛等動物，幾分鐘 之後，他便踏上園後小路和公園林地小徑，開始捕捉蝴蝶。岩溪公園雖然小，卻是他心目中的亞馬遜森林，威爾森經常在最好的朋友，艾里斯‧麥克雷歐（目前也是一位昆蟲學者，任教於伊利諾大學）的陪伴下，把自己當作學徒冒險家，一起進入想像力的深處，樂而忘返（圖 2-1）。

在其他日子裡，麥克雷歐與威爾森會搭乘公車前往國立自然歷史博物館，鑽研展示中的動物與自然棲息地，他們拉出琳瑯滿目的展示抽屜，研究產自世界各地的蝴蝶與其他昆蟲標本。這所偉大研究機構所展示的各種繽紛生命，令他們目不暇給也充滿敬畏之情。在他們的心目中，自然歷史博物館的館員個個都是頭戴尊榮桂冠之士，並擁有高不可攀的教育背景。一九三九年，任何一位尋常百姓都可以來這個城市尋夢，而位於此地的國立動物園園長更是散發出榮耀的光冕。當時的園長是威廉‧曼恩，他原先在美國國立博物館研究螞蟻，後來來到哈佛受教於惠勒門下，然後轉往國立動物園擔任園長。

一九三四年，曼恩針對他原先的學術興趣，在《國家地理雜誌》發表了一篇名為〈潛行的螞蟻，野蠻與文明〉的文章。威爾森迫不急待地立刻

圖 2-1

左上圖：十四歲的昆蟲學家霍德伯勒，在巴伐利亞北部田野中捕捉蝴蝶（1950 年）。右上圖：十三歲的威爾森在美國阿拉巴馬州莫比爾的住家附近進行昆蟲研究活動。下圖左邊是霍德伯勒，右邊是威爾森，二人正在檢視位於巴伐利亞的一個木匠蟻蟻巢（1993 年 5 月）（下面的照片白 Friederike Hölldobler 攝影，右上照片由 Ellis MacLeod 攝影）。

閱讀這篇文章，曼恩，這位在附近地區從事研究工作的學者的學問讓他深受激勵，驅使他前往岩溪公園搜尋文章提及的螞蟻種類。有一天，他經歷了類似霍德伯勒在奧克辛福特接觸到木匠蟻群落時的那種猶如神諭啟示般的體驗。當時，他與麥克雷歐一起攀登林木植被的小山，他扒開腐朽斷殘樹幹的樹皮，想看看底下究竟有哪些生物。霎時間，一大團閃耀著燦爛光澤的黃色螞蟻傾巢而出，並散發出一種強烈的檸檬味道。後來，威爾森本人於一九六九年的研究發現，這種化學物質正是香茅醛，工蟻由頭部腺體分泌出這種物質來警告同巢的螞蟻，和驅離敵人之用。那種螞蟻正是刺山蟻屬的香茅蟻，這種螞蟻幾乎全盲，牠們完全生活於地底。樹幹裡的螞蟻雄兵很快就消散潛入黑暗深處，但是，牠們的身影已經在男孩的腦海中留下不可磨滅的鮮活印象。那是下界世界的吉光片羽殘相。

　　威爾森於一九四六年秋季來到位於圖斯卡路沙的阿拉巴馬大學。他在幾天之後，帶著悉心保存的螞蟻標本去見生物系的系主任，他認為對一個大學新生而言，以這種方式來展示他的專業計畫是非常平常的，至少不是太誇張。他也以這個作品作為大學期間的研究主題，從此開展他所選擇的研究領域。那位系主任與其他的生物學教授並沒有嘲笑他或叫他走開。他們親切地對待這位十七歲的學生，給他實驗室空間、一具顯微鏡，還經常給他溫馨的鼓勵。他們帶他到圖斯卡路沙周圍的自然棲息地從事田野工作，並耐心地傾聽他解釋螞蟻的行為。這種輕鬆、支持的環境對他的科學養成影響深遠。如果當初威爾森是進入哈佛，也就是他目前教書的地方，環繞在他周圍的會是一群資優的才智卓絕之士，後果可能不同（不過也可能不會。哈佛到處都有古怪的生存空間，可以讓怪胎活躍發展）。

　　一九五〇年，威爾森在這裡完成了他的學、碩士學業之後，轉到田納西大學攻讀博士學位。當時他大可留在當地，因為南部各州與當地豐富的

螞蟻相本身就是一個足供伸展抱負的大世界。不過他卻受到遠方益友的影響，早他七年的學長威廉·布朗當時剛好拿到哈佛的博士學位。後來，眾螞蟻學家同行親熱地暱稱布朗為「比爾叔叔」（Uncle Bill，譯注：英文名字「William」一般是以「Bill」暱稱），他執著於研究螞蟻，也是威爾森的密友。布朗從全球觀的角度來研究這些昆蟲，認為所有國家的動物相都一樣有意思。他具有高度專業精神與使命感，誓言要為這些極易為人所忽略的微小生物爭取應有的地位。他告訴威爾森，我們這一代必須讓生物學知識改頭換面，讓這些奇妙的昆蟲享有新的地位，同時賦予牠們應有的學術重要性。他又說，不要震懾於惠勒這些已成名昆蟲學家的成就，這些人都被人過度渲染了，實際上並沒有什麼了不起。我們有能力，而且會做得更好；我們非做到不可。對自己要有自豪之情，製造標本的時候要小心，要蒐集參考文獻，擴大你的研究領域以涵括各式各樣的螞蟻，擴張你的研究區域，不要只局限於美國南部的範圍，並在你從事研究的過程裡，找出針刺家蟻究竟吃什麼東西（威爾森隨後證實針刺家蟻捕食跳蟲與其他軟體節肢動物。譯注：針刺家蟻是一種動作極慢的小型螞蟻，牠們是如何捕捉跳蟲這種超級彈跳高手？詳情請參閱本書後半段）。

除此之外，最重要的是要去哈佛拿博士學位，那裡有全世界最大的螞蟻館藏。翌年，就在布朗前往澳洲這處幾乎沒有人進行研究的大陸從事田野研究之後，威爾森果然前往哈佛，並留在那裡度過他日後的事業生涯。在這段時光裡，他取得了哈佛大學的專任教授終生職，同時還擔任了昆蟲館的館長，之前惠勒正巧也擔任過這個職位，他甚至還繼承了惠勒的舊辦公桌。他於一九五七年前往華盛頓動物園拜訪曼恩。這位老紳士是最後一年在這裡擔任園長，他將螞蟻圖書館託付給威爾森。隨後，他帶領威爾森和他的妻子蕾妮在動物園裡遊覽，經過大象、美洲豹、鱷魚與其他珍奇異

獸，一行人就沿著岩溪公園周圍度過了夢幻般的一個小時，回到威爾森童年的夢境。曼恩絕未料到這種生命的圓滿循環，帶給這位充滿抱負的年輕教授何等強烈的心靈震顫。

威爾森在哈佛的那幾年裡，忙於田野調查與實驗室工作，期間發表了超過兩百篇的學術論文。他的興趣偶爾會擴及到其他的學術領域，甚至延伸到人類行為學與科學哲學上去，不過他的最愛仍然是螞蟻，這也是他長期以來最有自信的學術研究範疇。他最精華的二十年昆蟲研究學術生涯，都與霍德伯勒緊密結合。這兩位昆蟲學者有時候會各自進行不同的計畫，偶爾也會組成兩人團隊，不過他們幾乎是每天都碰頭討論，而且樂在其中。霍德伯勒於一九八五年開始接到德國與瑞士各大學的邀請，這些大學提供的優渥待遇讓人無法抗拒。終於，到了他不得不離去之時，他與威爾森決定撰寫一本盡可能完備的螞蟻著作，以成為其他人最可靠的隨身參考書籍。結果他們寫成了《螞蟻》一書，於一九九〇年出版，並獻給「下一代的螞蟻學者」。這本書終於取代了惠勒屹立八十年的鉅著的地位，並於一九九一年成為出版界的黑馬，一舉贏得當年度普立茲獎的非小說類獎項，這是第一本獲得這種殊榮的學術著作。

我們的研究生涯走到這裡，開始分道揚鑣。社會性昆蟲的研究和其他的生物學領域一樣，已經發展到了高度複雜的地步，必須使用更精密的昂貴研究器材。在此之前，行為實驗只需要一位研究人員，加上鑷子、顯微鏡與穩定的巧手便能夠取得迅速進展，可是現在，這個領域對研究人員團隊的需求卻與日俱增，以應付在細胞與分子層次上的研究。尤其在分析螞蟻大腦的時候，更需要集合眾人的努力。螞蟻的所有行為都必須透過約五十萬個神經細胞所組成的大腦來表現，整個螞蟻的腦袋比這頁文章的一個小寫英文字母還小。唯有先進的顯微鏡觀察方式與電子記錄才能夠深入探

究這個微小的世界。我們也需要高科技與具有不同專長的科學家團隊的協力合作，才能分析螞蟻彼此間的縹緲振動與碰觸訊號。此外，還有腺體分泌訊號；有些工蟻個體所分泌的這類關鍵成分還不到十億分之一公克重，在偵測與辨識這些成分的時候，絕對有必要使用前述的技術。

維爾茨堡大學擁有這類設備可以提供這個層級的專業研究技術。他的恩師林道爾早在一九七三年就搬到那裡，而且即將退休。維爾茨堡大學決定擴大社會性昆蟲的行為研究，並詢問霍德伯勒是否願意擔任系主任一職，同時領導一支新的行為生理學與社會生理學研究團隊。他決定前往，於是在惠勒擔任客座學者之後一個世紀，哈佛與維爾茨堡再次結緣。霍德伯勒抵達後不久，萊布尼茲獎也將百萬美元的研究資助頒發給霍德伯勒，這個獎項是由德意志聯邦共和國（德國全名）所提供，目的是要在德國境內建立學術研究領域。於是，維爾茨堡團隊踏出強健的步伐，展開社會性昆蟲在遺傳學、生理學與生態學上的實驗研究。

威爾森則在另一個重大事件的驅策下，踏上了另外一條不同的道路。他一向以鑽研生物多樣性而馳名，生物多樣性探討各物種的起源、數量與對環境的衝擊。到了一九八○年代，生物學者已經充分體認到人類活動正在加速摧毀生物的多樣性。他們也首度對這種侵蝕作出估計，預測由於人類摧毀自然棲息地這個關鍵因素，會有四分之一的地球物種在三十到四十年裡完全滅絕。很明顯地，為了因應這種緊急狀況，生物學必須全盤了解全世界的生物多樣性分布現況，而且要做得遠比過去精確，還要標出哪些棲息地擁有最多不同的物種，但也面臨到最嚴重的威脅。這類必要資訊可以協助人們進行搶救，並針對瀕臨危險的生物進行學術研究。這項工作相當迫切，卻直到現在才剛開始。目前，在所有物種裡，只有百分之十的少數動、植物及微生物物種已經為人發現並賦予學名，不過，即使是對於這

類物種的分布及其生理結構和機能，我們所知還是非常有限。大部分的多樣性研究都完全仰賴最為人所知的「焦點」群體，尤其是哺乳類、鳥類與其他脊椎動物，還有蝴蝶與顯花植物。螞蟻則是另外一個焦點研究對象，因為牠們的數量極多，而且在溫暖的季節裡，一整季都有明顯可見的活動可供觀察。

多年以來，哈佛大學一直擁有世界上最豐富和最近於完備的螞蟻館藏。威爾森認為，除了投身生物多樣性這個吸引人的主題之外，他還有責任善用館藏來推動螞蟻成為生物多樣性研究的焦點群體。他與康乃爾大學的布朗合作，著手整理螞蟻分類研究，並選擇其中最艱難的對象，大頭家蟻屬發表專論，這是最大的一個螞蟻屬，下面有一千多個種類。他們的分析與分類工作總共描述了三百五十種發現於西半球的新種螞蟻。

霍德伯勒與威爾森仍然安排每年聚首合作進行一項田野研究，地點在哥斯大黎加或美國佛羅里達州。他們除了在那裡搜尋鮮為人知的新種螞蟻之外，威爾森還要進行最充分的生物多樣性調查，霍德伯勒則是要選擇最有趣的螞蟻種類，將牠們攜回維爾茨堡做深入研究。同時，螞蟻學也正在興起當中，逐漸被科學家所接受。雖然，螞蟻地底世界的神祕色彩依然存在，不過，它那種困惑人的古怪特質顯然已經從人們的心中消失了。

第三章
群落的生與死

　　蟻后隱藏在建構完善的蟻巢要塞之內，並在熱忱忠實的眾多女兒保護下得享長壽。若無意外，多數螞蟻種類的蟻后至少可以活上五年。少數幾種還超過了數百萬種其他昆蟲的自然壽命，甚至於還超過了蟬傳奇性的十七年壽命。一隻澳洲木匠蟻的母后就在實驗室的蟻巢裡生活達二十三年之久，直至生育能力衰退，耆耋而死之前，牠共生出了數千個子代（彩圖I-6）。還有好幾隻黃毛山蟻（一種分布於歐洲在草地上建造蟻丘的小黃蟻），也在人類的豢養下活了十八到二十二年。螞蟻的世界長壽紀錄，也是整個昆蟲類的紀錄保持者，則是一隻黑毛山蟻（蟻后，這是一種分布於歐洲的黑色螞蟻，常見於路邊走道，也能在森林中看到。這隻蟻后在瑞士昆蟲學家的鍾愛豢養下，活了二十九年。

　　一隻成功蟻后在其漫長生命歲月裡的產子數量因種類而異，不過從人類的標準來看，全都讓人印象深

刻。某些成長緩慢的特化捕食性螞蟻的蟻后能夠生產數百隻工蟻女兒，再加上約十幾隻處女蟻后與雄蟻。至於子代產量極高的種類，則是屬於分布於中、南美洲的切葉蟻種，每隻蟻后可以生產多達一億五千萬隻工蟻，其中至少有二到三百萬隻可以存活下來。非洲的行軍蟻蟻后可能是世界冠軍，可以生產兩倍於此數的子代，這群女兒的數目超過美國人口數。

　　成功的冠冕得之不易。每隻成功建立群落的蟻后背後，都有數百或數千隻嘗試失敗的蟻后。每個成功的群落，在生殖季節都會送出成群處女蟻后與雄蟻，或飛或爬，離巢尋覓來自其他群落的配偶。多數個體很快就被捕食、落水，或根本就迷途，而後死亡。如果某隻年輕蟻后存活夠久到可以進行交配，那麼牠的乾燥膜狀翅便會在交配完後脫落，並開始尋找築巢地點。即使如此，牠的存活機會還是相當渺茫。因為，在成功尋獲適合的挖掘地點之前，牠已經成為捕食者的腹中物。

　　這裡說明一個典型的範例，你很快就可以了解建立群落的殘酷機率遊戲。假設所有群落可以維持五年，平均每五個群落每年只有一隻處女蟻后可以成功創建一個群落。假定一個典型的群落每年釋出一百隻處女蟻后，那麼成功建立群落的機率便只有五百分之一。

　　雄蟻則根本沒有存活機會。所有雄蟻在離開母巢之後數小時或數天之內便會死亡。雖然雄蟻本身會在這個過程裡死亡，還是有極少數可以在達爾文適者生存的機率遊戲裡獲勝，先決條件是他們必須與那些稀有的成功蟻后之一交配。不過，絕大多數的雄蟻不但肉體死亡，基因也無法傳遞下去。每一隻獲勝的雄蟻將留下數百或數千隻後代，多數將在牠死後數月或數年間誕生。這項壯舉的完成多虧一種基因銀行，這種技術在人類想像出類似作法之前的數百萬年，螞蟻就已經成功演化出來了。蟻后在接受雄蟻授精之後，便將精子貯藏於腹部的橢圓袋狀儲精囊中，儲存中的精子的生

理活力會受到抑制，有幾年暫時處於不活躍狀態。最終，蟻后會將精子逐一或成小群釋回到牠的生殖道中，使得精子得以再度活躍，讓產於卵巢的卵子在生殖道受精。

每年夏末之際，我們都可以在美國東部看到新黑毛山蟻，這種在美國俗稱為「勞動節蟻」（譯注：美國勞動節為九月的第一個週一）的螞蟻，嘗試進行群落繁殖，也可以看到失敗者慘遭屠戮的景象。這類螞蟻在都市的人行步道與草地、空曠原野、高爾夫球場與鄉間小徑，為優勢昆蟲之一。這種體態粗短的小型棕色工蟻會建構不怎麼起眼的火山狀土丘，入口周圍則堆滿了牠們挖出的土壤，使得蟻巢洞口看起來有點像迷你火山口。工蟻從蟻巢中出發覓食，牠們在地面和草叢間，爬上矮草與灌木搜尋死亡的昆蟲與植物蜜露。不過每一年，牠們會有幾個小時不行這種例行公事，而在蟻丘周圍從事完全不同的活動。八月的最後幾天，或者九月的頭兩個禮拜裡，也就是大約在美國勞動節的這段時間裡，在一個晴朗的午後，傍晚五點左右，如果適逢雨後無風，空氣仍然溫暖而潮濕，這時就會有大群勞動節蟻的處女蟻后與雄蟻從蟻巢裡蜂擁而出振翅飛行（圖 3-1）。

有一、二個小時的時間，空中滿布著有翅螞蟻，牠們在空中相逢、交尾。許多會撞上汽車擋風玻璃而死。鳥類、蜻蜓、食蟲虻與其他具飛行能力的捕食性動物，也會衝入這群飛行隊伍中大快朵頤。有些迷途遠飛到湖泊之上，注定要落水淹死。群蟻亂飛一直到黎明微光之後才終止，倖存者終於鼓翼落地。這群蟻后將翅膀剝離，並在地表搜尋掘巢地點，幾乎沒有幾隻能夠進展到這個最後階段。因為牠們必須逃脫鳥類、蟾蜍、昆蟲殺手、步行蟲、蜈蚣、跳蛛與其他狩獵者的魔掌，才不會成為捕食者的犧牲品。其中最致命的殺手卻是其他蟻種的工蟻，包括無處不在的勞動節蟻，這類蟻群隨時保持警戒並擊殺入侵者（彩圖 I-5 左圖）。

圖 3-1
三隻分布於美洲的鬚毛收割家蟻，由上至下
分別為：有翅雄蟻、有翅處女蟻后以及工蟻
（John O'Dawson繪圖，國家地理學會提供）。

在螞蟻的生命週期裡，最重要的時刻便是婚飛。無論群落處於飢荒，或敵人將部分工蟻擄走，或其他一百種不幸事件，都可能使群落由鼎盛陷入衰敗，即使如此，群落仍有可能復原。不過只要錯過婚飛或錯過時機，群落的所有努力成果都將成為泡影。群落在婚飛期間呈現一團混亂（彩圖I-2）。處女蟻后與雄蟻在亂成一團的工蟻簇擁下往前衝上天際。不同種類的雌、雄螞蟻所採用的婚配策略也各不相同，不過這些策略總是顯得草率而危險。霍德伯勒於一九七五年七月的某天傍晚，在亞利桑那州北部沙漠平原漫步時，發現了最為壯觀的交配奇景，主角是大型紅色皺毛收割家蟻。在一處大小如網球場的空曠地表上，四周沒有任何明顯地標，大群蟻后與雄蟻在地表蜂擁亂爬。從下午五點到七點之後的薄暮時分，有翅處女蟻后飛過來，交配之後又飛走。每隻蟻后著地之後，便有三到十隻雄蟻匆匆圍趕過來，並競相爬上蟻后後背進行授精（彩圖I-4）。蟻后進行數次交尾之後，便會終止交配活動，牠會以細窄的腰部與其後段體節相互摩擦（螞蟻的這二個部位可以前後伸縮），發出吱吱的訊號聲。當雄蟻聽到這種「婦女解放訊號」之後，就不會再去注意這隻蟻后了，轉而搜尋另一隻尚待交配的處女蟻后。大多數蟻后會在交配後迅速飛離，雄蟻則留在原地繼續嘗試進行交配，牠們在幾天之內都會死亡。

年復一年，每年七月霍德伯勒都會回到同一個地點，他發現收割蟻多年來始終在成群活動著。雖然，這些蟻后與雄蟻都是當年的新生個體，然而牠們總是能夠找到同一個地點（彩圖I-3）。這個地區就像是某些鳥類與羚羊類動物的固定交配地點，雄性每年都會來到這裡引喉高歌和彼此炫耀，以誘引附近的雌性接近牠們並與牠們交配。不過，這類處於交配期的雄性脊椎動物的年齡都夠大，可以憑著過去的經驗記得該往何處去，螞蟻卻不然。牠們必須仰賴本能與交配地點所發出的一些特殊線索，也就是能

夠觸動牠們遠古基因記憶的訊號。目前還沒有人知道收割蟻是如何前往相逢，因為這些交配地點並沒有明顯的地理景觀、氣味或聲音，讓牠們可以分辨周圍的環境地形。

大多數的螞蟻社會，如美國勞動節蟻與收割蟻等，都是以類似植物的方式來進行繁殖。牠們會釋出大批試圖建立群落的蟻后，牠們就像是植物的種子，至少會有一、兩顆可以生根發芽。不過，還是有少數幾種螞蟻會採取更為謹慎的投資策略。部分歐洲林蟻的蟻后只會冒險出門到老家蟻巢表面，只在外面逗留到交配成功，事成後便匆忙返回地底的巢室。隨後，被授精後的蟻后便在部分工蟻的簇擁下，步行離巢前往新的築巢地點建立新的群落，以此來增加群落的數目。軍蟻的處女蟻后則會受到更周密的保護。牠們只是產卵的機器，而且連翅膀都沒有；牠們從來不離開工蟻的護衛，牠們等候其他群落的有翅雄蟻抵達。在這種罕見的情況下，螞蟻的一種作法是接納來自其他群落的代表，工蟻會允許這位求婚者逗留在群落裡直到完成交配。

螞蟻的社會性生活不但深受群落生命週期的影響，也受到群落裡每個成員的影響。個別螞蟻與其他膜翅目及其他大多數昆蟲一樣，都會在成長與發展歷程裡經歷完全變態的四個迴異階段：蟻后產下一顆卵，然後孵化成為幼蟲，幼蟲再變態成為蛹，最後羽化為成蟲。這個多次重生現象的重要性在於，從幼蟲到成蟲的過程裡出現了極端不同的形貌。幼蟲（像毛毛蟲、蟎蜡或蛆）只會進食，無翅又腦小。幼蟲所演化出的形態結構與能夠表現的生物反應，都是為了能夠迅速成長為工蟻，以縮短沒有抗敵能力的無助時間。成蟲則是另外一種與幼蟲完全不同的生物，通常有翅，或擁有擅長奔跑的腳，或二者兼備，成蟲的結構適合進行繁殖與向外擴散到新的捕食地點。成蟲的食物也與幼蟲不同，主要是供應能量的碳水化合物，而

非促進成長的蛋白質。在極端的例子裡，成蟲根本什麼都不吃，只是消耗幼蟲時期所累積儲存的能量。生命週期的另一個階段是蛹，這是一段靜止期，期間蟻蛹體內的組織會重組，由幼蟲變態為成蟲的樣式（圖3-2）。

　　蠐螬狀的螞蟻幼蟲，幾乎不做任何工作，而且和人類嬰兒一樣必須由成年個體養育照料。即使牠們能夠自行進食──部分較為原始的螞蟻種類的幼蟲具有這個能力──也由於活動能力有限，而更加依賴成蟲。牠們的身軀圓胖無腳，因此無法移動到有食物的地方。成年工蟻也因此必須投注極大的心力來照顧幼蟲。牠們離巢覓食來餵養牠們的無助手足，而且還要投入大量精神來保護和清潔這些幼蟲。就像人類社會一樣，年幼無助的孩子讓家庭成員凝聚在一起，並由此產生許多社會習俗，螞蟻的幼蟲也一樣，牠們完全依賴其成年姊姊，成為螞蟻群居生活的核心（彩圖I-7對頁）。

　　年輕的蟻后在到達成蟲階段之後，還會經歷另一個劇烈的轉變，也就是從多功能的自立個體，搖身一變成群落中無助的乞丐。處女蟻后隨時都可以振翅高飛，與有翅雄蟻進行交配，落地之後便將翅膀剝離，獨自建造蟻巢（圖3-3、3-4），並以數週或數月的時間，獨力養育第一代工蟻（彩圖I-5對頁）。然後，就在幾天之間，角色突然互換，工蟻開始照料蟻后，牠變成一個只會產卵的機器，牠開始尾隨工蟻在巢室之間，在地底通道之內，或在巢穴之間遊走乞食。因此，從心理層面而言，雖然牠仍貴為蟻后卻已經是落難皇族，因為從任何明顯徵象觀察，牠都稱不上是一個統治者。牠也不會下達任何指令，不過牠還是所有工蟻的注意焦點。工蟻的生命都奉獻來維持牠的福祉，以及維繫牠的繁殖活動。這種關係的驅動力要從達爾文的觀點來敘述：唯有透過大批新生處女蟻后，也就是牠們的姊妹，來複製出與牠們自己相同的基因，如此工蟻才算真正成功。

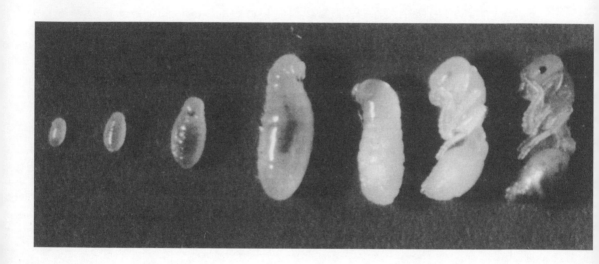

圖 3-2

分布於歐洲的堆積窄胸家蟻工蟻的完整發展階段，自左至右卵、剛孵化的幼蟲（一齡）、半成長幼蟲、成長完全的幼蟲、蛹前期（成蟲組織成形）、不具色素的蛹、以及具色素的蛹，此時已經可以羽化成為活躍的六足成蟲。（Norbert Lipski 攝影）。

圖 3-3

剛完成婚飛交配的收割蟻蟻后
運用中足與後足將翅膀前翻剝
離（John D. Dawson 繪圖，
國家地理學會提供）。

圖 3-4

年輕蟻后建立群落的第一步是掘地建造
蟻巢（John D. Dawson 繪圖，國家地理
學會提供）。

一個典型螞蟻群落裡的工蟻全都是蟻后的女兒，雄蟻則都是牠的兒子，只有在工蟻族群建立穩定之後，和交配季節來臨之前，雄蟻才會誕生。牠們只生存幾週或幾個月，通常不事生產，不過在相當特殊的情況下，出現了罕見的例外。雄蟻完全是一批食客（drone），在古英語中，「drone」這個字的原始意義就是依賴其他人勞力過活的寄生蟲。從現代科技觀點來看，牠們仍是食客，牠們是攜帶精子飛翔的飛彈，唯一的生存目的就是在時機來臨之際，與蟻后展開接觸與授精。一旦在巢內，牠們就完全仰賴牠們的森林女戰士姊妹，牠們之所以能夠這樣逍遙，唯一的原因顯然是牠們有能力傳遞群落的基因。

　　螞蟻的性別分化與蜂、胡蜂等其他膜翅目昆蟲一樣，都是由我們所能想到的最簡單方式來決定：受精卵會孵化成為雌性，未受精的卵則會孵化成為雄性。蟻后可以利用這樣的程序來控制其子嗣的性別。牠可以關閉輸精管入口的活瓣，於是產出雄蟻。不過一年當中，牠大半時候都是將活瓣開啟讓卵子受精，好生出女兒。在群落創建初期階段，所有女兒都有生長遲滯的現象出現。這群女兒的體型較小，也不帶翅膀。即使牠們擁有卵巢，生育能力也相對較差。於是，牠們發育成熟之後便成為工蟻，也就是群落的僕役。之後，隨著群落的成長，部分雌性幼蟲發展完全成為蟻后，擁有翅膀與發育完全的卵巢，並有能力創建新的群落。

　　尚未交配的處女蟻后與雄蟻的使命，便是離巢進行婚飛，以開創後續群落的生命週期。母群落則付出了能量與骨肉，不過從演化的觀點來看，這是一項關鍵性的投資。按照經濟學的說法就是，群落捨棄自己的資本來複製並散播其基因。

　　那麼，究竟是什麼因素在指引群落的投資行為呢？雌性幼蟲為何可以成長為具有生殖能力的蟻后，而不是不能生育的工蟻？這個差異與遺傳無

關，環境才是決定因素。不論階級，群落裡的所有雌蟻都擁有相同的基因，也都可以發展成任何類型，從受孕開始，所有的雌蟻都可以轉變成為蟻后或工蟻。基因提供的是發展成為工蟻或蟻后的潛能。至於環境控制因素則依不同物種而異。其中之一是幼蟲的食物質量，另一個則是幼蟲成長期間的蟻巢溫度，還有另一個因素是母親蟻后的身體狀況。如果母后身體健康，牠便能夠在一年當中的多數日子裡，分泌出能夠抑制幼蟲發展成為蟻后的物質。這類母親的確可以稱得上是蟻后或群落統治者，不枉我們人類賦予牠皇后的大名。牠不但可以決定後代的性別，還可以指派眾女兒的階級地位。然而，工蟻仍然掌握了某種最後的控制權。牠們本身就可以決定成長中弟妹的生死，於是牠們得以決定群落的最後規模與成員。

螞蟻的獨特生命週期與階級系統都起源於一個背景因素：群落就是一個家庭。大多數螞蟻種類的群落組織都相當嚴密，足以擔得起「超級有機體」的大名。如果你在一、二碼的距離外觀察一個螞蟻群落，同時故意讓你的焦距略微失準呈現模糊狀，則所有螞蟻個體似乎都融合成一個向外擴散的超大型有機體。從遺傳或生理角度而言，蟻后都是這個有機體的核心。牠負責團體的繁衍，可以增生出有機體的部分結構，也可以滋生出新的超級有機體。於是，群落的世系得以從蟻后到女兒蟻后再到孫女蟻后，如此一脈相傳下去。各個世代的處女蟻后都有不具繁殖能力的姊妹工蟻的輔佐，工蟻幾乎只能算是一種附屬器官。牠們擔任口、腸、眼等功能化角色，整個超級有機體的身軀則環繞蟻后體內的卵巢而生。固然，工蟻群決定了絕大部分的細微步驟，但是，牠們行動的唯一最高目標是讓牠們的母親得以生出新的蟻后。於是，牠們得以藉由這個程序，仰賴牠們的姊妹蟻后將牠們的基因向外散布。

我們也可以將蟻后視為受到狂熱助理所簇擁的昆蟲，並與雌性胡蜂及

其他不具有社會性優勢的獨居性昆蟲進行殊死競爭。在相同的條件下，這個社會生命體，也就是蟻后與其工蟻集群，應該可以戰勝獨居的對手。螞蟻的基因會存活並散布到全世界，至於獨居的競爭者則將逐步衰亡到某個穩定程度。

假使群落只是為了母后的福祉而存在，一旦母后死亡情況會變得如何？合理的推論是，工蟻會推舉出另外一隻蟻后來取代前者。理論上，由於部分雌性蟻卵和幼蟲仍然存活，只要哺餵適當的食物，便可以發展成為蟻后，因此工蟻的確有能力創造出替代對象。從工蟻的觀點而言，這樣做確實是明智而審慎的作法，因為扶持一位姊妹繼任母后，和撫育外甥女總好過根本不去撫育任何蟻后。不過，這並非工蟻喪母之後的一般作法；牠們並不遵循生物學家的簡單邏輯。多數狀況下，群落無法產生一位皇家繼承人，於是整個群落便會衰敗直到最後一隻工蟻孤寂而死。許多螞蟻種類的工蟻都有卵巢，同時在群落衰亡的過程裡，部分工蟻會產下沒有受精的卵並發展成為雄蟻。如果群落出現了大量成年雄蟻，同時有翅處女蟻后與年輕工蟻也消失不見了，這就明確顯示群落已經瀕臨滅亡。有些螞蟻種類甚至連這種最後掙扎都不會發生。部分螞蟻種類的工蟻並沒有卵巢，例如：火家蟻便是如此，因此在母后死亡之後，群落的繁殖活動便會嘎然終止。

螞蟻與其他所有生命一樣，也有正面的例外情況。法老蟻（或稱為小黃家蟻）是一種遍布全世界的極小熱帶性螞蟻種類，可以侵入人類居室的牆壁，這種螞蟻的蟻后是螞蟻世界裡蟻后壽命最短者，只能活三個月。牠們的大型群落結構鬆散，卻能夠持續不斷產生新的蟻后，蟻后在蟻巢裡與其兄弟及表兄弟交配，隨後就留在崗位上加入繁殖團隊。採用這個策略的群落便有可能得到永生。牠們也能夠藉由簡單的分裂法來自我複製：一個

團隊伴隨著一隻或多隻已受孕蟻后，離開母群落遠颺。法老蟻一向是以這種方法溜進旅客的行李與貨物裡，旅行到遠處──抵達倫敦的醫院，與芝加哥的郊區住宅裡──並在各地繁衍興盛，牠們並不需要依賴蟻后與雄蟻從事婚飛來向外擴張領域。

　　為什麼並非所有螞蟻都採用相同的作法來讓群落獲得永生？或許是因為這麼做要付出近親繁殖的代價，會大量提高死亡與不孕的機會。近親繁殖的種類也比較無法適應環境變遷。只有包括法老蟻在內的少數螞蟻種類可以在這個利基上生存，因為牠們在人類所塑造的生態環境中所佔的優勢超過必須付出的基因代價。如果這個解釋正確，我們便可以下這樣的結論：對大多數的螞蟻種類而言，老群落之死可以提供新群落更可靠的生存機會。

　　群落中如果擁有多隻具有繁殖能力的蟻后，不但可以有永生的機會，也可以成長為龐然大物。散布在醫院與辦公室建築牆壁的法老蟻群落，可以擴展到數百萬隻工蟻的群落規模。牠們所形成的群落可以稱為超級群落而當之無愧，這種群落理論上可以成長到無限大。住在北部溫帶地區的山蟻屬，大型紅蟻與黑蟻居住在跨越地表各處的許多蟻丘裡，並形成超級群落。處女蟻后通常會在交配之後不久，回到其中的一個蟻巢裡，幾隻已受孕蟻后則在工蟻部隊的陪伴之下，向外遷徙建立新的蟻巢。結果就形成了具有密切關係的眾多社會單元，各個單元可以自行繁殖、成長，不過牠們還是沿著連結各個蟻巢的氣味痕跡自由交換工蟻，並藉此保持聯繫。丹尼爾‧柴瑞克斯於一九八○年為一個哀愁山蟻的這類超級群落繪製地圖，這個位於瑞士侏羅的超級群落所覆蓋的面積超過二十五公頃（62 英畝）。該族群是由無數百萬隻工蟻與蟻后所組成。東正剛與山內克典於一九七九年提出報告，敘述他們在北海道的石狩灣沿岸所發現的葉盛山蟻超級群

落，該群落佔地廣達二百七十公頃（675 英畝），絕對是目前所有已知動物社會裡最大的一個。估計該超級群落包含了三億零六百萬隻工蟻，以及一百萬隻蟻后，並居住在四萬五千個彼此相連的蟻巢之中。這類事例固然相當駭人，在自然界裡也相當罕見。這個例子是否也可以算是一種帝國型態？

第四章
螞蟻的溝通方式

　　有一天，一個非洲編織蟻群落霸佔了威爾森的辦公室，於是我們展開了一項最偉大的冒險行動。那群螞蟻是凱絲琳・荷敦與羅勃・席爾伯葛萊德兩位同事，於一九七五年從肯亞帶來送給我們的，能夠採獲一個包括母后在內的完整群落，實在是一項了不起的成就。荷敦與席爾伯葛萊德是在一株孤立的小葡萄柚樹的枝頭上發現了這個年輕的螞蟻群落，並將它整個剪下放進袋子裡，所幸他們並沒有被咬得太厲害。回美之前，他們將群落放在容器裡包裹妥當，放進他們的隨身行李裡運回美國（彩圖 III-1）。

　　威爾森打開盒子讓螞蟻可以呼吸新鮮空氣，並將這個螞蟻群落放在牆邊的書桌上。然後，他就坐在書桌前開始處理信件與電話等事務。兩個小時後，他從成堆的文件上瞄過去，看到編織蟻成群結隊地從書桌遠處向四方行軍前進。這些大眼螞蟻大概有鉛筆上的橡皮擦那樣大，身體呈亮黃色，牠們戰戰兢兢地向他

走過來，一邊還注意他的一舉一動。

　　威爾森彎身向前仔細觀察牠們，螞蟻不但沒有撤退，還向他挑戰：高舉觸角在空中揮舞，腹部高舉，雙顎大開，這些特徵都是該種螞蟻的威脅姿態。後來霍德伯勒也在野外拍攝到相同的姿勢，我們於一九九〇年發表的百科全書《螞蟻》的書皮封套正是採用這張照片。

　　昆蟲學家並不習慣面對那種自信，更別提那種自大的態度，尤其是發自於體積只有自己百萬分之一的動物。沈著冷靜正是非洲編織蟻的一項過人魅力，這種螞蟻的學名為長節編葉山蟻。由於牠們的行事大膽、行動果決，再加上牠們的大型尺寸（就螞蟻而言），和牠們許多社會行為都是赤裸地呈現在陽光下，可以讓我們輕易觀察照相等原因，我們這些研究科學家自是無法抗拒牠們。我們抓住這個機會，從一九七〇年代晚期開始對這種螞蟻進行深入研究，並一直延續至一九八〇年代初期。我們的精彩故事從威爾森的實驗室開始，一直到霍德伯勒在肯亞進行田野研究才告終。後來，霍德伯勒也開始研究分布於澳洲與亞洲的其他現存編織蟻，也就是翠綠編葉山蟻，或稱為黃蟻。

　　我們在研究編織蟻的時候，發現了迄今所知最複雜的動物社會行為。牠們的費洛蒙溝通系統是以分泌化學物質為基礎，藉此來傳遞訊息，螞蟻則靠味覺與嗅覺來判斷這些化學信號的意義，這套系統被證實為目前動物界裡所知最複雜的一個。我們投注在牠們身上的大量時間確實相當值得。

　　棲息於撒哈拉沙漠以南的非洲森林地裡的編織蟻，是當地林冠的優勢物種。牠們的成熟群落規模相當驚人，包含了一隻母后與超過五十萬隻工蟻女兒。霍德伯勒在肯亞的辛巴丘陵做田野研究的時候，發現了某個群落所佔據的地盤，不僅延展涵蓋了十七棵樹的林冠，還跨越樹幹表面。如果人類擁有類似組織，這個編織蟻母親與其子女的王朝至少佔據了相當於人

彩圖 II-1

非洲編織蟻在樹冠建立廣大領域。左邊前景顯示一隻工蟻威嚇一隻敵對群落的螞蟻。其後為一群編織蟻壓制住另一隻敵蟻，其右邊則有一隻工蟻沿著樹枝跑回巢中，沿途由腹部末端分泌費洛蒙並留下一道化學痕跡，以引導其他同伴前往騷動現場。右下方有來自於其他群落的四隻螞蟻制伏一隻從事狩獵的大型針蟻（John D. Dawson 繪圖，國家地理學會提供）。

彩圖 II-3

上圖：編織蟻於戰鬥後，將戰敗的敵人與死亡的同伴搬回巢中作為食物。下圖：即使是最靈活與最健壯的入侵者，例如：這隻細山蟻屬的工蟻也會被捕捉制伏。

對頁：編織蟻的工蟻用身體形成鎖鏈，因此他們得以越過寬闊的縫隙，並能夠將樹葉拉在一起築巢。上圖顯示的是單一鎖鏈。下圖則顯示，多條鎖鏈糾結成為堅固的繩索，工蟻便可以往返奔跑，有些還會在上面留下氣味痕跡。

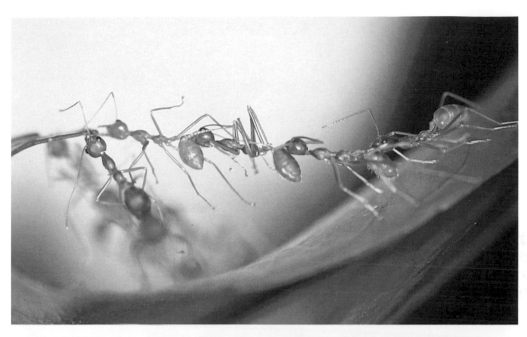

對頁：編織蟻形成鎖鏈縱隊，協力將堅硬的葉緣拉在一起。樹葉固定位之後，螞蟻便會用幼蟲吐出的絲將葉子縛在一起。

編織蟻築巢最後階段，他們會用幼蟲吐出的絲將樹葉縛在一起。一隻工蟻以大顎持著末齡幼蟲前後移動，同時，幼蟲會由頭部的腺體出口釋出一條延續不斷的絲線。螞蟻將數千條這種絲線編織成一張堅固的絲質膜。

彩圖 II-5
分布於非洲的長節編葉山蟻剛建構完成的蟻巢。

類規模的一百平方公里領域。我們在這裡說「至少」，是因為螞蟻的真正地盤並非以牠們所佔據的森林平面面積來計算，我們通常仍以二度空間作為測量面積的單位，整個植被的廣大表面，實際上包括了從樹頂到地面之間的每平方公釐的樹葉、枝幹。

編織蟻將自己的地盤當作一個要塞城邦加以嚴密保護。牠們會凶狠地攻擊入侵的哺乳類與其他生物。如果相鄰的編織蟻群落成員侵入了牠們的地盤，牠們也會將其獵殺。牠們也殺害其他多種螞蟻的工蟻，以及任何無意間碰到的昆蟲（彩圖 II-1、彩圖 II-3）。幾乎所有的較小犧牲者都會被搬回巢內吃掉。相鄰的編織蟻群落間的爭鬥相當慘烈，因此牠們會在地盤的邊界劃定狹長的走道，也就是一種主權未定的「無蟻區」。

非洲編織蟻的近親螞蟻種類，也就是分布於非洲之外的黃蟻，會在地盤疆界附近駐軍，並由年長的工蟻駐守。由於這群工蟻在照顧幼蟲與其他家務的能力上都不如年輕工蟻，於是只得駐紮在前線，成為防衛敵人入侵疆界的第一線武力。在生命油盡燈枯之時，牠們為了奉獻群落，只好承擔最危險的工作。我們可以說，人類將年輕人推入戰爭，編織蟻社會則將族裡的老婦送上前線。

為了能在控制良好的環境下仔細研究分布於非洲的一些螞蟻的行為，我們讓採自肯亞的數個小型群落在我們實驗室裡的檸檬樹盆栽上生活。我們先前就已經注意到牠們的一個奇特習性，不過，這卻為之前的研究人員所忽略。這個奇特的習性就是，大多數的螞蟻會前往蟻巢的偏遠角落或一個巢外的特定垃圾場排便，並形成一堆碎屑，也就是昆蟲學家所說的「廚房堆肥」。編織蟻就沒有這麼整潔了，牠們會隨處排泄。實際上，牠們似乎刻意要將牠們的排泄物氣味散布在牠們地盤的各處。如果我們讓被人豢養的群落成員踏上一棵牠們從未到過的盆栽，或紙張覆蓋的地板等，牠們

的排便速率就會遽升到遠超過生理需求的應有頻率。工蟻會碰觸自己的腹部末端，由肛門排放出大滴褐色液體。這種物質很快就會被腹末的體表吸收，或者硬化成為閃亮的蟲膠狀圓點。我們看著這種液滴，不禁要懷疑編織蟻是否運用排泄物來宣示牠們的領土主權，也就是類似貓狗噴灑尿液來劃定地盤界限的作法。

我們在實驗室裡導演了一齣群落戰爭來測試這個觀點。我們將兩個編織蟻群落放在相鄰地點，牠們的蟻巢之間有一處競技場（由數道牆包圍而成的開放空間）與雙方相連，雙方都可以進入這個中間地帶冒險一遊。二個群落都可以透過橋樑進入這裡，這些橋樑就像是城堡的活動吊橋，我們可以將其架起或移除。實驗之初，我們讓其中一個群落的工蟻踏上地面，並以牠們的排泄物徹底進行標記。幾天之後，我們將牠們的橋拆除，並將螞蟻逐一放回牠們的蟻巢。接著，我們讓第二個群落的螞蟻進入同一個場所進行探索。這個新的團體在碰到排泄物斑點的時候，會猶豫一陣子，同時表現出編織蟻的典型敵對姿態——雙顎大開，腹部高舉。有些還跑回家，聚集一支小型同伴部隊。牠們會透過氣味痕跡與相互碰觸來發出信號，就好像是在大聲喊叫：「跟我來，快啊！我們發現了敵人的地盤！」反之，如果我們是用來自同一群落成員的排泄物進行標記，那麼聚集的速度就會遠低於前者。很明顯地，排泄物會散發出個別群落的特有氣味（彩圖 II-2 對頁）。

任何人都知道競技期間，地主隊佔有地利之便；地主隊在家鄉與客隊進行比賽的時候佔有心理上的優勢，雙方在實力相當的情況下，有時候這個優勢可以促成勝利。當我們讓兩個編織蟻群落成員同時進入這個實驗室的競技場時，雙方的斥候便會運用氣味痕跡與其他費洛蒙信號來集結同伴大軍，接著便會發生慘烈的戰鬥。無論是一對一或多對一，彼此都會以大

顎互咬。第一隻與敵人接觸的螞蟻會試圖咬住對方並將牠向外拉扯，讓牠無法動彈，其他幫手則負責制壓對方，把牠大卸八塊（彩圖 II-2 右圖）。我們總共發動十次戰爭（我們扮演奧林匹亞山的諸神角色，挑撥促成這些戰役），獲勝的群落將敵方的戰士驅趕回橋樑對岸，並逼回巢裡，勝者就可以在競技場裡排泄，讓帶有特殊氣味的排泄物形成標記，一直維持到對方軍隊展開反擊為止。

我們對編織蟻的戰爭與日常生活愈熟悉，愈發現牠們溝通系統的複雜、精密。我們發現編織蟻的工蟻不僅能夠相互引路，到達巢外的某個地點，還能施放五種不同的「訊息」，指出目標的特性。每一種訊息都是由數個信號所組成。牠們會分泌出一種化學物質形成氣味痕跡，並配合一種特殊的身體動作，所以施放痕跡的螞蟻碰到同伴的時候，可能會進行一小段舞蹈，或是碰觸對方的觸角（圖 4-1）。螞蟻腹部末端的肛門附近有兩個腺體，化學物質便是由其中之一所分泌。這兩個腺體都是科學研究的新課題，也是我們研究生涯中的創新發現。當一隻工蟻想說：「跟我來，我找到一些食物」時，牠會一邊奔回巢裡，一邊從這兩個分泌源之一，分泌出化學物質並留下一道痕跡，這個分泌源就是直腸腺。當牠遇到其他的工蟻，就會搖頭晃腦並以觸角碰觸對方。如果食物是某種液體，牠會開啟一雙大顎將樣品回吐給同伴品嚐。同伴在稍事品嚐之後便奔跑出巢，循著痕跡前往新發現的食物地點。第二種聚集訊息則傳達了另外一種完全不同的意義。斥候工蟻找到一個可以建築新巢的地點，會留下一道直腸腺痕跡。不過這次牠會結合碰觸信號，告訴友伴牠準備拖著牠或背著牠到新築巢地點去。第三種訊息是，如果在附近碰到敵人，工蟻就會繞著入侵者遊走，留下一道環狀短痕，同時發出警示訊號，這次牠會從腹板腺分泌信號塗抹在地面，這就是第二個可以發出聚集化學物質的腺體，在這種情況下，並

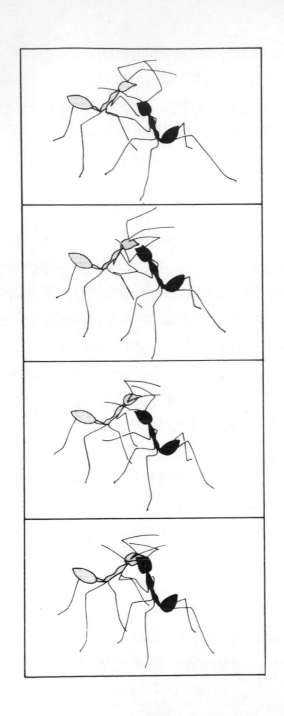

圖 4-1

一隻（黑色）非洲編織蟻在遭遇一個敵人之後，作出快速前後擺動的動作來徵召一隻同伴。我們認為這個信號是因攻擊行為所發展而成的模式化行為。

不需要進行特別的碰觸行為。此外工蟻還有兩種聚集信號，經過不同的組合後，可以指引同伴前往尚未探測的新領域或與敵方遭遇的遙遠地點。

　　英國昆蟲學家約翰‧布雷德蕭與兩位同事，於一九七〇年代發現非洲編織蟻還擁有另外一種警示系統，這套系統結合了多種具有不同意義的費洛蒙。當工蟻在巢內或群落的地盤裡與敵人遭遇，牠會從不同腺體（有一部分位於頭部）分泌出四種化學物質（彩圖 III-3 左圖），並將它們混合為一從大顎基部附近的開口釋出。這種混合物會以不同速率在空氣中擴散，於是，牠分散在不同地區的工蟻姊妹便會隨著時間逐一了解目前的狀況。首先釋出的是己醛（hexanal），它會在蟻群裡引起騷動，促使工蟻提高警覺。工蟻會前後揮舞觸角搜尋其他味道。隨後便是己醇（hexanol），當這種酒精的等價物質（因此英文名字裡有 o 而沒有 a）累積到能夠被偵測得到之後，便會警醒蟻群，促使牠們四處移動搜尋問題的來源。接著便是十一酮，這種物質會吸引工蟻接近來源，並刺激牠們在碰到任何外來物體時就張口大咬。最後，當牠們接近目標的時侯，會偵測到丁基辛酮，而促使牠們想要展開進攻與咬噬的攻擊行動。

　　總結過去二十年的研究結果，我們發現編織蟻的化學語言已經發展到幾乎能夠運用語法的程度 —— 也就是可以運用化學「字彙」來傳遞不同的「片語」。牠們甚至能夠調整碰觸與聲音等其他基本信號的強度。

　　這種了不起的昆蟲是一種相當古老的物種。牠們出現在歐洲波羅的海地區出土的琥珀中，這些三千萬年前的古老化石，保存得相當完整。這種螞蟻之所以能夠在現代成功地分布於舊大陸的熱帶地區（由非洲到昆士蘭與所羅門群島的低地森林冠層），成為當地的優勢物種，想必與牠們的高效率化學溝通有關。除此之外，這種螞蟻還具有另一種更重要的精巧溝通方式，使得牠們可以在林冠建築大型的帳棚式蟻巢。正是由於牠們擁有這

種特殊建構的蟻巢，牠們的龐大族群才能夠獲得安全庇蔭。類似編葉山蟻等離地居住的多數大型螞蟻，都必須利用植物的空腔來建築蟻巢，例如：剝離的樹皮內，或居住於木頭內部的甲蟲所遺棄的藏身洞穴。但是這類地方相當少見，彼此間的距離也相當遠，更遑論空間足夠容納超過數百隻大型螞蟻所組成的群落的地點了。不過，編葉山蟻已經演化出了自行興建屋宇的能力，可以克服這個障礙。牠們將小樹枝與樹葉編織在一起，建造出具有牆壁、地板與屋頂的大型房間。

約瑟夫・班克斯是第一位目睹編葉山蟻建造蟻巢過程的歐洲人。他於一七六八年隨同庫克船長航行前往澳洲，他在這裡發現了編葉山蟻，牠們「居住在樹上，並建造了大小在一個人頭與一個拳頭之間的蟻巢，牠們將樹葉彎曲並以一種白色紙狀物質將葉片牢牢地黏合在一起。最令人好奇的是，牠們的作法相當有意思：牠們將四片比人手還大的樹葉折合成蟻巢，這需要發揮龐大的力量，從牠們的外觀實在看不出來牠們有此能力。事實上，這需要好幾千隻螞蟻的齊力參與。我曾看過編葉山蟻將一片樹葉彎折：牠們肩並著肩，儘可能地佔滿所有空間，施盡全力將一片樹葉向下彎曲，其他在葉子裡面的同伴則負責用黏膠將葉子固定。」（比格霍爾編輯，《約瑟夫・班克斯的「勇往號」航行日記，1768 到 1776 年》）。

早期閱讀班克斯報告的讀者可能會覺得內容相當怪異，不過文件所述大半都相當精確。編葉山蟻的確可以形成一支有數百隻工蟻的隊伍，排列有如軍事操練般嚴格。牠們會用後腳的爪子與褥盤抓住一片樹葉的邊緣，再以大顎與前腳抓住另一張樹葉，接著將這兩張葉片的邊緣用力拖拉在一起。兩張樹葉的距離如果大於一隻螞蟻的身長，工蟻還會運用更讓人讚嘆的策略，班克斯倒是沒有目睹到這樣的作法（畢竟，當時他踏上新發現的澳洲，注意力還是集中於其他新鮮事上）：牠們將身體串連在一起，搭成

一座活生生的橋樑。居首的工蟻用大顎緊緊攫住一張樹葉的葉緣。隨後，一隻工蟻向下爬上牠的身體，抓緊牠的腰部。然後，第三隻工蟻接著又向下爬去，一樣緊抓著第二隻工蟻的腰部，於是一隻接著一隻，直到十幾隻螞蟻串成一排，在風中搖曳（彩圖 II-3 對頁、彩圖 II-4 對頁）。等到這串螞蟻的最後一隻能夠觸及到遠處樹葉的邊緣，牠便會用大顎緊緊咬住那片樹葉，於是一座橋樑就這樣搭建完成了，此時，這一排螞蟻開始用力拖拉，試圖將兩片樹葉拉在一起。有時候，只要一排螞蟻就可以將兩片樹葉拉合，不過，這通常需要數個這類大型兵團的共同協力，始能完成。有些工蟻會從工地回巢，以氣味痕跡來聚集同伴。牠們不只在樹葉與細枝上留下化學痕跡，還會留在形成鍊索的蟻群身上。很快地，一支浩浩蕩蕩、生氣勃勃的螞蟻兵團出發了，上千隻觸角、蟻腳在空中巍巍顫動，場面壯闊至極。

然而，這些敘述裡面還有一個未解的重要問題：究竟這些螞蟻是如何決定要拉哪張樹葉？英國昆蟲學家約翰・薩德於一九六三年發現了這個既簡易又有效的過程。螞蟻可能是在舊有居處過度擁擠的刺激下，試圖向外建築新的帳棚，牠們單槍匹馬沿著葉緣搜尋，偶爾會停卜來拉扯葉緣。如果牠們能夠成功地將樹葉捲曲，即使幅度很小，螞蟻也會緊抓著樹葉繼續拉扯。這種動作表示牠已獲得初步成功，並會吸引附近的其他工蟻。牠們會接近並也嘗試拉緊葉緣。一旦樹葉繼續彎曲，便會吸引更多工蟻聚集到該處。這個公式只是一個單純的重複動作：工作成功，形成更多工作，進一步形成更大的成功。首先會形成一支小隊，於是兩片樹葉、三片樹葉，甚或更多樹葉，經由工蟻身軀接力搭成的活動橋樑，被緊拉到固定位。

這時，其他編葉山蟻的工蟻開始就定位，使用班克斯所描述的白「膠」。這種黏著物質不是像班克斯所想的是一種糊狀物質，而是一種絲

線，這是德國動物學家法蘭茲·杜夫蘭於一九〇五年所發現的，這種絲線是由群落裡的蠐螬狀幼蟲負責供應。編葉山蟻運用絲線的方式是牠們行為模式裡最驚人的一種表現，正是因為這種行為，我們才俗稱牠們為編織蟻。被徵召的幼蟲都是處於末齡的幼蟲，而且將在幼蟲成長過程裡經歷最後一次蛻皮，之後，只要再蛻皮一次就會蛻變成蛹，並開始轉變成為具有六腳的成蟲樣式。在築巢過程裡，大型工蟻（編織蟻的成蟲工蟻可以區分為大型與小型兩個階級）會將這些幼蟲挑選出來，並將牠們搬運出巢來到葉緣。工蟻以大顎輕輕地抓著幼蟲，並沿著二片葉片的接合處來回移動，幼蟲受到刺激信號便由口器正下方的裂縫狀管口吐出絲線。於是，上千條絲線在兩個葉緣之間固定住，形成一片完整的絲布，成為堅固的黏著劑將葉片接合（彩圖 II-4 右圖）。

這群幼蟲也無可奈何，只好讓自己變成活生生的織布梭子，牠們奉獻出原本要用來編織成繭，以保護自己身體的絲線。不過，牠們的犧牲不全然只是一種利他行為。牠們以自己的身體分泌物來黏結葉片搭建蟻巢，轉而也庇護了自己，讓自己可以在更安全的環境下，不須繭的保護就能成長為成年工蟻。

我們採用電影的逐格分析法來詳細記錄整個編織過程的細節。這種幼蟲除了釋出絲線這種行為之外，我們還目睹了一種最特別的幼蟲行為特徵：幼蟲能夠保持身體僵直不動。我們看不到編葉山蟻幼蟲的身體有任何精巧的彎曲動作與伸縮動作，也沒有發現頭部向上伸展與左右搖動等這類常見於未成熟階段的蛾蟻、蝴蝶及其他完全變態昆蟲的典型動作。編葉山蟻幼蟲被成年工蟻由巢中搬出，成為牠們的建築工具，幼蟲的動作也大半居於被動。偶爾，幼蟲在接近葉緣時會稍微向前伸展頭部，顯然是在進行接觸之前，預先校正方向。除此之外，幼蟲基本上是處於不動狀況，而且

只會吐絲。

　　吐絲編織是一種靈巧的精確雙人舞蹈。工蟻以大顎夾住幼蟲接近葉緣，幼蟲的頭部向前端伸出，就好像是工蟻身體的延伸。工蟻的觸角則向下彎折，尖端與葉緣相觸，並沿著葉表觸摸約十分之二秒，看起來就像是一個眼睛被遮住的人，以雙手輕觸桌緣來了解他的位置與形狀。接著，工蟻會將幼蟲的頭部朝下接觸葉表，一秒鐘之後再將幼蟲舉起。在這短暫的瞬間，工蟻以牠的觸角觸碰幼蟲的頭部十次左右。這個細微輕觸顯然是一個信號，可以讓幼蟲釋出絲線。我們不確定這個動作是否包含這個指令，不過在這個動作過程裡，幼蟲的確會釋出微量絲線，並自動黏附在樹葉表面。

　　幼蟲被舉高離開葉緣之前的剎那，工蟻會將觸角高舉、伸展。然後轉身，帶著幼蟲直接前往下一片樹葉的表面，幾乎如出一轍地重複之前的動作，工蟻與幼蟲就像探戈舞者一樣在二片葉片之間來回，將二片葉片牢牢黏住。牠們就像節拍器一樣往返循環，以這樣的律動日復一日地辛勤工作，在林冠建築數百張帳棚，彼此連結形成一個龐大的帝國。螞蟻還會在帳棚裡增建絲質隧道與房間，打造出更緊密也更精緻的巢室（彩圖 II-5）。

　　瑪麗・李基（對人類化石史知識作出重大貢獻的肯亞古生物學者家族裡，地位最崇高的女性長者）在搜尋早期人類遺跡的時候，發現了一塊殘缺的螞蟻群落化石，她於一九六四年將這塊內含一種已滅絕編葉山蟻的化石寄給威爾森。那隻化石螞蟻的存活年代約為一千五百萬年前。那塊化石中還包含了處於不同生命階段與社會階級的數個個體的殘骸，那個化石種螞蟻與現代分布於非洲與亞洲的編織蟻極為類似。那個化石種螞蟻的蛹都是裸露無繭，和現代螞蟻種類一樣，都沒有纏絲成繭。除了螞蟻之外，當

中還混合了化石樹葉碎片。由此顯示，很久以前住在帳棚裡的編織蟻從樹上掉落水池中，然後很快就被石灰質沈積物所覆蓋。如果這些都是事實，這就意謂著能夠讓現代編葉山蟻在熱帶林冠佔有優勢地位的獨特社會系統，在人類起源之前的一千萬年便已然成形。

螞蟻群落都擅長使用費洛蒙，不過牠們也會透過其他好幾種管道來傳遞信息，藉以建立密切的關係。大多數的螞蟻種類會透過輕拍或輕撫彼此的身體，來傳遞某種單純的訊息。這類動作相當單純而直接，例如：工蟻只要伸出牠的前腳去觸摸另一隻螞蟻位於頭部的上唇（大概相當於人類的舌頭），便可以讓一隻同伴回吐出流質食物（圖 4-2）。這種碰觸所引起的反應相當於嘔吐反射，只是所吐出的液體相當可口──至少其他螞蟻覺得很好吃，並貪婪地吸食它們。霍德伯勒發現，他只要用頭上拔下的一根細髮去碰觸被捕獲的工蟻上唇，就可以誘發那隻螞蟻的回吐反應。那隻螞蟻顯然無視於他的龐大尺寸以及奇怪的外觀，還是把他當作友善的同伴來回應他。

大多數螞蟻種類也會藉由聲音來溝通。牠們可以讓腰部上的一片薄薄的橫向摩擦器與相鄰腹部表面的洗衣板狀精細平行脊板相互摩擦，來製造出一種高頻吱吱聲（圖 4-3）。昆蟲學家將這種行為稱為「摩擦發音」。人耳幾乎聽不到這種信號，同時螞蟻也只有在發生大騷動時才會這樣奮力呼喊。你只要用鑷子夾住一隻工蟻或一隻蟻后，並將牠拿到你的耳邊便可以聽到這種聲音。

尖聲吱叫可以依螞蟻種類與情況之不同，發揮幾種不同的功能。有幾種螞蟻會吱叫求援，這種現象首先由德國動物學家修貝爾特‧馬柯 發現於切葉家蟻屬的切葉蟻身上。蟻巢常會因為傾盆大雨而崩塌，而將工蟻掩埋在地底迷宮蟻巢各處。此時，身陷險境的螞蟻便會發出尖叫，召喚同伴

圖 4-2

兩隻美洲花間巨山蟻（一種木匠蟻）的工蟻交
換流質食物。上圖：左邊的工蟻以前足碰觸對
方頭部，誘發回吐反應。下圖：食物捐獻者由
嗉囊吐出流質食物（K），螞蟻的嗉囊是食物
財存器官，可以算是一種「社會性胃」，食
物經由食道進入口部進入接受者的嗉囊。部
分食物也會進入捐獻者的中腸（M）吸收為養
分。廢棄物則通過直腸膀胱（R）排出（Turid
Forsyth 繪圖）。

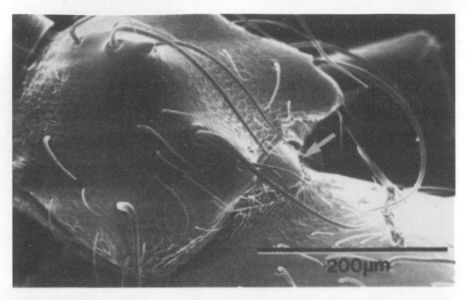

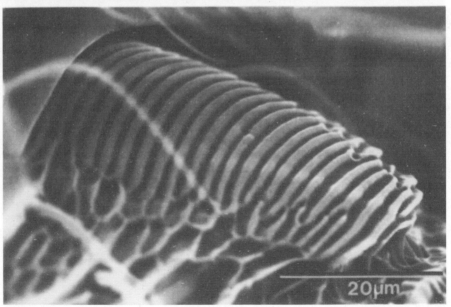

圖 4-3

頭切葉家蟻的摩擦發聲器官，工蟻會從這個器官發出尖銳的聲音來向同伴發出警告。上圖中間的箭頭指出的小塊區域位於腰部與腹部中間，也就是發聲的地點。下圖是發聲器官的重坐力狀表面特寫鏡頭（由 Flavio Roces 進行電子顯微顯像掃描）。

將牠們挖出。不過，螞蟻救援隊並不會對經由空氣傳導的聲音能量作出反應，而是以牠們腳上極度敏感的偵測器，來找出經由土壤傳導的震動。

最近，阿根廷昆蟲學家弗拉維歐·羅瑟斯在維爾茨堡與霍德伯勒以及榮根·陶茲 合作，發現了切葉蟻尖銳摩擦聲的另一項功能。切葉蟻工蟻對於牠們所採集的作物相當挑剔。一旦覓食工蟻發現了相當可口的樹葉，牠就會向附近的其他工蟻「歌唱」，要牠們加入。這種經由摩擦發聲器官所散發出來的震動穿過螞蟻全身，並透過牠的頭部抵達植物表面，讓十五公分之遙的其他工蟻都可以感受得到。樹葉的營養成分愈高，覓食工蟻傳遞的震動強度也會愈高。

棲息於沙漠地帶的長腳家蟻屬螞蟻還會因為其他的目的而發出尖銳摩擦聲。搜尋食物的工蟻發現死蟑螂或甲蟲一類的大塊食物時，牠們會呼喚刺激同伴（圖 4-4）。這種聲音是一種強化信號，而非原始信號。這種聲音本身並不能吸引其他工蟻，而是敦促牠們對傳統的化學聚集信號及身體碰觸更快作出回應。

巨山蟻屬中的各種木匠蟻還有另外一種聲音溝通型態。碰到危急的狀況時，牠們會以頭輕叩堅硬的表面，這種聲音經由地面傳導來向同伴發出警戒訊號。採用這種作法的螞蟻多半居住在腐朽的木材中，或者自行咀嚼植物纖維所建構出的紙質巢室裡。

看到螞蟻輕敲、輕撫、發出尖銳摩擦聲以及身體碰觸的舞蹈，的確讓人稱奇，不過這些信號還不夠完整，尚無法構成全面有效的溝通語言。許多螞蟻種類終生都居住在地底，因此螞蟻並不依賴視覺，就算具備了這種能力，也大都把它當作一種輔助性感官來使用。居住在不見天日的地底蟻巢中，和靜止無風的密閉空間裡，費洛蒙還是最好的溝通媒介。螞蟻基本上就是一具活動的外分泌腺體，牠們能夠產生許多不同種類的費洛蒙（彩

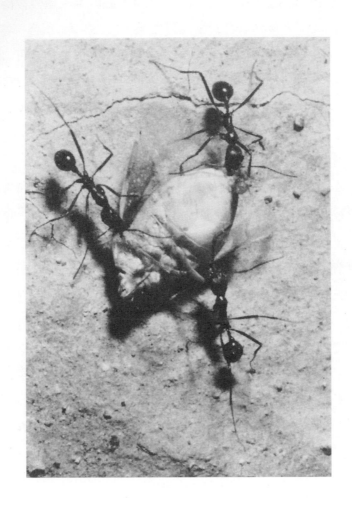

圖 4-4
某些螞蟻種類可以藉由集體搬運物品來大為提
升覓食效率。這張照片顯示分布於美洲沙漠地
區的三隻卡克長腳家蟻工蟻，靈巧地協力搬運
死亡的花蜻。

圖 III-3）。我們估計，一般的螞蟻種類可以施放十到二十種這類化學「字彙」及「片語」，每種信號都可以傳達不同卻相當含糊的意義。研究這類信號的生物學家最能深入了解的類別，包括了吸引、聚集、警戒、辨識其他螞蟻的階級、辨識幼蟲與處於其他生命階段之個體，還有辨識同伴與陌生物體間之差異（圖 4-5）。蟻后還會分泌出其他費洛蒙來抑制其女兒群產卵，也制止牠自己的女兒幼蟲發展成為敵對的蟻后。還有兵蟻階級（專事負責保護群落的大型工蟻）所產出的其他種費洛蒙也具有抑制性，能夠減低幼蟲成長為兵蟻的機率。這種抑制作用並非兵蟻用來避免競爭的自私行為。實際上，這麼做是為了社會整體的利益。這是一種負回饋迴路，可以穩定防衛武力的規模，也確保負責群落日常功能的其他社會階級，始終能夠維持足以承擔必要工作的數量。

螞蟻普遍以化學方式來從事溝通（圖 4-6），這裡面並沒有什麼深奧的神祕智慧。人類剛開始會覺得很奇怪，其實這只是由於我們自己的生理限制使然。我們的嗅覺並不發達，只能夠區辨少數幾種氣味。在我們的語彙裡，只有少數字彙是用來表達我們的嗅覺與味覺的，諸如：甜的、臭的、酸的、麝香味的、苦的……及其他數種，除此之外就沒有了，於是我們必須仰賴其他特定物體的暗示，不然就從其視覺特性來聯想，例如：類似銅的、玫瑰味的、香蕉味的、杉樹味的等等。我們在聽覺與視覺感覺上則表現突出，並根據這些能力建構我們的文明。螞蟻則依循另外一種演化路徑。牠們較少依賴聲音，而且幾乎完全不依賴視覺。

如果我們把自己當作電影裡肆虐都市的龐然怪獸，從我們所處的那種極誇張高空角度去俯視牠們的群落，一開始我們根本無法理解牠們的組織運作型態。我們會看到螞蟻盲目亂竄，聽而不聞。我們會認為牠們的組織運作規範相當神祕，直到化學家與生物學家共同努力揭示出，牠們藉遺

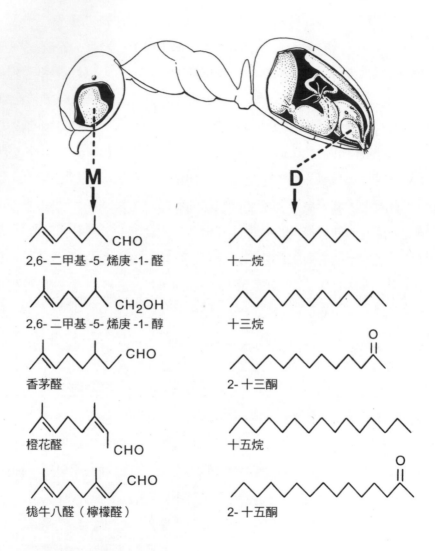

M

2,6- 二甲基 -5- 烯庚 -1- 醛 ... CHO

2,6- 二甲基 -5- 烯庚 -1- 醇 ... CH₂OH

香茅醛 ... CHO

橙花醛 ... CHO

牻牛八醛（檸檬醛）... CHO

D

十一烷

十三烷

2- 十三酮

十五烷

2- 十五酮

圖 4-5

棲息於地底的棍棒刺山蟻的螞蟻能夠從兩個部位
釋出混合化學物質，來向同伴提出危險警示。一
個是大顎腺（M）另一個則是杜佛氏腺（D）。
這些毒性物質也可以用來將敵人驅離（引用自 F.
E. Regnier and E. O. Wilson，Journal of Insect
Physiology, 14, no. 7:955-970, 1968）。

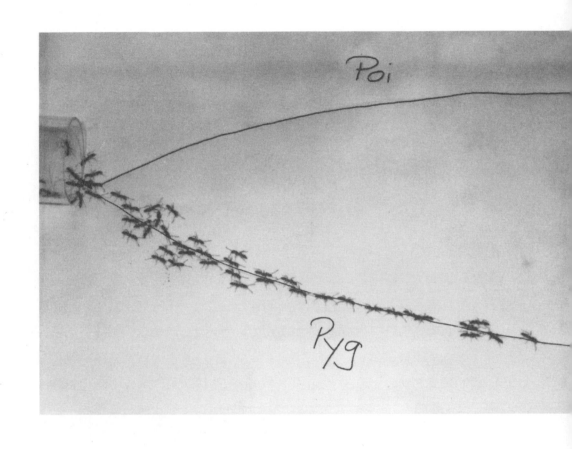

圖 4-6

塗敷人工痕跡是鑑別螞蟻天然分泌物效用的標準作法。這個例子是針對分布於澳洲的一種細損針蟻屬進行研究。工蟻會自毒腺與臀腺分泌出痕跡費洛蒙。臀腺分泌物較為有效：沿著圖中鉛筆所畫線條塗敷這兩種人工費洛蒙，工蟻會沿著臀腺痕跡（Pyg）前進。其他試驗則顯示，由毒腺（Poi）分泌物所塗敷的痕跡，主要是在蟻群受到臀腺費洛蒙警醒之後，能夠發揮指引方向的作用。

留細微的有機化合物痕跡來作為溝通工具，這才豁然開朗。通常每一隻工蟻在任何時刻所能攜帶的各類費洛蒙，其個別重量都不到百萬分之一或十億分之一公克，在大部分的狀況下，人類的鼻子根本無法偵測到這樣的劑量。

然而，我們還是不應該將螞蟻視為是一種特殊的物種，至少與其他生物相比是如此。絕大多數物種，如果把微生物也包含在內，總計有超過百分之九十九的物種，大半或完全是以分子來進行溝通。其中單細胞生物必然會演化出根據環境裡的細微化學變化，包括向自己接近的捕食者、獵物以及可能的配偶對象的氣味等來作出回應。牠們的顯微尺度身軀都能夠精確解讀化學混合物，但對光線與聲音則無能為力。大型生物體出現之後，組成牠們身體組織的細胞還是繼續以荷爾蒙從事溝通，這些荷爾蒙分子可以從身體的某個部位移動到另一個部位，擔任化學信差的角色。荷爾蒙是生理反應的中介物質，可以讓身體組織與器官緊密協調。只有昆蟲與其他相對體積遠大於微生物的動物，才會產生眼睛與聽覺器官來處理複雜的資訊。生物體也唯有仰賴這類後來發展出來的能力，才能夠以他們的視聽感官從事有效率的溝通。可是，螞蟻卻放棄嘗試發展進入我們所擁有的感官世界。牠們繼續保有並純熟運用這門靠分子進行溝通的遠古技藝。脊椎動物裡的哺乳類則變更軌跡，偏離了傳統演化路徑。牠們進入了一種新的感官領域，如今，我們終於能夠量測這些哺乳類動物與我們所共享的一個更宏大世界。

第五章
戰爭與外交政策

　　我們在觀察編織蟻時，發現各群落的交壤之處經常是紛爭不斷，就像義大利諸城邦的狀況，社會性昆蟲都有這類事例發生，螞蟻尤其是所有動物裡最具攻擊性的好戰物種。牠們的有組織罪行遠超過人類；我們人類與之相比還算是相當溫文平和的。螞蟻的外交政策可以總結為下面這段敘述：永無止境的攻擊、征服地盤，以及一有機會就對鄰近群落展開種族大屠殺。如果螞蟻擁有核子武器，牠們或許會在一週之內便將世界毀滅。

　　從班戈到里乞蒙的大西洋沿岸居民，夏季期間外出散步時，很可能就會遇到好幾次螞蟻戰爭，不過，我們通常不會注意到這些事件。如果我們習慣用雙眼觀察地面，經常就能在光禿的草地上、走道邊緣，或排水溝裡，看到俗稱為鋪道蟻的灰黑皺家蟻，在大約我們一個手掌張開的範圍裡成群活動。如果我們詳細審視的話（這時，最好是使用放大鏡），便可以看到

成百或上千個小黑點所組成的工蟻群，牠們彼此正以大顎對壘戰鬥，拉扯、纏勒並將敵人截肢。敵對群落成員彼此會為了爭奪地盤而交互征戰。成群工蟻沿著不同路線在蟻巢與殺戮戰場之間列隊來回奔走。較大的群落能夠集結最大的武力，將弱勢群落驅趕到較小的空間去，或乾脆將牠們屠戮殲滅。

許多螞蟻種類不僅與外族的螞蟻群落交戰，也與同族相殘。如果拿破崙時代的戰爭科學泰斗克勞塞維茲地下有知，他也會認同某些螞蟻種類所採用的戰略。威爾森發現了最巧妙的一個例子，他將分布於美國南部的兩種螞蟻群落：入侵火家蟻（譯注：中文名裡的「入侵」是指外來種）以及數量龐大的常見齒突大頭家蟻 並列。火家蟻是大頭家蟻的死敵，牠們的群落規模是後者的數百倍大，如果讓牠們在實驗室裡的有限空間發動攻擊，牠們很快就會將大頭家蟻消滅吃掉。然而，在開闊的松林和草叢之間，大頭家蟻群落卻可以在火家蟻蟻巢周圍大量興盛繁衍，彼此共存。牠們究竟是如何應付這種強大敵人的？

大頭家蟻的防衛祕訣是，牠們擁有一種特化的兵蟻階層，以及一種顯然是為了阻滯火家蟻攻擊而發展出的三階段戰略。這種螞蟻的兵蟻擁有超大的頭部，裡面是一顆小小的大腦，大腦四周包覆著強健的肌肉組織，用來操作銳利的三角狀大顎。兵蟻並不採用絕大多數螞蟻種類所樂用的針刺或噴灑毒液等戰術。牠們的大顎就像是一對剪鐵絲的大剪刀，可以用來剪下敵對昆蟲的頭、腳以及其他身體部位。這些鬥士族群僅佔整個群落的十分之一，在承平時期，牠們只是在巢內閒散地站立或四處走動。有時候，牠們也會伴隨頭部較小的小型工蟻出外覓食，協助保護牠們所發現的大型食物，以防其他群落的工蟻進行掠奪。不過，多數時間牠們只是靜待動員，很像是航空母艦甲板上加滿油料的噴射攔截機。在本能的驅使下，牠

們與小型工蟻在面對火家蟻時，會作出比遭遇任何其他敵人更強烈的反應。小型工蟻會在蟻巢周邊區域不斷巡邏，大半是在搜尋食物，不過也會一直留意敵人的蹤跡——尤其是火家蟻。只要有一隻脫隊的火家蟻接近，便足以引發大頭家蟻的強烈反應。與之遭遇的小型大頭家蟻工蟻會向前衝，展開短暫攻擊，一旦接近到可以碰觸對方，取得敵人的氣味並附著在自己的體表之後，牠們便會脫離戰鬥奔回巢內。牠一邊往回奔跑，還一邊反覆以腹部末端碰觸地面，由毒腺分泌出化學物質留下氣味痕跡。這隻斥候工蟻沿路碰到任何螞蟻都會衝上前去與之相會，然後分手，繼續奔返巢中。同巢的小型工蟻與兵蟻會對費洛蒙與斥候身上的敵人氣味產生警覺，於是沿著氣味痕跡搜尋那隻火家蟻。在與敵人短暫接觸後，部分小型工蟻會回到巢內聚集群落的其他成員，兵蟻則繞著火家蟻轉並展開無情攻擊。如果入侵者只有一隻，牠很快就會被了結。不過，即使有好幾隻火家蟻，大頭家蟻也只需要幾分鐘就可以將牠們完全獵殺。但是，即便大獲全勝還是不能滿足大頭家蟻的兵蟻。牠們會花一、二個小時在附近地區繼續搜尋其他入侵者。由於牠們的善盡職守，很少有火家蟻的斥候能夠安全返家，也使得大頭家蟻的群落可以安然避開火家蟻的攻擊。如果由於某些原因，被火家蟻知道了大頭家蟻群落的位置，火家蟻仍然可以迅速將後者消滅。不過，由於防守一方的大頭家蟻擁有上述這種敏捷的反應能力，因此大半時候，牠們都可以躲過敵人的偵測，平安無事返巢（圖 5-1）。

　　即使火家蟻斥候偶爾可以滲透保護網，展開全面攻擊，防衛者也擁有一套能夠有效應變的後備系統。一旦愈來愈多火家蟻沿著本族的氣味痕跡投入戰場，大頭家蟻的兵蟻武力也會繼續增強。大頭家蟻戰士成群集結四處狂竄，以執行搜尋與摧毀任務。參加戰鬥的大頭家蟻的小型工蟻愈見減少，大部分都已脫離戰鬥返家。很快地，地面橫臥著大頭家蟻的死傷兵

圖 5-1

（黑色的）齒突大頭家蟻能夠鑑別不同的敵人，圖中的
工蟻面對火家蟻屬的（灰色）火蟻時，會表現出比面對
其他種螞蟻時更強的攻擊性。大頭家蟻在蟻巢附近遭遇
火蟻工蟻時，小型工蟻會將腹部末端碰觸地面，並在奔
返蟻巢的途中，沿路留下氣味痕跡（見左上角部分）。
無論是小型或大型工蟻，都會受到這種痕跡費洛蒙的吸
引，並循線前往戰場。大型工蟻可以針對入侵者發揮更
有效的致命攻擊，牠們可以運用威力強大的剪刀狀大顎
將敵人剪碎。部分大頭家蟻本身也受到火家蟻的毒液侵
蝕，造成肢體殘障或死亡（Sarah Landry 繪圖）。

蟻，牠們僅剩斷肢殘臂，或慘遭火家蟻毒液所害，當中還間雜了被防衛者以大顎剪切的火家蟻肢體碎塊。由於火家蟻的數量遠大於大頭家蟻，後者終究難以匹敵，而不得不往蟻巢撤退。大頭家蟻的兵蟻在逐步撤退之際會採用另一項戰術，即使是克勞塞維茲也會深表讚許。牠們會在蟻巢入口處縮小隊伍的間距，變成較短的防衛線，好逆襲來擊的敵人大軍。

同時間，巢中的小型工蟻則準備孤注一擲，做最後的背水一戰。火家蟻的侵犯促使全巢總動員，愈來愈多的小型工蟻在各巢室和通道之間四處奔波，並施放氣味痕跡來刺激其他的同伴。全巢的動員狀況迅速提升。這是記錄在動物行為年報裡的少數正回饋行動之一。這樣的集結活動逐漸累積，終於在一次爆炸性反應下告終：在這狂亂的幾分鐘內，許多小型工蟻以大顎攜帶蟻卵、幼蟲與蛹衝出巢外，穿過混亂的戰場，抵達遠處的安全處所。在突圍的過程中，我們看不見逃難的螞蟻之間有任何協調行為出現。大難來時，群落裡的每隻螞蟻只能各自逃命，無暇顧及同伴，即使是蟻后也只能隻身奔逃。

大頭家蟻的兵蟻忠實於自己的階級功能。牠們竭盡本分：奮戰到底至死方休。牠們是昆蟲裡的斯巴達防衛軍，當初波斯遊牧部族入侵，斯巴達防衛軍死守溫泉關，也是戰至最後一人，留下千古英名讓人憑弔，如今當地有一塊金屬紀念碑，上面寫著：「陌生人，如果你碰到斯巴達人，告訴他們，我們忠實遵守命令戰死於此。」

最後，倖存的大頭家蟻在火家蟻將掠得的蟻巢放棄之後，逐一返巢恢復牠們的群居生活。只要能夠安然度過一、二個月，牠們就有能力產生新的兵蟻隊伍，繼續原有的生活，平靜得就好像這裡從未發生戰爭一樣。牠們不會對火家蟻發動報復性突擊。在螞蟻的社會規範裡，並沒有這種人類的邏輯想法。

螞蟻之間都是為了爭奪地盤與食物而發生戰事。歐洲北部的多梳山蟻屬於林蟻的一種，牠們的龐大群落會對其他的同種螞蟻群落發動戰爭，並將對方吃掉。攻擊行動在食物短缺的時候達到高峰，尤其在群落開始成長的早春時節，更是如此。山蟻也會攻擊其他螞蟻種類；這種戰爭相當慘烈，犧牲者會全族覆滅並在當地完全消失。赫赫有名的「小火蟻」以龐大的族群，和叮咬人會產生劇痛著稱，牠們在某些狀況下有能力將大範圍地區的螞蟻相完全肅清。這種螞蟻於一九六○年代晚期或一九七○年代早期，隨貿易活動意外地引進至加拉巴哥群島 的一、二個島嶼，隨後更向外島散布，並大量繁衍散布到廣大地區去，這種螞蟻在遷徙途中幾乎將所有其他螞蟻殺光吃掉。

一種原生於非洲的熱帶大頭家蟻，以及原產於南美洲南部的阿根廷蟻是兩種惡名昭彰的螞蟻，牠們不只能夠摧毀其他螞蟻，還會將整個原生昆蟲相摧毀。熱帶大頭家蟻在十九世紀期間意外隨貨輪抵達夏威夷，這種螞蟻以驚人速率在低地地區繁衍，將所有原生昆蟲物種完全摧毀，而且可能導致部分原生鳥類滅絕。因此，當熱帶大頭家蟻與阿根廷蟻這兩種對全球產生威脅的物種彼此遭遇，而產生一山不容二「蟻」的狀況時，我們並不感到意外。通常，阿根廷蟻在南、北緯 30 度至 36 度之間的溫暖亞熱帶區佔有優勢，熱帶大頭家蟻則是介於其間的熱帶地區的贏家。由於阿根廷蟻的氣溫偏好，牠們比較常見於溫帶地區。牠們的優勢狀況已經干擾到南加州、地中海國家、澳洲西南部及大西洋的馬得拉群島的動物棲息地。在夏威夷，牠們只出現於海拔一千公尺以上，牠們喜歡這個地區的涼爽氣候，因而可以勝過熱帶大頭家蟻。這兩種螞蟻都是以步行滲透侵入新環境。牠們就像從前的祖魯族部落，工蟻會組成突擊縱隊擔任先遣工蟻群與蟻后的開路先鋒，隨後，這些後續隊伍會進駐剛開闢完成的築巢地點，並開始鞏

固牠們對周圍地帶的控制權。相對地，新興族群通常是由小群工蟻與蟻后群託身於貨物和行李箱中，移居成功之後，在當地繁衍發展而成。

　　某些螞蟻種類一旦掌控了整個地區環境，甚至於會威脅到當地的人類居民，不過，這種狀況相當罕見。十六世紀初，希斯帕紐拉島（譯注：現多明尼加與海地兩國所在地）與牙買加島，曾大量出現一種帶棘刺的螫人螞蟻，牠們幾乎讓西班牙的早期移民放棄這些殖民地。希斯帕紐拉島的殖民者只好召喚他們的守護聖者，聖‧撒杜爾寧來保護他們免受螞蟻侵害。他們在各街道舉行宗教遊行，試圖驅逐螞蟻惡靈。後來，或許還是由於同一種螞蟻，即雜食山蟻，於一七六〇和一七七〇年代大量繁衍，開始侵襲巴貝多、格瑞納達與馬丁尼克島的部分地區。格瑞納達議會提供兩萬英鎊獎金，獎勵任何能夠消滅螞蟻的人，依舊沒有成功。這些螞蟻種類有很多年大半過著無風無浪的平靜日子。如今，我們知道那種雜食山蟻實際上應該是分布於當地的原產熱帶火家蟻，我們現在還是可以在西印度群島發現這種螞蟻，牠們仍然過著平靜的生活，而且已經成為當地大多數昆蟲社群裡的一員。

　　每一種螞蟻所採用的戰術都不一樣，其中幾種可以將昆蟲的心智與組織能力發揮到極致。在亞利桑那州的沙漠地區，有一種行動靈敏的纖小螞蟻，白霜前琉璃蟻會利用毒性分泌物嚇退蜜瓶家蟻屬的蜜瓶蟻（譯注：也有人譯為蜜蟻或蜜缽蟻），並偷取牠們的食物。實際上，這群受害者的體型竟然超過前者的十倍大小。前琉璃蟻偶爾也會集結在蜜瓶蟻的蟻巢出口，使用牠們的化學武器將這類大型螞蟻逼到地底，徹底阻絕任何蜜瓶蟻離巢。於是，蟻巢周圍的整個覓食區便會完全失去蜜瓶蟻的蹤跡，使得前琉璃蟻可以取得較多食物（圖 5-2、彩圖 IV-1、IV-2）。

　　這種蟻巢阻絕技術還有一種古怪的變體，也就是居住於美國西南部沙

圖 5-2
在覓食地點使用化學武器將競爭者驅離。上圖：森林火家蟻的工蟻高舉腹部，露出螫針並釋出具有氣味的毒液來保護斷落的蜜瓶蟻腹部。下圖：突胸家蟻屬的工蟻覓食者也採用類似的策略來保護一個斷落的蟑螂腹部。

漠地區，一種可以發出惡臭的纖細螞蟻所採用的戰術。這種螞蟻稱為雙色叉琉璃蟻，牠們的斥候會從腹部末端的槳狀腺體分泌出化學痕跡，聚集大量同伴集結在蜜瓶蟻的蟻巢出入口四周。圍攻部隊採用類似於前琉璃蟻所使用的化學武器。不過，牠們也會以大顎撿起小圓石與其他小型物體，向蜜瓶蟻巢的垂直入口通道丟擲（彩圖 IV-3）。雖然沒有人確切知道，丟石頭的舉動究竟會如何影響目標蟻巢中的蜜瓶蟻工蟻的行為，不過這麼做的確會減低牠們嘗試外出覓食的次數。敵人被阻絕在巢內，雙色叉琉璃蟻工蟻便可以逕行覓食而不受干擾。雙色叉琉璃蟻的技術對生物學家還有另外一種吸引力，即這是動物會使用工具的一項稀有特例。

　　俗稱歐洲賊蟻的快捷火家蟻還會使用一種化學攻擊戰法，侵入其他螞蟻種類的蟻巢，來掠取對方的未孵化幼期個體。除此之外，牠們的工蟻還擅長挖地道。牠們先在自己的蟻巢與目標群落之間，挖掘精密的地底通道系統。最先突入的工蟻會跑回自己的蟻巢聚集大軍。然後這群小兵傾巢而出，進入敵人巢中，將對方的幼期個體搬運回巢供日後食用。入侵者能夠從牠們的毒腺釋出很有效的長效性驅逐用物質，因此能夠對抗體型遠大於自己的螞蟻。牠們的分泌物會讓對方產生混淆，使其喪失行動能力，因此賊蟻便可以隨心所欲遂行掠奪。

　　還有一些螞蟻採取另一種特化的盜竊共生（即攻擊和掠奪食物）類型。霍德伯勒為了研究這種類型，曾在亞利桑那州的沙漠中度過許多個夏季。受害者是毛收割家蟻屬的一種，牠們以採集種子與其他植物性食物維生。牠們偶爾也會採集白蟻，尤其是在雨後，白蟻大量出現於土表的時候。掠奪者是蜜瓶家蟻屬的蜜瓶蟻，牠們以昆蟲和取自植物蜜腺（位於植物花朵或其他部分的腺體）及同翅目昆蟲的含糖分泌物維生。蜜瓶蟻的行動迅速敏捷，經常會停下來查看滿載的收割蟻，牠們有時候是單獨行動，

有時候則組成劫掠小組。看到搬運植物性食物的收割蟻，便讓牠們通過，看到負載白蟻的對象便加以劫掠。如果收割蟻奮起突進，試圖去咬這群惡棍，蜜瓶蟻便會快手快腳地逃逸無蹤（彩圖 IV-4 對頁）。

公共服務的最高犧牲精神表現，是在群落保衛戰中，以自殺為手段來遂行殺敵。許多螞蟻種類在必要時都可以採用各種方式來扮演這種神風特攻隊的角色，然而，其中最具戲劇性的要屬棲息於馬來西亞雨林區，隸屬於巨山蟻屬中的桑德斯種群的工蟻。牠們於一九七〇年代由德國昆蟲學家伊蓮諾與烏爾瑞契·馬舒維茲夫婦所發現，這種螞蟻的結構與天生行為模式就像是一種活動炸彈。兩個裝滿毒性分泌物的龐大腺體，從大顎基部一直延伸到身體的最末端。這種螞蟻在參加戰鬥期間，如果受到敵軍或捕食螞蟻的強力擠壓，牠們會用力收縮腹部肌肉讓體壁爆裂，而將分泌物噴灑在仇敵身上。

大約就在馬舒維茲夫婦發現到會自我引爆的巨山蟻屬的同時，霍德伯勒也意外發現了或許是社會性昆蟲裡最複雜的攻擊戰略。他發現，至少有一種蜜瓶蟻的高超戰略已經遠超過傳統的地盤攻防戰。擬態蜜瓶家蟻的工蟻極度依賴偵測、宣傳，以及略具雛形的外交政策（外交政策一詞一點都不誇張）。牠們會探測敵人地盤，設立警戒哨，並試圖以細膩的誇示動作來嚇唬牠們的對手，讓牠們乖乖就範，不過牠們大半只會進行威脅，很少會發展成為實際的戰鬥行動（圖 5-3）。

之所以能夠發現這種蜜瓶蟻的戰爭策略，要歸功於一種田野生物學者常用的有效研究技術，有必要在此先簡要介紹這種技術。依照研究方法的不同，田野生物學者可以分為兩個學派，他們各自以不同的途徑來研究所選定的生物。第一群學者是理論家與實驗家兼具，他們先構思出一個有趣的問題，這個問題或許可以藉由探索自然環境來獲得解答。他們認為，任

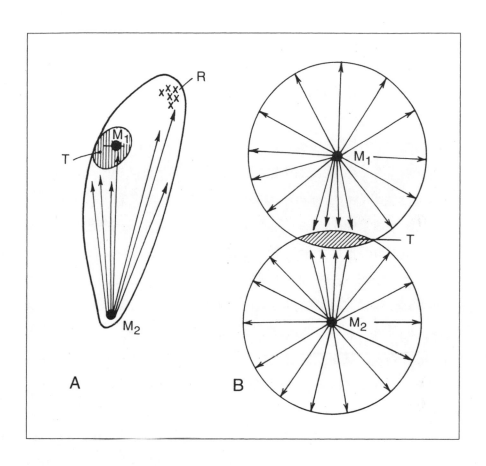

圖 5-3

分布於美洲的擬態蜜瓶家蟻經常發生領域征戰
與領域擴張行為。圖中的 A 部分描述 M2 蟻
巢的部分工蟻由 R 地點取得食物，其他部分
工蟻則與 M1 的工蟻在後者蟻巢附近進行威嚇
競試（T），因此可以阻礙後者的覓食能力。
B 部分顯示，M1 與 M2 的覓食者由兩個蟻巢
各自向四面八方出發進行搜尋。覓食區重疊的
結果，可能形成競試甚或導致某方群落被他方
完全殲滅。

何一個與生物學相關的問題，都可以找到一種理想的生物體來解答它們。他們的第一個步驟是先提出一個問題，例如：向外遷移是否在控制本地族群數量上佔有舉足輕重的地位。下一步則是辨識出一個會向外遷徙的物種，例如：北美草田鼠。然後，他們就可以將生活在自然環境下的北美草田鼠族群以圍籬隔絕，這樣一來，除了不能再向外遷徙之外，其他因子幾乎沒有任何變動。其他的附近族群則繼續保持沒有圍籬的狀況來作為對照組。

第二個學派的研究者多屬於自然學者，他們的作法與第一派完全相反。他們認為任何一種動、植物或微生物，都存在一種該種生物最適合解決的問題。自然學者會根據自己的興趣，選定某些特定的生物體進行研究。他們的動機通常僅止於此。他們進入田野，盡情學習這些生物體的結構組成與機能，有時候他們會利用新學得的資訊，來尋找大家都感興趣的一些科學問題。例如：在研究北美草田鼠之際，某位自然學者注意到了，年輕的田鼠比較容易在族群繁衍至鼠滿為患時向外遷徙。這項觀察結果導致他猜測，向外遷徙可以控制族群的「人口」密度。隨後，他可能會設計出一個圍籬實驗來測試這個構想。

自然學家是機會主義者。他們在意的不只是研究的執行過程，更在意這項研究的內涵。他們的最主要目標，是竭盡所能地來學習這些帶給他們精神至高喜悅的物種，希望能對牠們有全面的理解。生物體就是他們的圖騰，他們崇敬這些生命，也以他們來服務科學。我們兩位都屬於第二種生物學派。我們是專業的自然學家，在我們的事業生涯中，有很大一部分就是致力於把螞蟻帶入生物學的研究主流。

霍德伯勒當初就是抱持這種精神，於一九七〇年代進入亞利桑那州博托附近的沙漠地區。他在這一段時間，快速地檢視他所遇到的所有螞蟻物

種，期望能夠從中發現一些新的現象。有一天，他看到擬態蜜瓶家蟻的工蟻攻擊白蟻，同時威脅到其他種類的蜜瓶蟻，而開始了他的研究，走筆至此又回到了我們故事的正題。

　　蜜瓶蟻工蟻會獵食昆蟲與其他多種節肢動物。其中牠們特別喜歡白蟻。白蟻經常出現在掉落的樹枝或乾燥的牛糞下面，因為牠們喜歡吃這類東西。一旦工蟻斥候遇到一群正在覓食的白蟻，牠便會跑回巢裡，沿路施放呈線條狀或點狀的氣味痕跡（這種物質是經由肛門排出的直腸液分泌物），以吸引其他蜜瓶蟻工蟻。工蟻在回巢聚集同伴的途中，若遇到同伴便會止步，並貼著同伴抖動自己的身體。這種氣味痕跡及身體碰觸所組成的混和信號，足以吸引一個覓食小組前往白蟻所在的地點。如果接收到聚集信號而抵達定點的工蟻，發現附近還有另外一個蜜瓶蟻群落，部分工蟻便會迅速奔回蟻巢，並在沿路留下聚集痕跡。牠們的行動會吸引一支超過兩百隻工蟻的部隊，前往這個新發現的蟻巢附近。大部分這些經由聚集信號集結而來的兵員，會立刻聚集在蟻巢前，試圖將對方禁制在巢中，部隊裡的其他成員則繼續捕捉白蟻，滿載而歸。

　　蜜瓶蟻很少從事會造成死傷的肉搏戰。相反地，兩組來自不同群落的工蟻群一旦狹路相逢，牠們會不斷地重複一種極為細膩的誇示動作來威嚇對方，試圖嚇退對手。雙方蟻群你來我往地進行一對一的挑戰，就像是中世紀的武士大會。牠們伸展六隻腳高步闊行，同時高舉頭、腹，偶爾還會讓腹部略微膨脹一些，好讓自己看起來顯得高大威猛。工蟻還會進一步加強這種錯覺，牠們會爬上小圓石或土塊，高高在上地俯視對手以示誇耀。當兩個對手第一次見面的時候，牠們會上演一齣雙蟻舞碼：牠們轉動身體，讓彼此面對著面，接著肩並著肩站立，竭力高舉自己的身體，然後彼此繞著對方慢慢轉圈子，一邊以觸角敲擊對方身體，一邊還用腳踢對方。

偶爾會有一方斜靠在對方身上，一副意興闌珊的模樣欲將對方推倒。不過，這些動作都只是擺擺樣子，如果這些螞蟻真要打鬥絕對不止於此。兩隻螞蟻都有能力以牠們銳利的大顎攫住和割傷對方，或以蟻酸噴灑對方，兩種行動都可以造成致命的後果。不過，在比試的過程裡，很少發生這種暴力事件。因為，經過幾秒鐘之後，其中的一隻會投降，這場爭鋒比鬥便宣告結束。這兩隻螞蟻會踮起腳高視闊步而去，繼續搜尋其他的對手（彩圖 III-4）。如果碰到的是同伴而非敵人，牠會揮動觸角檢查對方的氣味，接著上下抖動身體，好像是要向對方致敬，隨後才繼續向前走。

整個不流血表演就像新幾內亞馬林部落的「絕不打鬥」習俗。該部落的戰士只會在雙方地盤的疆界附近，列隊誇示他們的戰服、臉部裝飾、人員數量以及武器裝備。接著手舞足蹈起來，雙方相互威脅吶喊。箭矢齊發，直到一方人員出現傷亡，雙方就會掉頭回家。他們只是希望就戰鬥能力進行溝通。他們很少發生全面性戰爭。

蜜瓶蟻是暴力世界裡的溝通健將，能夠在流血最少的狀況下，或以正確的昆蟲學術語來說，在血淋巴損失最少的狀況下，長期維持敵我力量的均勢。某些群落可以掌控鄰近群落，並虛張聲勢將對方從競試場中驅離，迫使牠們退到蟻巢附近的較小覓食區，擁有最多大型工蟻（即高階螞蟻）的群落尤具這項能力（圖 5-4）。

加入比試的戰士似乎有某種能力能評估敵人的力量，並根據評估結果來決定究竟是要作出更大膽的行動或順服投降。這麼簡單的昆蟲怎麼能夠進行這類評估，並作出這樣的決定？霍德伯勒很肯定螞蟻絕對無法全盤了解整個競試場狀況。牠們沒有能力計算兩個群落的兵力。這一點即使是昆蟲學家也辦不到，至少，如果沒有對整個戰鬥過程做影片停格分析是絕對辦不到的。霍德伯勒便是採取這種作法，來追蹤在沙漠裡進行比試的蜜瓶

彩圖 III-1

一個編織蟻成熟群落包含單一蟻后與超過 50 萬隻工蟻。圖中顯示部分群落，包含蟻后。大型工蟻會不斷為蟻后清潔身體，這些工蟻也會進行覓食、建造並防衛蟻巢，同時也會照料大型幼蟲。途中前面是一群小型工蟻從事她們最主要的工作，也就是照料蟻卵與小型幼蟲（Turid Forsyth 繪圖）。

彩圖 III-2

螞蟻經常進行社會搬運行為來聚集同伴前往新的築巢地點。如果被搬運的螞蟻感到「滿意」，牠也會回到舊蟻巢，並開始搬運同伴到新的蟻巢地點。圖中顯示的是分布於澳洲的破壞巨山蟻（一種木匠蟻）。

對頁

上圖顯示的是非周邊之蟻的社會搬運行為，下圖則是分布於美洲熱帶地區的皺泛針蟻。

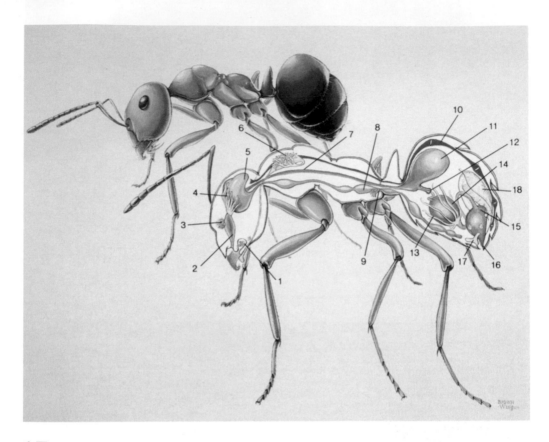

彩圖 III-3

螞蟻體表滿布各種外分泌腺體，牠們可以由這些腺體分泌出防禦分泌物與化學溝通信號。圖中顯示隸屬於山蟻屬的一種螞蟻的內部解剖構造，並呈現這種分泌腺系統圖解。大腦與神經系統以藍色顯示，消化系統則為粉紅色，心臟為紅色，腺體與相關結構則以黃色顯示：(1)大顎腺；(2)咽頭；(3)前咽頭腺；(4)後咽頭腺；(5)腦；(6)下唇腺；(7)食道；(8)神經系統；(9)後胸側板腺；(10)心臟；(11)嗉囊；(12)前胃；(13)馬氏管；(14)中腸；(15)直腸；(16)肛門；(17)杜佛氏腺；(18)毒腺與貯藏器（Katherine Brown-Wing 繪圖）。

對頁

分布於美國西南部的擬態蜜瓶家蟻。貯蜜工蟻懸掛在蟻巢穴頂，這些大型工蟻的嗉囊由於充滿液體食物而極度膨脹。牠們會在食物短缺的時期，將部分液體回吐給同伴進食；圖中前面有兩隻工蟻正在進行這類食物交換行為。蟻后位於一堆繭與幼蟲的後面（John D. Dawson 繪圖，國家地理學會提供）。

彩圖 III-4

擬態蜜瓶家蟻的領域威嚇比試。鄰近群落的工蟻彼此遭遇時會進行威嚇模式化行為,牠們會高舉頭部與腹部,並踮著腳尖作出類似踩高蹺的姿態四處走動(John D. Dawson 繪圖,國家地理學會提供)。

對頁

進行領域威嚇競試時,敵對的蜜瓶蟻群落的工蟻會面對面遭遇,隨後會試著由側邊將對方推開(上圖)。牠們也會高高站立(下圖)。在這類交手期間,螞蟻顯然會估量對方的體型,這是影響交鋒結果與偶發戰事的重要因素。

彩圖 III-5

蜜瓶蟻群落之間的領域威嚇
誇示有時候會演變成掠食行
為，較強大的群落會在戰爭
期間殺死較弱群落的蟻后，
擄走其幼期個體（上圖），
並綁走貯蜜工蟻（下圖）。

圖 5-4

蜜瓶蟻的戰爭。上圖：來自於三年齡期的年輕群落
的工蟻，遭遇來自於成熟敵對群落的大型工蟻。下
圖：經過短暫的攻擊性示威誇示之後，牠們會向敵
方發動攻擊。如果牠們能夠將敵人驅離或殺死，牠
們便會搶在敵方群落發動攻勢之前，至少先將自己
的領域氣味遮掩隱藏，以免對手發現牠們的蟻巢，
隨後並將那個蟻巢出入口封閉。

蟻群。他將數據拿給理論生物學者查爾斯・朗姆斯登，二人共同來研究這個問題。他們終於了解，工蟻可以採取至少三種方式來間接評估敵人的力量。牠們可以邊在螞蟻戰士之間移動，邊「數人頭」。如果牠們的同伴數目高過敵人，例如：三與一之比，牠們就會客觀了解到局勢有利於自己，而傾向於繼續向前進擊。反之，就全員撤退。第二種方法是，抽樣調查敵人。如果對方工蟻中以大型者佔多數，那麼對方的群落規模大概比自己的群落大，這是因為只有發展成熟的群落才會擁有較多的大型工蟻。個別螞蟻可以採用的第三種方法是判斷後備軍力的規模，進而推測出多久會碰到一隻還沒有加入這種誇示比試的對手。如果很容易就可以發現對手，工蟻便會致力在一對一的誇示比試上，因為敵人的兵力或許遠多於自己的群落。如果很久才碰到一隻對手，便顯示敵人力量薄弱。

經過多日在沙漠和家裡與停格放映機的朝夕相處之後，霍德伯勒獲致如下的結論：蜜瓶蟻鬥士在某種程度下會採用所有這三種測量技術。他也發現了一些發展還不成熟的極小群落，也就是最可能在真正戰鬥中被迅速擊敗的群落，或許會集中力量對敵手進行階級「抽樣調查」。這種技術讓牠們能夠在短時間裡獲得對手武力規模的指標，如果對方規模較大，便可以斷然採取明智措施並迅速撤退。

除了全面性比試之外，蜜瓶蟻群落還會使用一種有限度交戰的武力偵查法。牠們會派出警備隊伍前往最常發生比試的兩巢交壤之處。有時候這類崗哨只配屬幾隻工蟻——很少超過十二隻——牠們踮起腳站在小圓石或土塊上，一站就是好幾個小時，來自鄰近群落的同類小部隊也會出現在同一個地點，於是雙方武力經常會短兵相接，展開小型比試。這類僵持有可能持續好幾天或好幾個禮拜。不過，如果某一個群落的警備員數量突然增加，這時另一方的警備員便會跑回家聚集同伴大軍，於是衝突提高，演變

成全面性比試。

　　各位溫文儒雅的讀者，請不要因為這段報告就斷定蜜瓶蟻是文明的物種。牠們擁有致命的大顎利齒和化學武器，這些手段只是隱藏在正式比試的背後。一旦某個群落確信自己具有壓倒性優勢，說得更精確一些，如果它能夠聚集一支數量超過對方十倍的大軍，比試便會結束，代之而起的將是一場全面性戰爭。螞蟻會彼此咬噬、擒勒和拉扯四肢，直到擁有較大武力的一方直搗對手蟻巢，牠們見到攔路的對方工蟻就截肢、砍殺。牠們會殺掉蟻后，並捉拿幼蟲、蛹與年輕的工蟻成蟲。牠們也會將對方的蜜缽階級工蟻（稱為貯蜜工蟻，實際上，也正是由於這種螞蟻具有這種階級，我們才會俗稱這個類型的螞蟻為蜜瓶蟻）拖回自己的蟻巢（彩圖 III-5）。這類大型螞蟻有脹大的腹部，裡面裝滿了帶糖植物的汁液。牠們是群落其他所有成員的活體貯藏容器，在食物短缺的時候，牠們會將甜液回吐供應同伴進食（彩圖 III-3 對頁）。一旦被捕，牠們不會被殺害，而是被征服者納入群落；牠們可以被接納成為正式成員，不會被當作部屬或從事僕役工作。

　　不過，我們並不否認俘虜已經失去了自己的蟻后，也就是牠們群落的母親。由於牠們不能產卵，這群俘虜也喪失了達爾文學說裡所說的「存在的理由」。牠們不能夠再撫育手足胞妹，基本上，這也是牠們為何隸屬於一個群落的最主要原因。經過仔細鑽研蜜瓶蟻的對外政策之後，我們也再度體認到，在這個缺乏寬容的無情世界裡，螞蟻的和諧生活只不過是微不足道的小插曲。

第六章
「古」螞蟻

　　一九六六年，螞蟻演化過程中的失落環節終於出土了。這種古螞蟻化石的出現讓牠的現代後裔得以與牠們的胡蜂祖先連結起來。這一批化石標本為我們先前基於演化理論所提出的預測，提供了若干證據，也提供了一些令人驚喜的意外發現。在這個發現之前，大部分的努力結果都令人沮喪。根據過去的已知螞蟻化石紀錄，我們只能夠將螞蟻的進化史往前推至約四千萬到六千萬年前的始新世沈積層，之後便嘎然終止；更早的岩石與琥珀樣本似乎無法提供任何線索。螞蟻學家手中現有的最早期始新世紀錄中的螞蟻化石保存狀況都很差，不過可以明顯看出都是現代物種。牠們的解剖結構與現存物種差別不大，對螞蟻的起源也無法提供任何線索。

　　我們早就知道，螞蟻在兩千五百萬年前到四千萬年前的漸新世時期，已經繁衍興盛遍布全世界，成為數量最多的昆蟲類別。數千塊保存完好的琥珀標本於

北歐波羅的海地區出土，這種透明晶亮的石化樹脂看起來就和寶石一樣。許久以前，樹脂從樹木的傷口滴落，迅速將成群不同物種的昆蟲覆蓋，使得許多生物體得以保存至今。今天，我們只要將琥珀碎塊切割磨亮，就能在顯微鏡下詳細研究這些古老的生物。這些石化標本的外骨骼，也就是螞蟻的外殼（即使是活生生的螞蟻，也不須解剖就可以直接觀察到外骨骼），一般保存良好，完全沒有出現變形。我們也可以透過光亮透明的琥珀來研究牠們的牙齒、毫髮與體表刻紋，針對這些部分的細節進行測量，仍能達到 0.01 公釐的精密尺度。有必要附帶一提的是，雖然這些標本的軀體看起來很完整，實際上卻是腐朽軀體遺留下來的空腔，因為上覆一層含碳薄膜，讓我們產生保存完整的錯覺。對這些外殼詳加研究的結果，可以清楚顯示漸新世螞蟻與現代螞蟻之間基本上並沒有差異。雖然，所有在漸新世時期生活於歐洲森林裡的螞蟻物種已經完全滅絕，然而與牠們同「屬」的物種中，仍然還有百分之六十存活至今。

到漸新世結束之前，外觀與現代物種相同的螞蟻已經達到繁衍的高峰。螞蟻學家於一九六六年之前，已經對波羅的海地區的琥珀及其他幾個古老的動物相有了全盤的了解。然而，當時他們對於螞蟻族譜的主幹與根源仍然一無所知。創世論者也注意到這個弱點，於是對演化論提出質疑。他們辯稱，地球上曾經發生過一次特殊的創生作為，螞蟻正是其中被創造出來的物種之一。可是，我們這群螞蟻演化史的重建者則有不同的看法。我們認為，最早的物種本來就相當稀少，加上蘊藏這些標本的化石床尚未經過充分的探究，所以遲早會有幾個標本出土。我們相信，失落的環節應該埋藏在始新世時代的沈積層中，或許是距今六千多萬年前的中生代時期，甚或更早之前。那種古螞蟻可能還曾經螫過恐龍。

我們倒是真希望那一塊關鍵的化石，是由某位勇敢的研究生在亞馬遜

河源頭的某處發現到的，這樣我們就可以勾劃出一篇冒險故事：這位身染瘧疾的英雄精疲力竭，掙扎順流前往偏遠的教會村莊，他的獨木舟上還釘著殘破的箭桿。他先將標本交付郵寄，隨後才前往馬瑙斯市求醫休養，並靜候哈佛的研究團隊傳來歡騰的恭賀消息。可是事與願違，事實是：古螞蟻是由一對已退休，居住於紐澤西州山麓的艾德蒙‧佛雷夫婦所發現。他們在緊鄰紐瓦克南邊的一處人口密集的中產階級住宅區，克里夫塢灘附近的海邊斷崖基部找到了這些螞蟻化石。佛雷夫婦將一塊包覆了兩隻工蟻的琥珀寄給普林斯頓大學的唐納‧貝爾德。貝爾德了解這塊標本的學術重要性，於是又轉給哈佛大學的法蘭克‧卡本特，卡本特是昆蟲古生物學界的世界級權威，也是威爾森的老師。

卡本特打電話給同在哈佛實驗室，在他上面兩層樓工作的威爾森。

「那種螞蟻就在這裡，」卡本特告訴他。

「我兩毫秒內就下來，」威爾森回答，他的腎上腺素快速激增。

威爾森奔下樓梯到卡本特的辦公室，拿起那塊標本轉動觀看，還笨手笨腳地失手掉到地上碎成兩片，所幸，每塊碎片各包含了一隻完整的螞蟻，絲毫無損螞蟻的完整性。那是兩塊明亮的淡金色礦石。經過研磨之後，我們可以清楚地看到兩隻螞蟻，牠們保存得相當完好，看起來就像是昨天才被埋在裡面。

那塊琥珀是九千萬年前生長於克里夫塢灘當地的紅杉的樹脂石化而成，當時是白堊紀中期，恐龍是當時陸上脊椎動物的優勢物種。這兩隻螞蟻埋藏在淡色的沙質薄層沈積層之中，沈積層裡也包含了石化成黑色褐煤的美洲紅杉木碎片。褐煤塊內充斥著大批黃色小塊樹脂。這些碎塊正是我們所能找到的白堊紀琥珀。不過，偶爾克里夫塢灘也會出現大塊琥珀，包含昆蟲遺骸的琥珀更是罕見。佛雷夫婦是在一場暴風雨過後沒有多久，二

人沿著海灘漫步。斷崖因為剛受到強大風雨的沖刷，比起平常會有更多的石化木塊暴露出來。這時有可能發現琥珀，因此他們特別注意尋找，在幸運之神的特別眷顧下，他們發現了包含這兩隻螞蟻的大塊琥珀（彩圖 IV-4 右頁）。

威爾森開始用顯微鏡研究化石，並從各個角度進行描繪和測量。經過幾個小時之後，他拿起電話聯絡康乃爾大學的威廉・布朗。布朗是螞蟻分類學的專家，多年來夢想著能夠發現一隻中生代螞蟻，或許能夠藉此發現螞蟻與其胡蜂遠祖之間的失落環節。二人分別從比較現存物種，和在演化論為真的假設下，共同合作推想這個遠祖物種應該具有哪些特徵。威爾森的報告顯示，那兩隻螞蟻的確具有預期的原始特徵。牠們擁有現代各種不同螞蟻及胡蜂所具備的各式各樣結構特徵，也擁有介於這兩類物種的中間特質。古螞蟻的檢視結果相當令人震撼：大顎短小只有兩顆突齒，與胡蜂相似；並可見泡狀外殼包覆的後胸側板腺，這種位於胸部的分泌腺器官正是現代螞蟻的主要特徵，胡蜂並沒有這種結構；觸角第一節延長，呈現螞蟻特有的膝狀外觀，不過在這種中生代化石裡，其延長程度是介於現代螞蟻與胡蜂之間，至於觸角的其他部分則與胡蜂的一樣長，而且可以彎曲；胸部具有獨特的楯片與小楯片，也就是形成身體中段的兩塊楯板，則是胡蜂的特徵；還有螞蟻特有的腰部特徵，不過它們的樣子比較簡單，看起來像是剛演化完成。

紐澤西州琥珀裡的螞蟻（即使牠們具有混合特徵，我們還是要大膽稱牠們為螞蟻）的尺寸大約為 5 公釐。我們為牠們取了一個正式學名：*Sphecomyrma freyi*（佛雷氏蜂蟻）。學名裡的 Sphecomyrma（拉丁文的意思是胡蜂蟻）是其「屬名」，freyi（佛雷氏）則為其「種名」，以紀念發現標本的夫婦，感謝他們這麼慷慨又迅速地將標本捐贈給科學界。我們注

意到這種蜂蟻擁有發展完全的螫針，因此我們幻想，成群這類工蟻將接近牠們蟻巢的小型恐龍驅離的滑稽景象。

昆蟲學家投入超過一百年的時間來研究分布於全世界的昆蟲化石，終於等到第一隻這類中生代螞蟻。然後突然之間，大量化石標本陸續湧現。其中一位俄羅斯古生物學家最積極投入古代昆蟲相的研究，他在舊蘇聯的三處白堊紀沈積層都發現了標本：西伯利亞東北部鄂霍次克海沿海地區的馬加單，西伯利亞中部極北地區的泰梅爾半島，以及極南邊的哈薩克。加拿大的多位昆蟲學家也在亞伯他省發現了另外兩個標本。我們將這些標本合在一起研究，首度對古代螞蟻群落有了粗淺的了解。其中有些明顯是工蟻，另外還有蟻后以及雄蟻。

這些恐龍時代的昆蟲之間並沒有太大的差異。基本上，我們可以將牠們全歸入同一個蜂蟻屬，與現代螞蟻相之複雜相比實在是小巫見大巫，現代螞蟻可劃分為三百多個屬，數千個種。蜂蟻相當罕見，牠們只佔了所有白堊紀沈積層出土昆蟲的百分之一，與後期出土的昆蟲類群相比，埋藏在白堊紀沈積層的昆蟲不僅數量最龐大，也最多樣。我們可以從新出土的化石了解，這些標本屬於當時遍布於勞拉西亞古陸塊（包含了現在的歐洲、亞洲與北美洲的超級大陸）的極少數物種之一。由於當時陸塊相連，物種自然比今天更容易四處散布。當時的螞蟻可能分布於溫帶到亞熱帶地區。遙遠的南端則是名為岡瓦納古陸的超級大陸，包括了今天的非洲、馬達加斯加、南美洲、澳洲、印度、亞洲南部的部分地區和南極洲，螞蟻有可能便是在這個地區踏上不同的演化方向。最近，一位巴西古生物學家於巴西東部的塞阿拉州的 聖塔那杜卡里里的一處白堊紀岩層發現了一個標本。它的年代可以上溯自一億至一億一千兩百萬年前，它不屬於蜂蟻屬，比較接近犬蟻，一種分布於澳洲的現存原始物種。羅勃托・布蘭迪歐於一九九

一年針對這種螞蟻提出描述報告。布蘭迪歐曾經受教於霍德伯勒與威爾遜的實驗室，他將這種螞蟻命名為雙柄蟹牙針蟻。

　　現在就讓我們討論澳大利亞的情況，大約就在蜂蟻屬化石蟻出土之際，還有一批人正在展開另一項搜尋工作，他們不是尋找已滅絕的螞蟻物種，而是現存的最原始螞蟻。顯然，螞蟻學家單研究化石本身便可以學到許多知識，包括螞蟻結構的演化歷程，甚至於最早期螞蟻的不同社會階層。不過，要全盤了解螞蟻社會行為的演化史，還是要研究現存的螞蟻。好幾代以來的螞蟻學家都有一個夢想，希望某個現存螞蟻種類還保有最原始的群落組織，換言之，牠們是保存了某種行為的活化石。他們大半將這份期望寄託於澳洲大陸，那裡保存了許多其他古老物種，例如：鴨嘴獸與針鼴鼠這類卵生哺乳類動物。

　　這個夢想在一九七〇年代得到實現。那種螞蟻名為巨偽牙針蟻，這是一種黃色的大型螞蟻，擁有凸出的黑色雙眼與長型大顎，大顎的外形類似裁縫裁剪布邊的剪刀的鋸齒刃。過去的三十五年裡，我們只知道博物館裡收藏了兩個某類螞蟻的標本，除此之外就一無所知了。偽牙針蟻屬種類的原始結構極似胡蜂，很容易讓人產生誤判，牠們的腰部構造簡單，還擁有一對內有細小鋸齒的對稱大顎。不過，當研究進展到下一步，希望能夠重新發現這種螞蟻，並針對現存群落進行研究時，橫亙在前的卻是巨大的困難與挫折。

　　我們的漫長故事從一九三一年十二月七日開始，當時有一個小型旅遊團搭乘卡車，由澳洲西部的綿羊集散地巴拉多尼亞站啟程，穿過荒涼、不見人煙的尤加利樹矮森林與石南叢生的沙質平原，展開為期一個月的旅程前往南部。他們向前行進一百一十英里，越過了澳洲大海灣西端一處低矮的花崗岩丘陵，瑞吉山，到達了湯瑪斯河附近的一處廢棄農場。隨後他

們繼續向西旅行七十英里，越過石南遍布的沙原前往沿岸小鎮，埃斯佩蘭斯。團員參加這趟穿越澳洲荒原的艱苦拔涉，主要是為了旅遊樂趣。不過，該旅遊團所穿越的石南灌木叢，也是世界上植物相最豐富的區域之一，擁有數量龐大的特有低矮灌木與草本植物種屬，使得生物學者對這個地區充滿興趣。該旅遊團裡有好幾位團員接受委託，沿途蒐集昆蟲標本。他們將蒐集品放在酒精瓶裡，綁在馬鞍上，卻沒有記載正確的發現地點。這些標本裡頭包含了兩隻大型黃色螞蟻標本。這兩隻螞蟻標本隨後被轉交給居住在巴拉多尼亞的藝術家，克勞可女士。她經常為以這種方式蒐羅而來的標本繪圖。她隨後將這兩隻昆蟲交給墨爾本的國立維多利亞博物館，於是螞蟻學家約翰·克拉克於一九三四年對這兩隻螞蟻進行描述，他在報告裡說明這兩隻螞蟻被鑑定為新屬與新種，並將其命名為「巨偽牙針蟻」。

　　昆蟲學泰斗，威廉·布朗，是第一位鑑識出偽牙針蟻在螞蟻演化史上深具重要性的學者。他於一九五一年十一月啟程以蒐集更多標本，他沿著一九三一年的遠征路線，由埃斯佩蘭斯往東沿著湯瑪斯河小徑前進。然而，由於沒有明確的蒐集地點，以及隨後我們會提到的偽牙針蟻的特有生物特徵等因素，他失敗了。第二次嘗試則於一九五五年一月開展，這次是由威爾森與當時的華盛頓卡內基研究院院長，也是相當投入的螞蟻學者，卡爾·哈斯金，以及著名的澳洲自然學者文森·蘇文惕共同合作進行。他們從埃斯佩蘭斯出發，沿著一九三一年的途徑前進，針對湯瑪斯河流域、石南沙質平原，一直向北到達瑞吉山等地的主要生物棲息地展開一個星期的地毯式搜尋，還是沒有找到偽牙針蟻。

　　當時，這種「失落的環節」螞蟻轟動澳洲全境與海外各地的昆蟲學界。國家尊嚴也在這個故事裡插進一腳，其他的澳洲昆蟲學者也競相嘗試

要趕在美國競爭同行之前，成為第一位重新發現和研究活生生的偽牙針蟻的學者。不過，所有的努力都化為泡影，這批狂熱份子開始質疑，是否地點記錄錯誤了，或者那種螞蟻與其他澳洲動、植物相物種一樣，也已經滅絕了。

這個故事終於有了突破，就和科學界慣有的進展一樣，完全出人意表。偽牙針蟻被一位澳洲人，羅勃·泰勒所發現，澳洲的螞蟻學家終於鬆了一口氣。泰勒於一九六〇年代早期在哈佛追隨威爾森從事博士研究，後來前往坎培拉市進入澳洲的「聯邦科學暨工業研究組織」的昆蟲學部門。後來，他成為澳洲國立昆蟲館的總館長。他在職期間誓言要發現那種神祕的螞蟻。

一九七七年十月，正是澳洲的春季，泰勒率領一支遠征隊伍從坎培拉搭乘卡車向西前往澳洲南部。這支隊伍計畫沿著愛爾公路，千里迢迢穿越貧瘠的納拉伯平原前往瑞吉山與埃斯佩蘭斯地區，專程搜尋偽牙針蟻。他們聽說布朗也要親自展開決定性的最後一次搜尋時，深感事態急迫。從阿得雷德市出發前進三百五十英里後，他們的車輛發生了問題，被迫暫停在普契拉小鎮，露營歇息。小鎮四周環繞著一種當地稱為小桉樹的多莖幹尤加利低矮樹叢，這種植物覆蓋澳洲南部半沙漠地帶的廣大區域。當晚，氣溫降到華氏五十幾度（約攝氏十度），這些昆蟲學者穿著保暖衣物擠在一起討論，是否應該趁當晚出動尋找昆蟲。那種氣溫對螞蟻而言似乎是太冷了，更遑論那些飛行昆蟲了。無論如何，當時大家都認為偽牙針蟻是遠在千里之外的西部，必須橫越半個澳洲。

泰勒是一位熱愛探索的科學家，人也非常健談，他無時無刻不在搜尋螞蟻，當晚他實在沒有辦法呆坐帳內。他拿著手電筒進入這種尤加利矮樹叢進行搜尋，試試看能不能意外發現在這麼寒冷的氣候下，還外出活動

的螞蟻。他很快就跑回帳內，用澳洲最土的土話大嚷：「那個小混球在這裡！我找到偽牙針蟻小混球了！」（彩圖 IV-5 左頁）

他發現了一隻那種活化石蟻的工蟻在樹幹上爬行，距離遠征隊的露營車只有二十步之遙。那次邂逅的環境將偽牙針蟻的祕密暴露了出來。的確，偽牙針蟻的分布相當稀少，只局限在小部分地區（彩圖 IV-5 對頁）。牠們的數量如此有限，所以「國際自然暨自然資源保育聯盟」的紅皮書已將這種螞蟻列名為面臨生存威脅的物種，此外牠們也是一種能夠適應寒冷氣候的螞蟻，也就是在其他螞蟻及幾乎所有昆蟲學家都躲在室內取暖的時候，還能夠出外活動的少數螞蟻物種之一。

隨後幾年裡，普契拉由於大批湧進專程前往的研究人員，而從沒沒無聞的小村落，一躍成為全球知名的地點（至少在昆蟲學界是如此）。世界上的大部分螞蟻專家都曾經來過這裡，並待在當地的一家小旅店裡。巴拉多尼亞的偽牙針蟻族群，在六十年前首度被人發現並被丟進採集罐之後，今天是否仍然存活呢？這一點倒是沒有為人所遺忘，然而，所有更進一步試圖發現該族群的努力都屬枉然，即便是在寒冷氣候下的努力也都失敗了。我們還有可能在沙原的小桉樹樹叢裡或湯瑪斯河附近的紙質樹皮小樹林裡發現其他群落。同時，學者也已經在普契拉展開相當詳盡的田野研究，甚至還有學者將部分群落搬到實驗室裡進行深入分析。實際上，學者已經針對該種螞蟻在其生命週期裡的所有面向，和一般生物特徵進行檢視。如今，巨偽牙針蟻已經成為受到最詳盡研究的螞蟻種類之一。

我們可以將針對這種螞蟻的現有研究發現總結如下：一如我們所預期的，這種螞蟻的社會組織相當簡單。尤其是，牠們蟻后的外表與工蟻相當類似。工蟻下面並沒有次級階層存在，像是其他螞蟻種類的兵蟻就專司保護蟻巢，牠們的工蟻卻是每一隻都從事相同的工作。牠們的群落相當鬆

散，族群裡的成蟻數量從不超過一百隻。蟻后所產的卵也是隨地散放在蟻巢地面各處，不像大多數的高等螞蟻會將卵堆疊在一起。工蟻群和胡蜂一樣，會蒐集兩種食物：為自己蒐集的蜜露與主要用來餵哺幼蟲的昆蟲獵物。

偽牙針蟻的成蟲彼此很少接觸。牠們不會像高等螞蟻一樣回吐食物相互餵哺。在其他的螞蟻群落裡，蟻后通常是焦點所在，可是偽牙針蟻多半不會理睬蟻后。工蟻單獨外出狩獵，牠們在巢外發現食物會自行搬運回家，不會試圖聚集同伴。牠們會攻擊和叮咬蠅類、半翅類昆蟲，和獵食其他各種昆蟲。現在，我們已經知道工蟻會使用兩種化學溝通方式：發現敵人時會警戒同伴，以及根據共同氣味來區別本巢與其他群落的偽牙針蟻。

這種古老螞蟻在土壤地表挖掘穴室為巢，並有通道相連。牠們的生命週期也是屬於常見型態。處女蟻后離巢交配，自行挖掘一個蟻巢，隨後會像胡蜂一樣離巢搜尋食物。牠們也與長腳蜂及其他原始社會性胡蜂的蜂后一樣，有時候，數隻偽牙針蟻的年輕蟻后會合作築巢，以及共同撫育第一批工蟻兵團。之後，會有一隻蟻后不時地站在其他蟻后身上，以取得支配性的優勢地位，最後，第一批工蟻會將這些失敗的蟻后拖出巢外。由於學者在普契拉挖掘出土的螞蟻群落，大半都已經建立完成，因此每一個群落只存在單一母后。工蟻性喜低溫倒是一個奇特的特質，不過這有可能只是因為這種螞蟻適應澳洲低溫地帶生活的結果。

由於偽牙針蟻的群落組織一直都很單純，我們可以合理假設牠們是從第一種中生代社會性螞蟻所演化出來的螞蟻分類層級。牠們擁有較高等螞蟻種類所具有的親密關係習性，包括為同伴清潔身體的行為傾向。不過大體而言，牠們的行為符合我們的預期，也就是牠們先從獨居性胡蜂演化出姊妹合作情誼，隨後身體發生了些微變化，最後終於變成了第一隻螞蟻。

螞蟻的社會似乎是在中生代崛起，剛開始的時候是呈現出獨居性胡蜂的集群型態，牠們當時已經會在土壤地表挖掘巢穴並獵捕昆蟲餵哺幼蟲，就像許多現代獨居性胡蜂的行為一樣。其中最關鍵的第一步，是母親在後代長為成蟲之後，還與牠們共處一室。隨後，發展出群落生活的必要步驟，就是女兒群要放棄自己的繁殖行為，並協助母親撫育更多妹妹。

其他兩類具有原始結構特徵的螞蟻，也擁有類似的基本社會習性。這兩類螞蟻分別為牙針蟻屬的澳洲犬蟻，這種螞蟻的外觀類似偽牙針蟻屬螞蟻；另外一類是演化路徑與牙針蟻屬截然不同的鈍針蟻屬，牠們廣泛分布於世界各地，不過在澳洲的種類與數量都是最豐富的（彩圖 IV-6）。在偽牙針蟻為人發現之前，牙針蟻是「原始」螞蟻社會組織的研究範例。如今我們已經知道，牙針蟻屬螞蟻的行為遠比偽牙針蟻更先進。在所有已發現的螞蟻中，蜂蟻的解剖結構最接近胡蜂。我們猜測，蜂蟻的行為特徵最接近偽牙針蟻與其他現存原始螞蟻。不過，我們永遠也無法證實這一點。因為，目前我們還沒有發現任何獨居性螞蟻，也就是牠們具有蟻后的基本解剖結構，卻營沒有工蟻環繞的獨居生活或小團體的群居生活方式，我們不可能成功地深入挖掘到群居生活的演化根源。然而，科學研究始終有可能出現出人意表的結果，我們相信，我們與其他昆蟲學家拼湊成形的故事，相當接近發生於一億多年前的事實真相。

第七章
衝突與優勢

　　一九五〇年，當威爾森還是就讀於阿拉巴馬大學的二十歲大學生時，他就已經提出了一個火家蟻研究上的重要問題。當時，由南美洲入侵美國的一種螞蟻，正逐漸擴散遍布美國南方各州，牠有兩種顏色類型，紅色與深褐色。我們現在已經知道，牠們是兩個完全獨立的物種。其中的紅色火家蟻名為入侵火家蟻，果然蟻如其名，深褐色那一種則叫做南方火家蟻。這兩種螞蟻在美國境內自由雜交，在南美洲卻受到限制。這兩種螞蟻除了顏色不同，在解剖結構與生化特徵上也各具獨特性。在這項研究的早期階段，即一九五〇年，研究人員的主要任務是判別顏色的差異究竟是出於基因，抑或只是由於生活環境不同所造成的。

　　因為，我們無法精確控制火家蟻進行交配所需的環境，加上火家蟻的生命週期既長又複雜，所以，我們很難在實驗室裡像培養果蠅一樣培育火家蟻，來進

行顏色的基因研究。不過，我們倒是可以間接測試顏色的差異究竟是受基因或環境的影響。威爾森想到，他可以將年輕的紅色蟻后與褐色工蟻放在一起，或將褐色蟻后與紅色工蟻一起飼養，如此便可以看出下一代的顏色是否會改變成與工蟻同色。如果沒有產生變化，同時實驗室裡的所有其他環境條件都與對照組群落（這些群落的蟻后與工蟻都為同一個顏色）一樣，那麼研究結果便可以拒絕環境假設，而支持遺傳假設。

　　由某個色系的螞蟻來認養另一個顏色的螞蟻的作法的確可行。威爾森發現，他可以誘使火家蟻工蟻接納外來蟻后，他的作法是：先將某個火家蟻群落的母后拿開，並降低溫度讓工蟻不能行動，然後再把外來蟻后放進去，蟻群經過暖化又能夠活動之後，牠們會接納這隻外來蟻后並照顧牠產下的卵。

　　實驗結果顯示顏色會保持固定，而支持了基因假設。雖然，這個方法並沒有完全消除一些人的疑慮，不過至少它強而有力地指出了顏色基因存在的可能性。隨後一件奇怪的事情發生了。威爾森決定要操控他的認養技巧，引入了不只一隻，而是高達五隻蟻后，然後觀察會發生什麼事。這些嘗試完全成功，不過只維持了很短的時間。一、二天之後，工蟻開始處死多出的蟻后，牠們拉扯這些蟻后的四肢，還刺死牠們，直到只剩一隻蟻后存活，方才罷休。牠們認養獲勝者，視其為完全合格的蟻巢蟻后，並由工蟻負責照顧。工蟻永遠不會犯錯。牠們從來沒有矯枉過正，把最後一隻蟻后都殺死，這樣做等於是宣判整個群落死刑。

　　火家蟻認養研究是第一個發現（並非唯一），螞蟻群落內部並非永遠處於祥和狀態中，即使是擁有高度組織化的螞蟻種類也是如此。不知何故，數隻蟻后會為了爭奪工蟻的寵愛而彼此展開一場殊死戰。幾年之後，我們累積了更多證據，顯示衝突與掌控同伴的優勢普見於各種螞蟻。更有

趣的是，這種姊妹鬩牆的情況通常遠超出拌嘴的層面。許多螞蟻種類的爭戰早就在牠們的演化過程中，深化成為一種模式化行為，同時在群落的生命週期裡扮演重要的調節角色。

霍德伯勒與他的學生史帝芬・巴爾茲曾針對擬態蜜瓶家蟻群落的建立過程進行了一次深入的研究，結果發現了一種相當驚人的相關範例。這是一種大型蜜瓶蟻，常見於亞利桑那州與新墨西哥州的沙漠地區，霍德伯勒就是在這些地區從事群落間的戰爭與「外交手段」研究。每年七月，夏季第一場雨過後，乾涸的大地變得鬆軟了，此時大批蟻后與雄蟻現身展開婚飛。蟻后接受精子後落地，將翅膀剝離，開始掘穴建立自己的群落。霍德伯勒大量挖掘出這類蟻巢 —— 只要有一把小鏟子就可以輕輕鬆鬆地挖出 —— 他發現大部分的蟻巢裡住了不只一隻交配過的蟻后。

到了一九七〇年代末，我們已經知道，許多種螞蟻在群落建立階段，都會出現多隻蟻后結盟的狀況。昆蟲學家甚至於還特地為這種現象取了一個名字：多雌狀態。不過我們也知道，這種結盟為期甚短。牠們很少在較成熟的群落裡形成永久，或至少為長期性的多蟻后結盟情況。即使工蟻沒有將多餘的蟻后除掉（火家蟻會表現出的行為），幾隻蟻后也會彼此發生打鬥，有時候某些好鬥的工蟻還會依附某一方協助奪權。

這整個過程乍看之下似乎不太符合達爾文學說。為什麼蟻后要冒著高度被殺害的風險進行合作？一九六〇與七〇年代的補充研究發現，這種合作行為有一個重要的優勢，多隻蟻后合作可以比獨居蟻后更快撫養出更多數量的第一批工蟻。因此，多雌蟻后可以在不得不然的情況下更快創建群落。牠們可以更迅速展開自衛來對抗敵人，並在離開母親的蟻巢之後，能夠更有效地建立地盤搜尋食物。顯然，從事合作的蟻后所取得的優勢凌駕於被同類擊殺的風險。

佛羅里達州立大學的研究員，瓦特・欽柯的觀察研究發現，火家蟻群落之間的殊死戰相當頻繁也相當慘烈，兵力勝出的一方決定了戰爭的輸贏。一個年輕的群落如果無法自衛對抗鄰近群落，很快就會被消滅。巴爾茲與霍德伯勒的獨立研究發現，蜜瓶蟻也有同樣的現象。蜜瓶工蟻第一次出現在沙漠地表之際，只要發現鄰近的其他新興群落便會展開攻擊。一旦獲勝，牠們便會將對方蟻巢裡的幼蟲與卵搬回自己巢裡。首度遭遇便打勝仗的群落不僅立刻取得了較大的武力，也能傲視其他出擊始終失利的競爭者群落。這種爭鬥會持續至某個群落能夠戰無不勝，攻無不克，並將附近地區所有群落的幼期個體全部集中到自己的蟻巢裡，這才形成最後的勝利。在這個過程裡，工蟻群也經常會背叛自己的母親投入優勢入侵者的陣營，這就是螞蟻的「留得青山在」策略。巴爾茲與霍德伯勒在實驗室裡觀察他們所培養的群落，發現在牠們發生的二十三回合這類戰役中，始終是多蟻后合作建立的群落獲勝，其中的十九次是鄰近地區裡擁有最多蟻后的群落獲勝。

　　蜜瓶蟻群落一旦獲得足夠兵額的工蟻兵團，而能保護自己對抗鄰近的所有群落時，便會展開新的戰鬥，只是這次是蟻后彼此之間的鬥爭。典型的交戰是一隻蟻后高站虎視對手，偶爾會用腳踩住對方的頭。臣服的一方會低伏蜷縮不動。如果某隻蟻后始終對敵手退讓，終究會被工蟻掃地出門，就算牠的女兒也在這群激進的工蟻裡，也保不住牠（彩圖 V-2）。

　　在較老的成熟群落中，蟻后之間也會發生奪取優勢權與繁殖權的現象。霍德伯勒在維爾茨堡大學的同事，榮根・海恩茲發現幾種窄胸家蟻屬的螞蟻也有同樣的現象發生。蟻后之間會進行奪取優勢權的模式化行為，最後只會留下一隻蟻后擁有生殖權力，也就是只有位居最高社會階層的蟻后才能從事繁殖。巴西昆蟲學者保羅・歐利維拉等人發現，分布於熱帶美

洲的鉗爪鋸針蟻便經常表現出這類模式化行為，這類大型螞蟻經常有數隻產卵蟻后緊密共處。如果有階層較高的蟻后向臣屬的蟻后提出挑戰，後者就會蜷縮低伏，緊閉長而有力的大顎，觸角向後讓對手無法碰觸。如果牠試圖站起身，優勢螞蟻會攫住牠的頭。如果牠試圖掙脫，優勢螞蟻有可能將牠的身體高舉地面。隨後，牠便會徹底放棄，並將六隻腳蜷縮緊靠身體形成一種「蛹姿」，這是螞蟻容許其他螞蟻將自己四處搬動的姿勢（圖7-1）。

部分螞蟻的蟻后還會使用更別出心裁的控制方法。牠們並不挑戰對手從事打鬥，而是從卵堆裡挑出對手的卵吃掉。能夠將對手的卵儘量摧毀，並儘量降低自己卵的損失量的蟻后，實際上就是優勢者，至少從達爾文學說的標準來看是如此：牠們的女兒群會在工蟻群裡佔絕對多數，而有絕佳機會成為下一代蟻后。

其他螞蟻種類巢中的主要蟻后，還會使用更高明的手段。牠們會分泌抑制性費洛蒙，一種可以抑制處女蟻后與工蟻的卵巢產卵的化學物質。編織蟻的蟻后一旦被移除，其中的部分工蟻便會開始產卵。不過如果蟻后死亡，同時牠的屍體還留在巢中，這時，由於蟻后死後還繼續分泌費洛蒙，工蟻便會維持不能生育的狀態。

昆蟲學家如果能夠更深入檢視群落組織的細節，就會發現更廣泛也更複雜的衝突事件。如果我們仔細觀察部分螞蟻個體之間的關係，便會發現一種現象，就好像我們搬進一個外表看來祥和的都市，但在居住一段時間之後，卻發現裡面充斥著家庭糾紛、盜竊、當街攻擊，甚至還有謀殺事件等等。同一個群落裡的工蟻之間也會發生爭奪優勢權的現象。美國昆蟲學家布雷恩‧柯爾是第一位證實這個現象的學者，他在分布於佛羅里達州的亞拉窄胸家蟻的工蟻身上劃上記號，然後逐一進行追蹤。他的觀察結果顯

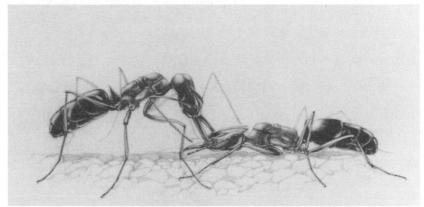

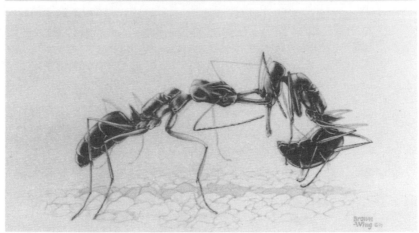

圖 7-1

巢中不同蟻后之間的優勢行為表現,圖中所示為分布於美洲
熱帶地區的捕食性鉗爪鋸針蟻。上圖:佔優勢的蟻后張開
大顎威嚇對方,牠的姊妹則順服蜷縮。中圖:佔優勢者提升
衝突層級,攫住臣服者的頭部。下圖:隨後,將對方舉離地
面。此時,牠的姊妹會蜷縮腿部,作出不成熟階段的蛹姿,
以表示臣服(Katherine Brown-Wing 繪圖)。

示，在沒有母后的群落中，工蟻之間的衝突最烈，這些工蟻會花較多時間來威嚇對方並施以拳打腳踢，而花比較少的時間在照料幼蟲與卵上。窄胸家蟻屬的工蟻具有高度自私的傾向，即使在有蟻后的狀況下，還是約有百分之二十的卵是由工蟻所產出（彩圖 V-1）。不過這類卵並沒有受精，即使存活也注定要孵化成為雄蟻。高階層的工蟻也始終都可以獲得較多食物，因此牠們可以發展出充滿蟻卵的大型卵巢。

許多捕食性針蟻的衝突事件已經極端模式化，多數這類螞蟻是棲息在熱帶偏遠地區，因此直到最近才有人對牠們展開研究（彩圖 V-1）。螞蟻學家克里斯汀‧皮特斯在巴黎工作，他的研究大部分都集中於衝突模式與其他足以影響針蟻繁殖的各種行為。他和一位日本同事醒吾東合作研究分布於澳洲的澳洲雙稜針蟻，發現了一個最驚人的案例。這些活動迅捷的大型螞蟻沒有蟻后。所有的雌蟻都擁有工蟻的身體結構，牠們破繭羽化的時候都擁有芽狀的翅膀痕跡，稱為翅芽。最佔優勢的產卵工蟻會在同伴羽化出現之後，很快就將牠們的翅芽咬掉。翅芽殘缺會抑制卵巢發育，於是牠們永遠會隸屬於工蟻階層。唯有優勢工蟻得以與雄蟻交配，也只有牠才能繁殖。然而，如果我們在實驗室裡將優勢工蟻的翅芽以手術摘除，牠也會變得相當膽怯，並轉而扮演工蟻的角色。

雙稜針蟻的優勢競爭作法已經夠奇特了，皮特斯與霍德伯勒最近研究印度的跳躍掠針蟻，還發現了更奇特的現象。這種螞蟻的大型群落包括了繁雜的各種社會階級，其中階層移轉現象則更進一步強化了階層之間的緊張關係。群落成員彼此之間的互動，在外表上極為神似人類的部分政治行為（彩圖 V-3）。

掠針蟻屬群落的創建明顯是採取傳統方式，由已經交配的蟻后來建立。然而，在群落發展過程中，蟻后會消失，並由成群經過交配，完全能

夠繁殖的工蟻取而代之，我們稱後者為生殖工蟻。牠們的群落史可以區分為三個階段：小群落，這是成長的初期，由一隻生殖蟻后與幾隻不能生育的工蟻所組成；中型群落，還是擁有一隻蟻后，不過還同時擁有已交配與未交配的工蟻；最後，大型群落，則包含了約三百隻或更多成蟲，沒有蟻后，完全由已交配及未交配工蟻所組成。

掠針蟻屬的大型群落在生命週期裡會產生三種社會階級。最高階級是優勢群，牠們擁有發育完全的卵巢，所有的卵都是由牠們所生產。最低階級則是處女部屬工蟻。部分處女部屬工蟻注定要移轉到最高階層；一旦牠們向上移轉的時機來臨，牠們便會與來訪的雄蟻交配，並取得繁殖能力。不過，其他同伴還是待在最低階級，終生擔任照顧者、築巢者與覓食者的角色。最後，第三個階級則是由已交配的部屬工蟻所組成，牠們區分為兩類：尚未移轉階級卻設法完成交配的工蟻，以及先前佔有優勢，卻被更具競爭力的同伴所替代，只得向低階層移轉的生殖工蟻。第三階級成員的個別命運端視牠們未來的健康狀況，以及對手的行為來決定。

這個複雜的階級系統要經過一對一的比試行為才得以確立，在這個過程裡，工蟻揮動牠們的觸角，就像揮動長鞭一樣。戰端的開啟始於一隻螞蟻鞭打其他螞蟻，並用身體衝撞對方，迫使對手向後退。挑釁的螞蟻會持續鞭打對手，可是當雙方移動了約一個體長的距離後，情勢開始有了大逆轉。第二隻螞蟻會開始迫使第一隻螞蟻撤退。攻擊的一方會將自己兩支觸角的第一長節向後彎，貼著自己的頭，而將觸角比較靈活的朝外各節面向對手。牠會以相當強勁的力道鞭打對方身體，接觸的那一剎那，朝外的觸角各節會向後反彈（圖 7-2、彩圖 V-4 對頁）。

這種奇特的雙人舞重複高達二十四次之後，敵我雙方只是掉頭就走。這裡面並沒有明顯的贏家，似乎這整個表演只是要再次確認其社會均勢。

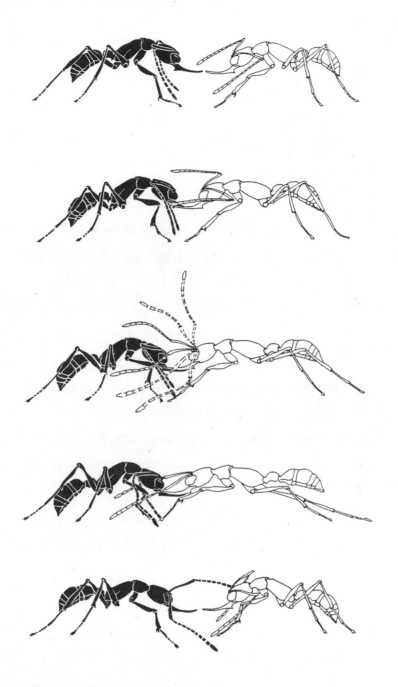

圖 7-2

分布於亞洲的跳躍掠針蟻兩隻同伴進行比試化
行為。這裡所描述的典型順序（由上到下），
一隻工蟻一邊前進，一邊以觸角鞭打後退的
姊妹工蟻。二者移動約一個身體距離之後，
程序逆轉，被鞭打者會開始鞭打對方（Malu
Obermayer 繪圖）。

不過，掠針蟻偶爾也會使用第二種比較會產生輸贏態勢的戰鬥型態。一隻螞蟻會以觸角左右開弓鞭打對手的方式來接近對方。通常臣屬的一方比較會採用這種伎倆，試圖制伏階層較高的同伴。被挑戰的工蟻常常會完全忽略對手的接近行動，而繼續埋頭在自己的事情上。牠也可能會與對手展開你來我往的拉鋸戰。牠也可能升高戰火發動全面性攻擊，牠會以一雙長大顎攪住對手，然後用力將對手向下推壓。

掠針蟻的同伴在彼此遭逢時則顯得正派多了，牠們會表現出自我克制與相當程度的禮貌。優勢工蟻接近時，臣屬工蟻有可能只是低伏身體並將觸角朝後擺。優勢者有可能只是踩住臣屬工蟻的頭，輕咬牠的身體。然後，雙方平和地分手。

掠針蟻的群落生活不見得總是充斥著衝突事件。有些時期還顯得相當寧靜，在這些期間裡，看不到任何為了爭奪優勢地位而交戰的事件發生。然而，這樣的和平狀態終究會破裂，某隻工蟻會從較低階級向上移轉，決心向最高階層的成員挑戰。牠的行動會促使優勢工蟻群產生激烈的一對一比試行為，並四處奔逐，似乎是要鞏固自己在同僚之間的高階地位。同時，這群優勢工蟻如果遇到任何低階同伴膽敢向牠們挑戰，牠們也會發動攻擊。牠們的奮鬥不見得會成功，部分會降級成為已交配的中層階級，原來的地位則被先前的部屬所取代。於是，整個社會從外表觀察始終不變，從內部觀察卻是變動不休，符合赫拉克利圖斯的理論。（譯注：赫拉克利圖斯為西元前約五百年的希臘哲學家，他認為萬事萬物均由對立面所組成，由於對立導致無窮盡的變化。）

第八章
合作的起源

　　生物學研究大半可以追溯至兩類問題：有機體如何發揮功能，以及為什麼會產生功能。換句話說，某個過程是如何經由解剖結構與分子活動來完成，以及為什麼會演化出這種方式而非其他途徑？生物學家認為，基本上，他們已經知道螞蟻社會是如何運作，還有大約何時出現了這些社會型態，即一億到一億兩千萬年前左右。如今時機已然成熟，我們應該開始探詢，當初為什麼會發生這個重要的事件。當時的社會生活方式，對遠古胡蜂產生了什麼衝擊，導致牠們演變成為螞蟻？

　　螞蟻群落的最重要一項能力是出現了工蟻階級，這包括了能夠滿足母親需求的雌性僕役，牠們甘心放棄自己的繁殖活動來養育弟妹。牠們的本能促使自己不但要放棄生育子嗣的機會，還要冒著生命危險來維護群落的利益（彩圖 V-4 右圖）。離巢搜尋食物本身就是一種不顧自身安危的冒險行為。研究人員發現，

分布於美國西部的加州毛收割家蟻出外覓食時，因與鄰近群落戰鬥而承受每小時百分之六的死亡率。還有其他工蟻則會受到捕食者攻擊或迷路的危險而死亡。這個死亡率算是相當高，卻並不罕見。一種分布於北非沙漠地區，專食昆蟲與其他節肢動物死屍的雙色箭山蟻的行為根本就是一種自殺行動。瑞士昆蟲學家保羅・舒密德－漢培爾與魯迪蓋爾・韋納發現，任何時刻大約都有百分之十五的工蟻遠離蟻巢從事危險的搜尋活動，牠們在這段期間會被蜘蛛與食蟲虻捕食。這些覓食工蟻的平均壽命只有一週，但在這麼短的時間裡，牠們可以蒐集到重量相當於本身體重十五到二十倍的食物。

那麼，為什麼（回到生物學的第二個大問題）螞蟻會表現出這樣的利他行為模式？首先讓我們思索一個較大的問題，也就是所有社會行為的起源。根據達爾文學說，團體生活的優勢在哪裡？最明顯的答案也就是正確答案。如果某隻動物成為團體一員之後，可以存活得更久並擁有更多子嗣，這時最好不要營獨居生活而改採合作方式。證據顯示，這個例子正是自然界的常態。例如：鳥類與大象如果成群活動都可以比營獨居生活活得更久，而且可以留下更多子嗣。由於集體而居會產生力量，所以牠們可以更迅速地找到食物，並在防衛敵害時有更大的獲勝機會。

這種集結就是力量的假設，在簡單的動物社會裡運作得最好，它們的成員可以在合作中仍保有追尋個體利益的機會。不過，這個理由在解釋工蟻自我犧牲的驚人特質上仍嫌不足。這些無私的雌蟻相當早夭，極少會留下後代。

螞蟻的利他行為謎團是螞蟻研究領域的歷史公案。好幾代的生物學家都曾試圖以達爾文的天擇演化論來說明這個現象，而且經常訴諸於複雜的解釋。我們在撰寫本文時的最流行說法是近親選擇理論，這是一種天擇論

的修正理論，與其原始理論一樣，剛開始都是達爾文的構想。近親選擇是闡述某個生物個體所採取的行動，對其親屬基因可能產生有利或不利的結果。例如：某個家庭成員選擇獨身不育，然而卻為了姊妹的福祉而自我奉獻。如果她的犧牲可以促使姊妹生育出更多子女，則該未婚女性與其手足的共同基因還是可以在天擇過程裡佔據有利的地位，並更迅速地散布於族群之內。在動物界裡（包括人類族群），凡來自相同血緣的姊妹平均都會擁有半數相同的基因。換言之，由於生身父母一樣，她們的半數基因會完全相同。利他主義者只求能夠讓某位姊妹生育超過雙倍數量的子嗣，來彌補本身由於沒有生育後代所將損失的基因。這就是近親選擇的基本要義。若是經由這種方式所傳布的基因，會進一步讓生物個體傾向於利他行為，這種特質便可以成為該物種的普遍特徵。

達爾文在《物種源始》一書裡只相當粗略地陳述了這個概念，也沒有計算基因數目。達爾文對於螞蟻和其他社會性昆蟲非常感興趣。他除了在倫敦附近的道恩斯鄉下自宅觀察這類昆蟲，也拜訪大英自然歷史博物館，並隨昆蟲學家佛瑞德瑞克‧史密斯學習更多這方面的知識。他發現，螞蟻有「一種特別困難之處，乍看之下我還以為自己無法克服，實際上也的確對我的整個理論造成致命傷。」這位偉大的博物學家問道，如果牠們根本就不能生育，無法留下子嗣，昆蟲社會可以演化出勞動階級嗎？

達爾文為了挽救他的理論，提出了天擇並不適用於單一生物體，而只能在整個家族層次上起作用的想法。他認為，如果家族裡的部分成員不能生育，卻對能夠繁殖的親屬裨益良多，就如昆蟲群落的狀況一樣，那麼家族層次上的天擇不僅可能，也是不可避免的。由於我們將整個家族視為天擇的單位，也就是說它必須與其他家族競相爭奪生存與繁殖的機會，因此不育卻有利於親族的能力在演化上是有利的。「因此，味美的蔬菜雖被人

烹煮，」他寫道，「這個蔬菜個體也隨之而毀；然而，園藝家仍會以相同母株的種子繼續播種，深信自己可以獲得幾近相同的品種；牛隻培育人員希望能培育出有適當比例的肥肉與瘦肉的牛隻；雖然那隻牛已經被屠宰，不過培育人員還是信心滿滿地培育相同的牛隻品種。」因此，螞蟻群落會繁殖和犧牲不能生育的工蟻階層，就像從樹上採收蘋果或從牛群裡選出一隻來屠宰一樣，牠們的基因還是可以藉由存活的親屬繼續繁衍興盛。達爾文在提到一個螞蟻群落的兵蟻與小型工蟻時，繼續寫道：「事實擺在眼前，我相信那些能繁殖的親代，經過天擇之後，會形成一種定期產出中性個體的物種（編注：此為不能生育的工蟻）──牠們可能全部都是大尺寸，並具有某種型態的大顎，也有可能全部為小尺寸，但擁有各具不同型態的雙顎；或者最後，這也是我們最感困惑的地方，出現一類尺寸與結構皆同的工蟻，同時還出現另一類尺寸與結構皆異的工蟻。」

達爾文只是很粗略地定義了近親選擇的原則，以解釋天擇是如何導致自我犧牲。或許更中肯的說法是，達爾文顯示了他如何將他理論裡的一個瑕疵，即工蟻拿掉；他將這個關鍵的障礙擺平了。於是，昆蟲學家有一百年都沈睡在這樣的觀點裡，認為不能繁殖的階層不會嚴重影響理論的正確性。為什麼會冒出昆蟲社會？他們假設這是起源於共同生活的優勢，不育階層似乎只是這個過程裡的一種合理衍生現象。我們似乎沒有必要對這個現象做更深入的探索。

後來，英國昆蟲學家暨遺傳學家威廉．漢米爾頓於一九六三年加入了一個變數，讓這個沈寂已久的主題重新浮上檯面，震驚了學界。簡言之，他說道，由於蜂、胡蜂與螞蟻等膜翅目昆蟲的性別遺傳方式，讓牠們天生就有發展出社會性的傾向。達爾文說得對，近親選擇的確可以發揮作用，不過由於膜翅目的詭異性別決定方式，近親選擇反而成為一股驅力。我們

現在就來討論這是如何發生的，首先，讓我們先來仔細看看漢米爾頓所建立的近親選擇定量通則。他曾經說過，為了演化出利他特質，近親選擇對於親屬的利益必須大於奉獻者與親屬間關係程度之倒數。我們就以奉獻者為了協助一位親屬而犧牲生命，或至少維持無子嗣狀態為例，來說明此一概念。通常，手足之間有半數基因是相同的，1/2 的倒數為 2，因此，自我犧牲必須至少能夠讓手足的子嗣數目加倍，基因才會在族群裡遞增。利他者的基因也會有 1/4 與一位伯叔輩相同，如果她是為了這個因素而犧牲，她必須能夠讓伯叔生出 4 倍以上的子嗣，才能讓基因散播。讓我們繼續類推下去，她的基因與一位堂輩手足會有 1/8 相同；那位堂輩手足必須能夠因此而成功生出 8 倍以上的子嗣，才能讓基因散布。依此類推。她所提供的助益便是以這種方式施加於許多親屬身上。不過，在直系親屬圈之外，還有她們的直系後裔，以及堂輩子嗣血脈，血緣關係深度也隨之迅速遞減至難以偵測的程度。真正的利他本能，並不會計較個人是否會獲得回報，而是一種慷慨赴義的犧牲形式，應該只會存在於直系家庭成員之間。簡言之，遺傳上的利他主義將受益者集中於狹隘的範圍。

現在，就讓我們進入漢米爾頓的膜翅目昆蟲變數這一議題上。膜翅目昆蟲包含螞蟻、蜂與胡蜂，都經由單雙倍染色體的分野來決定性別的遺傳。雖然這個名詞乍看之下相當專業，它的過程卻相當容易了解：受精卵，也就是雙倍體，它擁有兩組染色體，會成為雌性；未受精卵，也就是單倍體，擁有一組染色體，會變成雄性。漢米爾頓注意到，由於雌性膜翅目昆蟲是由其父母親個別貢獻出相同數目的基因，因此，母親的基因與女兒有一半相同，這是動物界的常態。不過，姊妹之間則有四分之三的基因相同。之所以會產生這種極端的親密關係，是因為牠們的父親是由一顆未受精卵孵化而成的。因此，牠們的父親並沒有一般常見的基因組合狀況，

牠們只攜帶一組來自於其母親的染色體。由此可知，胡蜂、螞蟻或其他膜翅目昆蟲的父親，藉以孕育出女兒群的所有精子都完全相同。因此，姊妹之間的遺傳相似性高於其他動物。牠們的基因裡有四分之三是完全一樣的，異於尋常的二分之一比例。

如果你想要了解結果如何，將你自己放在胡蜂的處境，四周圍全部都是你的親戚。你與自己的母親有半數基因相同，你與你的女兒也是如此。然而，你與你的姊妹卻有四分之三的基因完全相同。現在，你要作出最奇特的最佳安排：為了在下一代裡植入與你儘量一致的基因，你的較佳選擇是撫育妹妹，而非撫育女兒。你的世界整個被顛覆。現在，要複製你基因的最佳作法為何？答案是成為群落成員。放棄撫育女兒，保護與餵哺你的母親，好讓她能夠儘可能地大量繁殖你的妹妹。這樣一來，給胡蜂的最簡潔最佳建言就是：變成一隻螞蟻。

你和兄弟之間的關係也一樣奇特。他們與你不是出身於同一父親；事實上，他們根本沒有父親。因此，他們的基因與你的只有四分之一相同。因此，最好的策略是不要撫育超量的兄弟，同時也只有在需要向年輕蟻后授與精子的時機才撫育兄弟，這樣也可以散布你的部分基因。如果你正好是位雄性，那麼你根本完全沒有必要斤斤計較。你會有機會成為整個新群落的父親。沒有必要浪費時間來撫育姊妹，更不需要冒著生命的危險來獵捕食物。你最好是犧牲群落來求生存，並專事於讓你的身體與行為完全特化，只尋求與雌性交配。簡言之，如果你是膜翅目昆蟲群落裡的雄性，你只要遊手好閒混日子就可以了。

漢米爾頓的構想似乎可以解釋螞蟻、蜂與胡蜂社會的一些特色，這些事實一直存在，只是大半為我們所忽略。其中之一是群落生活的發生型態。膜翅目中已經有十幾種物種獨立發展出先進的社會體系，實際上，膜

彩圖 IV-1

蜜瓶蟻掠食成功的戰利品有時候會被劫走,圖中顯示的戰利品是落敗的蜜瓶蟻群落的一隻貯蜜工蟻,卻被另外一種螞蟻,白霜前琉璃蟻擄走。這種前琉璃蟻的體型雖然遠比蜜瓶蟻小,卻能夠採取蟻海戰術並噴灑化學物質打敗對手。

彩圖 IV-2

圖中顯示一種前琉璃蟻噴灑化學物質將蜜瓶蟻驅回巢內。牠們會由腹部末端的臀腺分泌並噴出這種螞蟻防暴劑。

彩圖 IV-3
分布於美國亞利桑那州沙漠地區的雙色叉琉璃蟻工蟻從墨西哥蜜瓶家蟻的蟻巢出入口投小圓石，藉此妨礙後者外出覓食（Katherine Brown-Wing 繪圖）。

彩圖 IV-4

蜂蟻亞科的工蟻,這是最老與最原始的一類螞蟻。這隻螞蟻是蜂蟻亞科裡最早為人描述的螞蟻標本,稱為佛雷氏蜂蟻。佛雷氏蜂蟻也是蜂蟻亞科裡的唯一螞蟻種類,這個標本發現於美國紐澤西州紅杉樹脂所形成的琥珀之中。這隻工蟻的存活年代可以遠溯自白堊紀早期的後段時期,大約是在 8 千萬年前(Frank M. Carpenter 攝影)。

對頁

劫掠競爭行為。上圖:一隻擬態蜜瓶家蟻(身上有藍色標誌者)在美國亞利桑那沙漠地區理由一隻毛收割家蟻覓食者口中搶奪白蟻獵物。這種工蟻經常在毛收割家蟻屬的蟻巢出入口附近守株待兔。下圖:蜜瓶蟻在受到攻擊時會迅速跑開,很快地繞一個圈,又回到出入口附近就定位。

彩圖 IV-6

從種系發生學觀之，除了巨偽牙針蟻之外，我們還可以找到兩個原始種螞蟻，其中之一是上圖顯示的澳洲犬蟻蟻集下圖所顯示的澳洲鈍針蟻，二者都分布於澳洲。

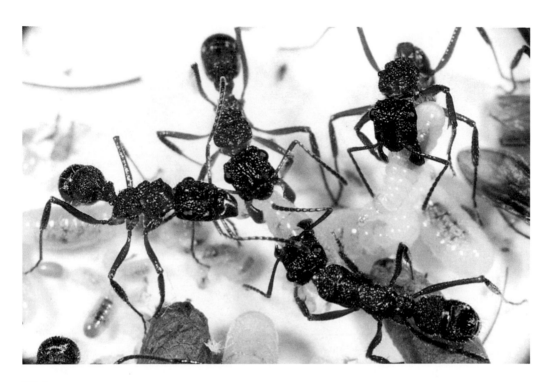

彩圖 V-1

工蟻通常不會表現任何掌控優勢或衝突行為；他們合作照料母后的後代，這張圖顯示分布於新熱帶區的皺泛針蟻表現出這類行為。不過，一旦喪失蟻后，部分工蟻發展出生育能力時，工蟻同伴之間便會產生衝突。

彩圖 V-2

上圖顯示兩隻納瓦伙蜜瓶家蟻的蟻后進行優勢誇示行為。取得優勢者踏在臣服者背上，後者則軀體蜷縮大顎張開表示順服。在多數情況下，每個成熟群落裡只會有一隻蟻后能夠成功扮演母后角色。下圖顯示一隻成功建立蟻巢的墨西哥蜜瓶家蟻，身邊環繞了幼蟲、蛹與年輕成蟻。

彩圖 V-3

跳躍掠針蟻（一種針蟻）的群落巢室。這張照片拍攝地點是位於印度的喬格瀑布附近，當地盛產這種其他地區罕見的螞蟻。

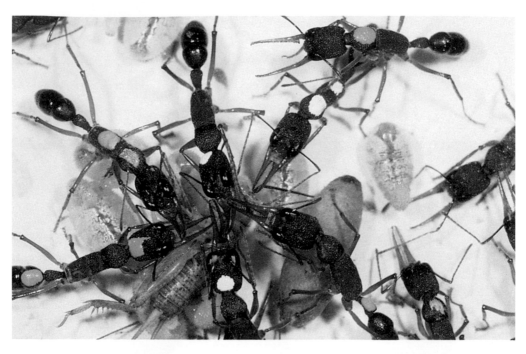
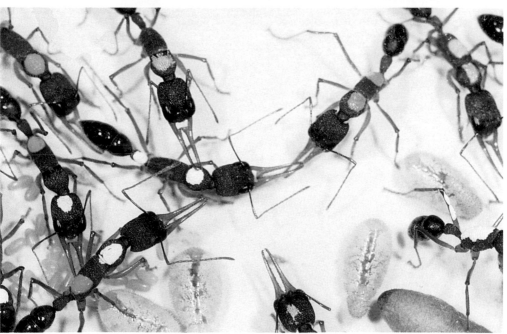

學者將整個跳躍掠針蟻群
落搬到實驗室裡,並將每
隻螞蟻個別塗上顏色碼,
如此便可以深入鑽研個別
碼蟻的行為。上圖顯示幾
隻螞蟻分享獵物。下圖
(中央)則顯示兩隻螞蟻
正在為掌控優勢相互對
壘,他們會彼此面對面,
並輪流以觸角鞭打對手。

彩圖 V-4

相鄰群落的鬚毛收割家蟻
的工蟻經常會為了防衛
領土而激烈戰鬥(右上
圖)。螞蟻通常是戰鬥至
死方休,圖中便顯示一
隻鬚毛收割家蟻覓食者的
腰部受到對手以老虎鉗狀
的大顎攻擊,牠展開反擊
將敵人殺害,死者的斷頭
還掛在牠的身上(右下
圖)。

彩圖 V-5

螞蟻的社會性生活有一項真正的共同特徵，那便是照料後代。圖中顯示平坦巨山蟻的工蟻為群落裡的幼蟲與蛹清潔身體。

對頁

相互清潔（上圖）與回吐食物給群體分享（下圖）都是利他行為，幾乎可見於所有的螞蟻社會。圖中顯示分布於南美洲的捕食性武士針刺家蟻的工蟻正在表現這種行為。

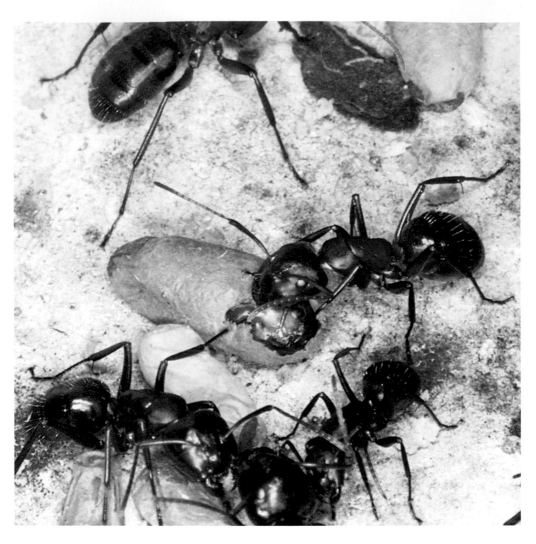

彩圖 V-6

許多螞蟻種類的成蟲在羽化時無法獨立掙脫蛹繭。圖示一隻木害巨山蟻的工蟻正在協助一隻年輕的同伴脫繭而出。

翅目所包含的營獨居與營群落生活的物種只佔所有已知昆蟲物種的百分之十三。唯一具有這個型態的其他物種則是白蟻，這種昆蟲的遠祖可以遙溯至中生代的類蟑螂生物。另一個需要解釋的謎團是性別在昆蟲社會裡所扮演的角色。雄性膜翅目昆蟲都不事生產，勞動階層永遠都是雌性，這一點與白蟻不同，後者的性別決定過程與其他動物雷同，同時也可以產生雌、雄工蟻，符合我們的預期。漢米爾頓的原始構想似乎已經包含解開螞蟻與其他膜翅目昆蟲社會的獨特特徵的鎖鑰。

故事還沒有結束。變數裡還包含了其他變數。美國的一位生物社會學家，羅勃‧崔佛斯，注意到漢米爾頓的論點只有在某個條件下才能成立，也就是工蟻對群落的勞力奉獻必須能夠讓群落產出更多可以建立新群落的新蟻后，而且是在工蟻尚未奉獻勞力之前的原有數量的三倍以上，這時群落才會開始生產雄蟻。其原因可以用底下這個簡單的基本算術關係來說明（這些重要的想法都可以在一個信封背面花幾分鐘計算出來）：如果群落產出相同數目的新蟻后與雄蟻，這時，工蟻與具有繁殖能力的手足之間的整體遺傳關係為 1/2，這個狀況與一般的性別決定方式所產生的結果相同。它的計算式如下：3/4（與姊妹的關係程度）×1/2（王室〔蟻后與雄蟻所組成〕中的蟻后比例，一種姊妹關係）＋ 1/4（與兄弟的關係程度）×1/2（王室中的雄性部分，一種兄弟關係）＝ 1/2；即，（3/4×1/2）＋（1/4×1/2）＝ 1/2。工蟻如果要增加自己的基因，唯有增加姊妹的比例，同時在該比例為 3/4 時可以得到最高的計算結果：（3/4×3/4）＋（1/4×1/4）＝ 5/8。這個 3 與 1 之比應該在演化過程中維持恆定，因為這樣一來，若以每公克為計算單位，則其中雄蟻的預期繁殖成功率將會三倍於蟻后的比例。

不過工蟻是不是真的「知道」，如果牠們投注在新蟻后身上的心血三

倍於在新雄蟻上，牠們便可以獲得最大的利益？至今我們所累積的數據顯示，牠們的確在進行這樣的控制，同時還會在這過程中阻礙牠們母親取得本身的最佳利益，也就是當牠的子嗣性別比例為 1：1，而非 3：1 時，牠本身的基因複製量會達到最高。牠之所以樂意產生 1：1 的比例，原因是牠與其兒子和女兒的關係相當，因此更改比例會浪費牠本身所投注的心血。如此一來，工蟻在螞蟻群落裡似乎還是扮演了掌控的角色。即使牠們願意犧牲自己的身體，牠們的行動還是根據有利於自己基因的自私因素來決定。達爾文的基本概念是正確的，不過他卻始終無法預見，他早期提出的近親選擇觀念在歷經一段不尋常的曲折過程後，終於為後人發揚光大。

這個概念在實際應用的時候還是發生了一些問題。例如：這個概念在群落所有成員都擁有同一個父親的時候運作得最好。不過我們已經知道，極少數螞蟻物種的蟻后會與兩隻或數隻雄蟻交配，於是這類工蟻彼此之間的關係會較為疏遠。無論如何，負責撫育工作的工蟻還是極有可能會盡量照顧與牠們血緣最接近的蟻后與雄蟻，不過這個想法還沒有經過實驗的證實。

這種把昆蟲社會視為是演化過程裡天擇的產物，也產生了其他的結果。自私基因的概念有助於我們了解螞蟻群落與其他成員間關係緊密的動物社會，它的基本假設是親屬之間可以彼此辨識並能區分陌生個體。同時，我們也相當肯定，螞蟻是最具有這種能力的物種。牠們能以嗅覺來辨識彼此。要了解牠們是如何捕捉群落氣味，我們可以觀察一個在食物與蟻巢之間往返的工蟻縱隊。螞蟻群會在碰頭的剎那間，幾乎不停地彼此檢查對方。如果我們利用慢動作影像來分析牠們的動作，可以發現每隻工蟻都會以自己的觸角掃拂另一隻螞蟻身體的某一部分。在那一剎那間，觸角上的嗅覺器官便可以告訴牠另一隻螞蟻究竟是敵，還是友。如果是朋友，牠

就會毫不遲疑地繼續前進。如果是來自於不同群落的敵人，牠就有可能會逃離現場或停下來，更仔細地檢查那個陌生客。隨後，牠還可能發動攻擊。

如果有某個群落的一隻工蟻誤入了另一個群落的蟻巢，後者的居民會立刻發現牠是陌生客。牠們對這隻外來客可能會表現出各種不同的反應。最好的反應是接納入侵者，不過牠們會供應外來者較少食物，直到牠的身體染上該群落的氣味。另一個極端的反應則是對牠進行猛烈攻擊，居民會以牠們的大顎咬住外來客的身體與附肢，並以針刺牠或向牠噴灑毒液（圖8-1）。

每隻螞蟻的體表都會散發出群落氣味。部分證據顯示，這類氣味混合了各類碳氫化合物。這類物質是結構最簡單的有機化合物，完全由碳、氫串連而成。我們最熟悉的基本例子是甲烷與辛烷。不過，如果我們將這類碳氫化合物分子的碳鏈延長、增加附屬碳鏈，並將一般鏈結碳原子的單鍵以雙鍵或三鍵取代，便可以得到無數種這類碳氫化合物。如果再將不同碳氫化合物混合並改變其比例，我們還可以獲得更多這種物質，並創造出各式各樣的氣味。這種混合氣味對人類的嗅覺器官而言，可能有些類似修車廠散發出來的味道，不過，螞蟻卻能夠辨別這種混合氣味並感受到友情與安全的氣息。碳氫化合物還有身體上的優點：這類物質可溶於覆蓋在螞蟻與其他昆蟲體表上的蠟質薄層上表皮。就在本書撰寫之際，我們還沒有完全證實碳氫化合物的作用機制，不過證據顯示這種物質至少扮演了重要的角色。

不論群落使用哪種化學物質，群落氣味究竟是如何產生的呢？如果每隻工蟻都會個別製造特有的氣味，整個蟻巢便會充斥各種不同氣味，如此一來，就難以產生緊密的社會組織，甚至根本辦不到。群落要能有效發揮

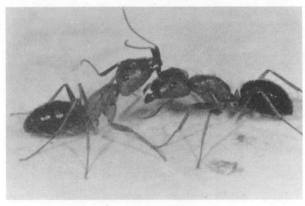

圖 8-1

卡霖與霍德伯勒研究花間巨山蟻的工蟻之間
的攻擊性，並辨識出三個層次的攻擊性表現。
由上到下依序為單純的威嚇誇示，攫取拉扯附
肢（圖中的螞蟻則是拉扯觸角），與全面性攻
擊，通常是一方或雙方致死方休。

聚合功能，便需要擁有一種獨特的共通化學混合物質。昆蟲學家也針對螞蟻產生共通氣味的可能方式提出了幾種不同的說法。最明顯也最普遍的一種作法是由環境裡獲得氣味，就像到餐廳吃飯的顧客，身上的羊毛大衣受煙霧薰染而產生氣味。群落裡的成員也經常與同伴的身體相互摩擦，和互舔體表。多數螞蟻種類也會將貯存於牠們嗉囊中的液態食物回吐出來。這樣做不但可以產生獨特的混合氣味，整個蟻巢族群也可以藉由這種物質分享，來產生出一種散布整個群落的獨有氣味。至少，這是理論上的說法。

另外一種共通氣味的可能來源，是經由身體的特殊腺體來分泌某些遺傳物質。這類物質（如果真的存在）與食物和其他的味道一樣，經由螞蟻之間的彼此清潔與回吐行為傳播開來（彩圖 V-5）。

無論牠們是經由環境或體內的遺傳產物來取得，這類物質經過一段時間的混合作用之後，整個群落會在嗅覺上產生統合，也就是產生一種群落獨有的共通特殊味道。這種統合結果會隨著環境或群落遺傳組合的改變而改變。隨著時間的推移，信號也會產生變化，不過，這一點並不會造成什麼大問題。實驗顯示，成蟻可以學習新的群落氣味，尤其是年輕的時候。

此外，另外一種最簡單也最安全的作法是，先由蟻后產生可供群落辨識用的化學物質，工蟻再透過身體清潔與回吐行為將這些物質四處傳布，這套系統的確存在。這是霍德伯勒與一位年輕的同事，諾曼·卡霖從巨山蟻屬中的木匠蟻所獲得的研究發現。他們透過一系列複雜的實驗，將蟻后與工蟻在實驗室裡的各個群落之間搬動轉換，卡霖與霍德伯勒發現，木匠蟻不僅會利用蟻后的氣味（見圖 8-2），也會使用另外兩種可行的來源，同時以階層方式為之。其中，得自於母后的線索是工蟻辨識群落同伴的最重要信號，再來是工蟻所產生的物質，接著才是得自於環境的各種氣味。

對我們而言，螞蟻的嗅覺世界既複雜又奇特，其怪異程度已經達到可

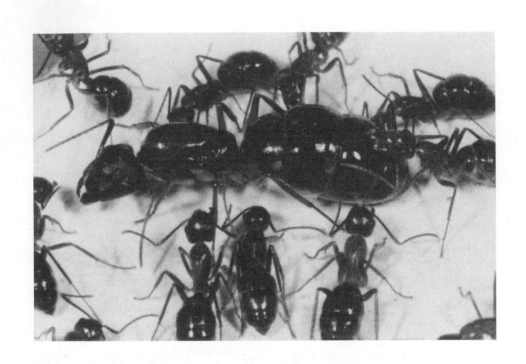

圖 8-2
花間巨山蟻的工蟻環繞蟻后，幾乎任何時候都
在舔舐牠的身體。顯然，牠們是經由這種行為
來取得蟻后的化學訊息，並形成群落氣味的重
要成分。

以將牠們比擬為來自火星的殖民者。牠們高度執著於嗅覺，其中最極端的例子是，牠們會使用少數幾種化學物質來辨識和處理死屍，卻無視於其他死亡的徵象。如果有一隻螞蟻在巢內無疾而終，通常牠的腳會蜷縮在身體下方。由於剛死去的螞蟻還殘留著與存活工蟻大致相同的氣味，所以其他同伴並不會注意到牠，一、二天之後，殘骸開始腐敗，其他工蟻就會將牠抬到巢外，棄置於垃圾場。順帶一提的是，螞蟻並不會舉行葬禮儀式，固然，古代的希臘與羅馬作家認為螞蟻有這樣的儀式，這樣的想法也一直流傳至今，不過這並非事實。螞蟻只會將死屍丟到垃圾場或遠離蟻巢隨處拋棄。有時候，其他群落的賊蟻還會搶奪屍體搬回巢裡作為食物。

威爾森與兩位同事於一九五八年開始研究，螞蟻究竟是以哪些物質來辨識死者。這是首度針對這類昆蟲的嗅覺密碼進行辨識的研究之一，它的方法極端直接。我們首先以完全人工合成的方式來取得螞蟻死屍所產生的所有已知化合物；所幸，這個神祕的化學物質課題已由其他領域的科學家深入研究過。我們在一張正方形紙上塗抹微量的這類物質，並將紙張放置於實驗室裡的收割蟻與火家蟻的巢中。隨後我們進行觀察，看螞蟻會將哪些紙片搬到垃圾堆裡。整個實驗室裡遍布死屍氣息，臭氣薰天持續了好幾個禮拜，包括了惹人嫌惡的各式脂肪酸、胺類、靛基質與硫醇類物質。結果令我們相當驚訝，因為所有這些化學物質都會影響我們這些正在觀察的研究人員，卻只有少數幾種會影響螞蟻。只要是長鏈脂肪酸，尤其是油酸，或其中的各種酯類，或二類物質的混合，都會引起完整的屍體移除反應。如果先將死屍以溶劑浸泡好而將油酸完全去除，螞蟻便不會將屍體搬離蟻巢，證實不能動彈的現象本身並不構成死屍的要件，至少對螞蟻而言還不算死亡。

就工蟻而言，死屍的定義是體表必須出現油酸或極為類似的物質。螞

蟻在這一點上相當死腦筋。牠們對於死屍的分類標準，甚至還會延用到沾染到那種辨識氣味的存活同伴身上。如果我們在活著的工蟻身上塗抹少量油酸，牠們就會被其他同伴抬起來，而且不會作出任何抗議舉動，接著就會被拋到垃圾堆裡。牠們在被拋下之後，會自行清理之後回到巢裡。如果沒有清理乾淨，牠們還會再被抬出去丟掉。

昆蟲學家從螞蟻的實驗室與田野研究中學到，首先，營社會生活的一項重要關鍵是，能夠迅速地精確辨識其他個體；二，由於這項工作需要處理與氣味和味道相關的大量資訊，但卻只由一顆鹽粒般大小，甚至更小的腦袋來處理，因此螞蟻必須遵循一套簡單而不容變通的規則。結果是，牠們幾乎只會對已設定好的一組化學物質產生自動反應，而對人類觀察者以為具有影響力的其他大量線索則大半予以忽略。這個現象似乎並非演化所可能產生的結果，但卻發揮了極佳的效果。

第九章
超級有機體

　　以人類的肉眼來看，所有螞蟻長得都一樣，不過這就好像我們在一英里外觀察鳥群一樣。如果我們使用放大鏡，從兩英寸外來觀察螞蟻，已知的 9,500 種螞蟻便會各自呈現出不同的相貌，其差異就好像是大象、老虎與老鼠的差別。光是以體長而言，牠們之間的差異便有天壤之別（圖 9-1）。就以分布於南美洲的短山蟻屬以及分布於亞洲的一種寡家蟻屬螞蟻為例，這類體型最小螞蟻的整個群落可以相當舒適地居住在分布於婆羅洲的最大螞蟻種類，巨大巨山蟻的兵蟻頭殼裡。

　　不同種螞蟻的腦部大小也各不相同，就以已知的螞蟻種類而言，牠們之間的差距可以達到百倍之譜。然而，是否腦子最大的螞蟻會比較聰明，或至少擁有更複雜的本能組合，來驅使牠們的行為？關於本能部分，我們的答案是肯定的（目前還沒有精確的智力衡量方法），不過差距相當小。根據對許多螞蟻種類的

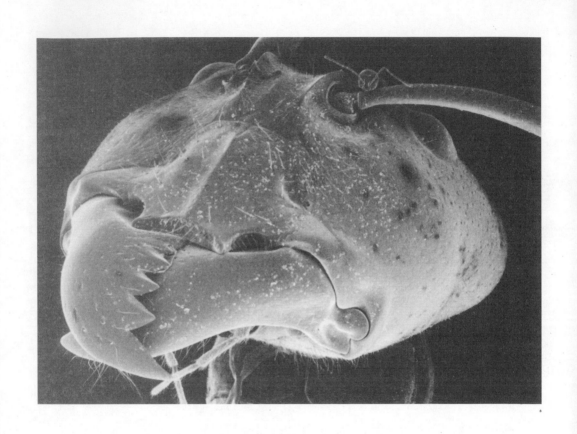

圖 9-1

螞蟻的體型與他們所形成的群落（即所謂的超
級有機體），在規模差異上有如天壤之別。分
布於南美洲的短衫蟻屬的整個群落可以容納於
較大型螞蟻的頭部之內。圖中顯示一隻這種螞
蟻躲在婆羅洲巨大巨山蟻的觸角後面（由 Ed
Seling 進行電子影像掃描）。

研究調查發現，牠們的行為可區分為清潔、照料蟻卵與留下氣味痕跡等二十到四十二類。最大型的螞蟻只比最小型螞蟻多出約百分之五十的行為類型。同時，也唯有經過長期地精確記錄才能夠發現這種變異程度（彩圖VI-1）。

　　個別螞蟻的腦容量可能已經演化至相當接近於最高極限。我們在編織蟻和其他高度演化的螞蟻種類身上所看到的驚人成就，其實並非建立在群落各別成員的複雜舉止上，而是來自於群落同巢夥伴之間的協力合作。如果我們只觀察單一螞蟻，卻無視於其餘的群落成員，我們充其量只能看到一隻雌蟻在原野進行狩獵，或一隻普通小動物在地面挖洞。單獨一隻螞蟻根本不算是螞蟻，而且只會讓人失望。

　　群落基本上就是一個有機體，要了解社會性物種的生物屬性，我們就必須以群落為研究單位。就以所有昆蟲社會裡最類似有機體的物種，非洲行軍蟻的龐大群落為例吧，如果我們將焦距稍稍拉開，從遠處觀察，行軍蟻的群落大軍就像是一個獨立的有機體（圖9-2）。這個有機體會像一隻巨大的變形蟲一樣伸出偽足，覆蓋住百碼大的地表。如果我們仔細端詳，便會發現這個有機體是由幾百萬隻工蟻所組成，牠們居住在從地表向下挖掘的蟻巢裡，擁有不規則的通道與巢室網路，螞蟻大軍便是從地底蟻巢共同奔出。隊伍從地底湧出之後，起初就像一張逐漸擴大的床單，隨後變形成為一樹狀結構，樹幹不斷由蟻巢湧現延展，樹冠前緣可達一間小屋子的寬度，樹幹與樹冠之間則有許多相連的樹枝狀結構彼此串連。這群隊伍並沒有領導者。靠近前緣的工蟻以每秒四公分的速度前後衝刺，這些先鋒部隊的成員經過短距離的向前推進後，會退回到混亂的隊伍中間，讓其他螞蟻繼續奔向前方。這個掠食大軍沿著地表排列成許多粗黑繩索狀隊伍，實際上它們是一條條波瀾壯闊往復沖刷的螞蟻長河。前端蟻群以每小時二十

圖 9-2
軍蟻超級有機體：東非的行軍蟻（軍蟻屬）
集結大軍進行掠食（Katherine Brown-Wing
繪圖）。

公尺的速度前進，沿途將地表與低矮植被的一切完全吞噬，牠們幾乎可以將所有的昆蟲，甚至於蛇類或其他來不及爬離的大型動物完全獵殺（人類嬰兒如果沒有人照料也可能成為犧牲者，不過這種事極為罕見）。幾個小時之後，蟻流逆轉，大軍退回至洞口進入蟻巢。

有一種觀點認為，行軍蟻或其他社會性昆蟲的群落不僅只是一個由許多個體所組成的緊密集群而已，換句話說，群落是一種超級有機體，這個想法也促使研究人員將牠們的社會拿來與傳統有機體做深入比較。這個所謂的超級有機體的觀點或夢想，在二十世紀初期非常流行。惠勒和他當代的人士一樣，在他的著作裡一再談到這個主題。他發表於一九一一年的一篇著名文章，〈螞蟻群落作為一個有機體〉裡就提到，動物群落就是一個貨真價實的有機體，而不僅只是一個有機體的類比。他說，群落的運作就像一個獨立的有機單元。這個單元擁有獨特的規模、行為與組織特質，而且可以在群落及世代之間傳遞。蟻后是生殖器官，工蟻則是支持生命的大腦、心臟、內臟與其他組織。群落成員之間的流質食物交換行為也可以比擬為血液與淋巴液的循環功能。

惠勒與其當代的其他理論學者都知道，他們正在進行一件重要工作。他們謹守科學語法來表達他們的觀點，幾乎沒有人抱持毛利斯・梅特林克（譯注：比利時作家，生於一八六二年，著有許多科幻作品）「巢靈」的神祕主義色彩。沒有人相信他那套昆蟲社群可以散發出特異力量，或受到這股異能的指導或驅策的說法。他們大部分都能謹守分寸，只局限於有機體與群落之間的明顯類比，而未陷入迷途。

無論他們的研究是多麼得精心或令人振奮，終究還是踏入了死胡同。他們的方法主要是奠基在群落與有機體之間的類比，然而，隨著生物學者對群落組織的溝通與群落組織的核心，即階層體系的形成，展開研究，而

有了更多更詳細的發現後，也愈加凸顯出這種方法的局限性。到了一九六○年，「超級有機體」的觀點已經從學界消失無蹤了。

不過，科學界的老觀念始終不會真的死亡，它們只會沉潛長眠，就像希臘神話中的巨人安泰俄斯（譯注：傳說這位利比亞巨人好與人鬥，每當戰敗撲跌倒地，便可以從大地女神獲取神力並奮起再戰），終有一天會獲得力量再次復甦。與三十年前相比，我們現在對有機體與群落已經有了更深入的認識，也可以再次針對這兩個層次的生物組織做更深入，也更精確地比較研究。新一波研究的目標已經超越了學術上的類比研究樂趣。目前，我們的目標是要將發展生物學的資訊與動物社會的研究成果相互結合，以揭露生物組織的普遍性精確原則。如今，我們認為在有機體層次上的關鍵過程在於形態發生學，也就是細胞如何改變外型與化學組成，踏上形成有機體的步驟。再往上一層的關鍵過程，則是社會發生學，這當中包含了個體如何經歷階級與行為的改變來建立社會結構的步驟。問題是，生物學的普遍研究興趣在於形態發生學與社會發生學之間的相似性，也就是二者之間的共同規則與演算法。只要我們能夠明確定義這些共同原則，就可以將它們視為我們長久以來所努力追尋的普遍性生物學定律。

科學界對螞蟻群落的興趣始終沒有消失。超級有機體的演化極致可能不在軍蟻，而是同樣耐人尋味的切葉家蟻屬的切葉蟻。目前已知的十五種切葉蟻都來自於新大陸，分布範圍從路易斯安納州與德州南部延伸到阿根廷。此外，還有與其關係密切的擬切葉家蟻屬（擁有 24 個種，也是產自新大陸），切葉家蟻屬中的切葉家蟻異於其他動物，因為牠們的工蟻會採收新鮮植物來培養真菌。牠們是真正的農夫。牠們的農作物包含菇、蕈團等的線狀菌絲，就像是麵包發霉長出來的東西。經由這種絕無僅有的覓食方式，群落可以達到龐大規模，在成熟時期可以擁有數百萬隻工蟻。每個

群落的每日植物消耗量，相當於一隻成年牛隻的消耗量。包括惡名昭彰的頭切葉家蟻與六孔切葉家蟻在內的幾種螞蟻，是中、南美洲的最大害蟲，每年摧毀價值數十億美金的農作物。不過，牠們也是生態系統裡的重要一環。牠們在森林與草原地區，將大量土壤挖出地表，促使當地其他大批生物的基本生命養分獲得加速循環。

切葉蟻在地底巢室裡，遵循一系列近乎神奇的精確細微步驟，來維繫牠們的農作功能。所有切葉家蟻屬的螞蟻似乎都遵循著相同的基本生命週期，來將這項技術傳遞給下一代。首先，先從婚飛開始。六孔切葉家蟻等部分螞蟻種類是在黃昏時分進行婚飛，其他如分布於美國西南部的德州切葉家蟻則是在晚間進行。軀體笨重的處女蟻后奮力拍動翅膀，艱辛地振翅高飛，牠們在空中輪流與五隻或更多的雄蟻邂逅交配。每隻蟻后在空中從眾多追求者處，接受二億個以上的精蟲，這些追求者都會在一、兩天內死亡。蟻后則將精蟲貯藏在牠的儲精囊裡。精蟲可以在囊裡蟄伏十四年之久，甚或更久。隨後，精蟲會逐一被喚醒使卵子受孕，然後滑落輸卵管產出。

切葉蟻蟻后在牠漫長的一生裡，可以產出多達一億五千萬隻的女兒螞蟻，其中絕大多數是工蟻。蟻后的群落成長到成熟期之後，部分雌性個體並不會長成工蟻，而是成為蟻后，所有這些蟻后都具有獨立建立新群落的能力。此外，還有由未受精的卵孵化的後裔，則會成長為壽命極短的雄蟻。交配後的蟻后會在創立自己的蟻巢及培育出第一批工蟻之後，展開這一項驚人的繁殖歷程。牠會降落地表並將雙翅從基部剝離，從此無法飛行。隨後，牠會從地表向下挖掘一個垂直地道，開口寬為 12-15 公釐。在大約三十公分深處，牠會將地道擴充成一間直徑有六公分的巢室。最後，牠在這個巢室裡定居，開始墾殖新的真菌圃，並開始養育後代。

等一下，如果蟻后將共生真菌留在母后蟻巢裡，牠怎麼能夠自行培育真菌圃？沒有問題，牠並沒有將真菌菌種留在娘家。就在婚飛之前，牠已經將一小團菌絲塞在牠口內的底部腔室裡。牠將真菌菌種吐出放在巢室的地上。於是，牠的真菌圃開始成長，隨後，牠很快就產下三到六顆卵。

最初，蟻卵與小型真菌圃是安置在不同的地方，不過在第二週結束之際，蟻卵累積超過了二十顆，真菌團也長成原來的十倍之後，蟻后會將它們放在一起。第一個月終了之時，蟻后子代已經包含了蟻卵、幼蟲以及第一批蛹，這時牠會將後代放在增殖成叢的真菌團中央。第一顆卵產出之後的四十到六十天裡，第一隻成年工蟻就會出現。蟻后在這段期間獨力培育真菌圃（圖9-3）。每隔一、兩個小時，牠會撕下一小段作物，將牠的腹部向前彎曲，以腹尖碰觸農作物碎片，並將其浸泡在清澄的黃色或褐色排泄液滴裡。然後，牠會將碎片放回真菌圃。雖然，蟻后並不會犧牲自己的卵來作為真菌培養基，不過牠會把百分之九十的卵吃掉。同時，在第一批幼蟲孵化之時，牠會將卵直接塞到幼蟲口中餵哺。

切葉蟻蟻后在這段時期完全是依賴翅肌，以及體內脂肪的分解代謝來取得能量維生。牠的體重逐日遞減，牠的生活處於一場交戰之中，一邊是飢餓，一邊是要創造出能夠延長牠生命的工蟻團隊。第一批工蟻出現之後，便依賴真菌維生。經過一週，牠們會挖通阻塞的通道出口，開始到緊鄰蟻巢的附近地表覓食。牠們會攜回樹葉碎片，並將其咀嚼成泥，經過搓揉之後丟到真菌圃裡。到了這個時期，蟻后不再照料後代或真菌圃。牠變成一部貨真價實的產卵機器，終其餘生都會維持這個狀態。

到了這個時期，群落已經可以自給自足，牠們的經濟基礎是自外部採集物質。群落最初是緩慢擴張。到了第二與第三年，群落開始急速成長。最後，群落的擴張速度逐漸減緩，開始產出有翅蟻后與雄蟻，並在婚飛時

圖 9-3

剛完成交配的切葉蟻蟻后開始建立蟻巢，圖示
這隻已經在土裡挖出一條垂直通道（A）。蟻
后會自肛門分泌出液滴，塗敷在真菌絲團塊上
（B）來培育牠的第一個真菌圃。圖中的 C 部
分則顯示真菌圃與工蟻幼期個體的三個成長階
段（Turid Forsyth 繪圖）。

期釋出，蟻后與雄蟻對於群居生活並沒有任何勞動貢獻。

　　成熟的切葉蟻群落可以成長到極為龐大的規模。最高紀錄的保持者大概是六孔切葉家蟻，可以達到五至八百萬隻。在巴西挖掘出的一個蟻巢包含了超過一千個巢室，大小各不相同，從握緊的拳頭到足球般大都有，其中三百九十個巢室塞滿了真菌菌圃與蟻群。如果我們將蟻群所掘出並堆積在地表的鬆土用鏟子一鏟一鏟來測量，可以達到 22.7 立方公尺，重達 4 萬公斤。螞蟻能夠建造這麼龐大的工程，堪與人類在中國建造的長城規模相比擬（圖 9-4）。這項工程大約需要十億的「蟻力負荷」，每單位負荷量相當於一隻工蟻體重的四到五倍。螞蟻必須負荷這個重量，由地底深處垂直攀爬到地表，相當於人類攀爬一公里的高度。

　　切葉蟻的日常生活是新大陸熱帶地區裡最壯觀的野生奇景之一。雖然演員的尺寸是那麼渺小，所有田野生物學者仍然被這種雄偉奇觀所強烈吸引。威爾森首次拜訪巴西亞馬遜地區時，便來到馬瑙斯市附近的森林，他在那裡目睹頭切葉家蟻的一趟捕食遠征行動，從此深受吸引而無法自拔。紮營後第一天，在光線黯淡的黃昏時分，他和同伴難以分辨地表的小型物體，正在此時，森林中出現第一群工蟻，牠們急匆匆地朝目的地奔跑。蟻群體表呈磚紅色，身長約 6 公釐，身上散布著尖銳的短刺。幾分鐘之內，便有數百隻螞蟻進入露營區的空地，形成兩個不規則縱隊，從生物學家居處的兩邊列隊通過。這兩個縱隊在通過空地時幾乎是呈直線行進，牠們的一對觸角左右掃視，似乎是在接收從空地遠處傳來的某種指引光束的引導。這個螞蟻潮在一個小時之內集結成千上萬隻螞蟻，並擴張成為兩個河道，其中每十隻或更多隻集結成隊向前奔馳。他們以手電筒追蹤到螞蟻大軍的源頭。蟻群是來自距離露營地一百公尺遠的一處上升坡地上的一個龐大土堆蟻巢，牠們通過空地之後再次消失於森林中。威爾森與他的同伴爬

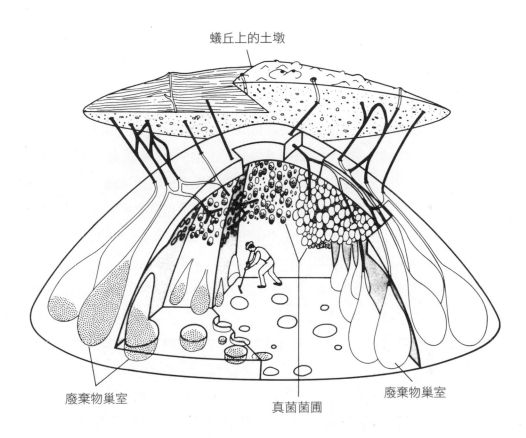

蟻丘上的土墩

廢棄物巢室

真菌菌圃

廢棄物巢室

圖 9-4

分布於巴拉圭的渥倫切葉家蟻的成熟蟻巢結
構。真菌圃巢室裡包含成長中的真菌圓塊，螞
蟻便是以此為食，廢棄物巢室則塞滿了曾經用
來培養真菌並耗盡養分的植物性基體（N. A.
Weber 改繪，原圖為 J . C. M. Jonkman 繪製，
並刊報於《昆蟲—真菌之共生關係：互利與片
利共生》，L. A. Batra 編，Montclair, N. J .,
Allanheld and Osman, 1979。

過糾纏的低矮樹叢，找到了一個主要目標，那是一棵高大的喬木，樹冠高處長滿白花。螞蟻列隊沿著樹幹向上攀爬，利用鋸齒狀的銳利大顎剪下樹葉碎片與花瓣，並像撐著一把小陽傘一樣將碎片高舉在頭上搬運回家（彩圖 VI-2、VI-3、VI-4）。有些工蟻會將牠們搬運的碎片丟到地上，顯然是故意要這樣做，隨後，新來的同伴會把碎片撿起來搬走。午夜過後不久，活動達到高潮，小徑上到處都是螞蟻蜂擁流竄，彼此相互交錯行進，看起來就像是迷你機械玩具。

對許多森林訪客，甚至於是有經驗的自然學家而言，這類覓食隊伍才是一個完整的整體，個別切葉蟻似乎只是毫不相干的點點紅斑，個別身負的使命也毫無意義。不過仔細端詳之後，卻可以發現牠們是屬於另一個層次的生命。如果我們將牠們的活動放在人類的尺度規模來觀察，一隻身長 6 公釐的螞蟻便可以放大到一公尺半，這時牠們便等於是以二十六公里的時速，沿著小徑展開十五公里長的覓食旅程。等於是每三分四十五秒便前進一英里，約等於現今的人類世界紀錄。這批覓食者肩負超過三百公斤的重擔，並以每小時二十四公里的時速——也就是每英里四分鐘——奔回巢中。牠們會在夜間重複進行這類高速馬拉松，也於白天在其他許多地點不斷進行著。

威爾森在實驗室裡安置了許多切葉蟻群落，針對這種超級有機體的這類活動過程進行更完備的追蹤分析。他將塑膠巢室串連成一列來深入觀察真菌圃的內部。他發現螞蟻能以複雜的生產線工作方式來培育真菌，牠們採用一系列步驟來處理樹葉與花瓣以培養真菌（彩圖 VI-5）。

每一個步驟都由不同的社會階層來完成。螞蟻在覓食小徑的終點將肩負的樹葉片段放在巢室地面，較小型工蟻則接手將片段裁減成為長寬約為一公釐大小的更小碎片。幾分鐘之後，還有更小的螞蟻來接手，將碎片搗

碎揉擠成為潮濕的小團，並仔細將這類物質揉成一堆。這團物質充滿著空腔管道，看起來就像是灰色的洗浴海棉。這種蓬鬆細緻的物質很容易以手撕開。共生的真菌則在這團物質扭曲的空腔管道與外緣部分成長，混合樹葉汁液成為蟻群的唯一養分來源。真菌像是麵包上的霉菌一樣，在植物團塊上蔓延滋長，其菌絲深植於團塊內部，將半液態物質裡的豐富纖維素與蛋白質消化分解。

切葉蟻是以持續循環的步驟來培育真菌菌圃。比前述工蟻體積更小的工蟻會將成長密度較低的菌株扯下來，放置在新揉成的植物團塊基體之上。最後，則由體積最小數量也最多的工蟻負責巡視照料菌株，牠們輕巧地以觸角探測菌株，舐舐清潔菌株表面，並將外來菌種的孢子與菌絲摘除。這些侏儒勞工可以沿著最狹窄的通道深入真菌菌圃團塊內部。偶爾，牠們也會將菌叢扯下，搬運出來餵哺體積較大的同伴。

切葉蟻的經濟體系的形成，便是根據工蟻身體的大小來分工（彩圖VI-6、圖9-5）。覓食工蟻的大小大約與家蠅相等，牠們能夠切下樹葉，卻由於體積太大無法從事微細尺度的菌株培育工作。纖細的園丁工蟻比這一個大寫字母 I 還小，牠們能夠培育真菌，卻由於太過弱小，無法切下樹葉。蟻群便是如此構成一個生產線，由最大型工蟻出巢蒐集樹葉到製造樹葉團塊，到逐步由體型最小的工蟻在蟻巢深層培育食用真菌，這些相關步驟都由不同體型的工蟻來進行。

群落的防衛功能也是依據身體大小來組織。我們在四處奔忙的工蟻群裡很少見到兵蟻，牠們的體重比園丁工蟻重三百倍。這群龐大的螞蟻與前面提到的大頭家蟻屬的兵蟻一樣，可以利用尖銳的大顎將敵人鉗剪成碎片。牠們也有能力運用大顎裁剪皮革或割破人類皮膚。昆蟲學家在挖掘牠們蟻巢的時候，如果事先沒有作好預防措施，就會像空手穿過荊棘一樣被

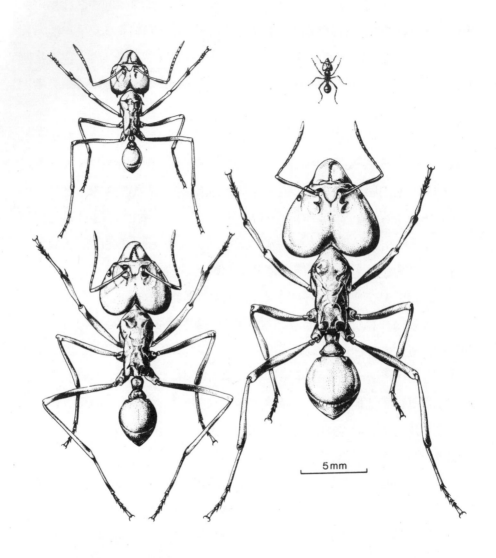

圖 9-5

切葉蟻的社會階級系統，這是社會性昆蟲的一
種最複雜體系。圖示自纖小的園丁到巨大的兵
蟻，這些不同類型的工蟻全部採自同一個葉口
切葉家蟻群落（Turid Forsyth 繪圖）。

咬得傷痕累累。偶爾被咬上一口，我們也要暫停工作來止血，這種只有我們百萬分之一尺寸的動物，竟然只用牠們的大顎就能讓我們停工，實在令人訝異。

循著一套控制精準的生命發展階段成長，切葉蟻群落得以擴張成為一股龐大的勢力，從巨大的兵蟻到大群微小的園丁蟻一應俱全。蟻后所撫育的第一批成年工蟻中，並不包括兵蟻或較大型的覓食工蟻。這一批成蟻中只包含了最小型的覓食工蟻，加上負責處理植物材料和培育真菌的更小型工蟻。隨著群落逐漸興盛，蟻口數日益成長，不同大小的工蟻逐一出現，並產生出愈來愈大的工蟻。最後，當族群數目擴張到大約十萬之譜，便會出現第一批體積最大的兵蟻（彩圖 VI-7、VI-8）。

威爾森看出切葉蟻群落成長的規律性，認為可以藉此來測試超級有機體的概念。他對於創立群落的蟻后特別感興趣。這種大型螞蟻經由轉化體內的脂肪與翅肌為能量，來維繫生命和撫育第一批工蟻後代。牠的資源幾週之內就會迅速消耗完畢，因此牠必須第一次出擊就能成功創立可以存活下來的完美均衡勞動力。牠沒有任何犯錯的餘地。為了讓第一批工蟻能夠全面接管耕作事務，和取得食物來供應牠日漸衰竭的身體所需，在第一批工蟻的社會階層裡必須包括許多微小的真菌菌圃園丁蟻，和各種中型工蟻以製造樹葉團塊來培育真菌圃，以及幾隻體型夠大能夠出巢切下葉片的覓食工蟻。

如果蟻后沒有成功養育出任何一種關鍵體型的工蟻群，這個微小群落就會衰亡。如果牠養育出一隻兵蟻，甚或一隻大型覓食型工蟻，所有較小階層工蟻所能供應的數量將不敷牠所需，牠的群落也會衰亡。威爾森發現，最小型的成功覓食工蟻（力足以切下普通厚度的樹葉），頭寬 1.6 公釐；在較大群落裡則有許多覓食工蟻的頭寬兩倍於此，所以牠們的重量與

足以發揮功能的必要體型相比，要重上數倍，擁有這類覓食者的代價也比較高。園丁蟻的頭寬最小，只有 0.8 公釐。

因此，創建群落的蟻后必須完成的工作相當清楚：養育出頭寬分布於 0.8 到 1.6 公釐的第一批工蟻，加上零星幾隻體積分布於兩者之間的工蟻。牠必須注意，不能忽略任何尺寸類別，也不能產出頭寬超過 1.6 公釐的工蟻。蟻后都能做到這一點。無論是在田野中被掘出，或在實驗室中培育的初期群落，總是（至少就威爾森研究過的所有群落而言）能夠培育出一批頭寬平均分布於 0.8 至 1.6 公釐間的工蟻。只有一隻蟻后產出了一隻 1.8 公釐的工蟻，這個案例危及了群落的生存，不過還不足以致命。除此之外，研究樣本中並沒有出現更大的工蟻。

究竟是哪些基本因素在控制這類超級有機體？是蟻后與群落的年齡？或是族群的規模？威爾森為了研究這個問題，在實驗室裡讓四個切葉蟻群落成長三到四年，它們的工蟻族群在這段時期裡都達到一萬隻之譜。同時出現了大型覓食工蟻，甚至於還出現了幾隻較小的兵蟻。接著，他將各群落的工蟻數量縮減到略微超過二百隻，並調整各群落裡每種工蟻的相對數量，使得族群的規模變得與極年輕群落一樣。如此，蟻后與群落成員的生理年齡雖然較老，不過超級有機體的規模與社會階層結構則是處於年輕狀態。威爾森的操控無異讓群落經過一次「重生」。下一批工蟻的組成會是如何？牠們的體型會是小型群落工蟻的大小，抑或是繼續出現群落規模縮減之前的大型群落的工蟻體型？

答案是，其隨後的組成會類似小型群落的工蟻群。換句話說，社會階層的分布取決於群落的規模，而非其年齡。從某個觀點而言，實驗室裡的群落確實是經過了重生 —— 在它們嚴密控制的成長與分化路徑上展開新生。如果群落沒有作出這種反應，它們或許無法生存。至於這個驚人的控

制過程背後的回饋機制為何，則仍有待研究。

切葉蟻群落的回春現象，以及其他研究人員針對其他螞蟻種類的實驗結果，在在使得超級有機體的概念更為札實。這些成果已經足以讓我們相信，螞蟻群落的確是一個控制嚴密的單元，整體運作的結果也的確優於散兵游勇。從反面觀之，超級有機體也引發了新的研究類型。從生物組織研究的角度而言，螞蟻群落與普通有機體相比還具有某些優點。前者與有機體不同之處在於，我們可以將它拆解成為不同年齡或規模的群體。我們可以針對這些部分個別展開研究，或者重新組合成為原來的完整群落，也不會對它們造成傷害。我們還可以在第二天將同一個群落進行其他的「活體解剖」，然後再恢復原狀，如此反覆拆解重組。這個過程有很多的優點：首先，這個作法異常迅速，與類似的有機體實驗相比，技術上也比較簡易。除此之外，這個作法也提供了它獨有的絕佳實驗控制：研究者可以重複使用同一個群落，因此得以消除由於遺傳差異或先前經驗所產生的變異。

將群落拆解與一再重組的作法，就好像為了找出理想的手部解剖結構，而把我們的手進行活體解剖與重組，卻不會造成任何痛苦或不便一樣。更精確言之，我們可以採用這個過程來學習，我們的五根手指應該如何安排，功效才最好。我們可以在某一天（無痛地）切下拇指，要求受試者做寫字或開啟瓶蓋等手部動作，並在完成研究之後將拇指重新安裝上去，恢復它原有的功能。第二天，則是將末梢指節拿掉，再來是增添額外的指節，如此反覆進行許多不同的組合方式。

威爾森便是將切葉蟻的各社會階層視為手指頭。他注意到離巢覓食以採集樹葉與花朵的工蟻群裡，最常見的頭寬是 2 到 2.4 公釐。這個尺寸是否正是從事這項工作的最佳社會階層？這是否正是能在能量消耗最低的情

況下，蒐集到最大量植物的尺寸？威爾森對這個假設進行測試，附帶驗證「階級系統是經過天擇演化而成」的這個隱含假設。他以下列方式對該群落進行活體解剖。覓食工蟻與同伴每天都離開位於實驗室裡的蟻巢，前往以圍牆圍起的空曠地，工作人員在這裡供應新鮮的樹葉。在工蟻部隊疾行通過入口時，威爾森隨機保留某個特定尺寸的階層（例如：頭寬為 1.2 或 1.4 或 2.8 公釐者），並將其他工蟻全部移除。此時，群落處於一種假突變狀態，這是超級有機體的一種模擬突變現象，現在，這個群落只除了正在派遣一支特定工蟻階層（這通常是相當罕見的）組成覓食隊伍外出尋找食物之外，它在各方面都與其他「正常」群落（在其他日子裡，當其覓食者沒有受到變更時，它本身也屬於正常群落）完全相同。每個假突變變種採集到的樹葉重量，和蟻群在採集過程中的氧氣消耗量都會被測量。這些測量效標的結果顯示，最有效率的覓食工蟻群頭寬在 2.0 到 2.2 公釐之間，群落正是安排擁有這種尺寸的階層從事覓食作業。簡言之，切葉蟻群落的所作所為正是為了有利於牠們的生存。超級有機體能夠經由本能指引，對環境作出適應性反應。

第十章

社會性寄生蟲：昆蟲駭客

螞蟻之所以成為一股龐大的力量，是由於牠們能夠以牠們的小腦袋創造出一個成員關係緊密的複雜社會結構。牠們以有限的特殊刺激信號來引導自己的行為。牠們以某種烯形成氣味痕跡、輕觸下口器代表索食信號、某類脂肪酸則是死屍信號等等，個別螞蟻便是根據數十種這類信號來執行牠日常的例行社會性生活。

螞蟻群落所具有的超級組織結構是它們最大的特色，不過這個力量的基礎——這種單純信號的連鎖作用——也成了它們的主要罩門。螞蟻很容易被愚弄，其他生物只要能夠複製牠們的幾個關鍵信號，就能破解牠們的密碼，從而利用牠們的社會關係來獲益。擁有這項高超本領的社會性寄生蟲就像是個偷盜集團，牠們只要鍵入正確的密碼就可以關閉警報系統，悄悄地侵入民宅。

人類在面對面時很難騙過對方，因為我們可以透

過正確的身高、姿態、臉部特徵、聲調變化，以及隨意提到的共同熟人等大量精密的線索，來辨識朋友或家人。可是，螞蟻卻只能夠依賴對方的氣味來辨識家族成員，也就是巢中同伴，這個線索即是由少數幾種碳氫化合物所組成的體表氣味。雖然，許多社會性寄生甲蟲與其他昆蟲絕大多數在形狀和體型上都與螞蟻截然不同，牠們卻相當擅長取得螞蟻群落的氣味或螞蟻幼蟲的吸引性氣味。儘管在其他辨識線索上，牠們與螞蟻絲毫沒有雷同之處，牠們卻可以進入蟻巢與螞蟻共同生活，而螞蟻也會對牠們表現出餵哺、清潔，以及來回搬運等行為。惠勒將這個現象比擬為，人類家族邀請龐大的龍蝦、小型陸龜等這類怪物共進晚餐，卻沒有注意到牠們的不同。

　　某些螞蟻本身便是技巧最高明的社會性寄生蟲，牠們會剝削其他螞蟻來成全自己的利益。其中最極端的例子大概要屬寄食寄生家蟻，這是瑞士著名螞蟻學家，海恩瑞契·庫特所發現的一種稀有螞蟻物種（圖 10-1）。這種獨特寄生蟲的唯一生活方式，便是扮演其他螞蟻物種的食客。宿主則是一種分布於法國與瑞士阿爾卑斯山脈地區的灰黑皺家蟻。這種寄生蟻的希臘文名稱「*Teleutomyrmex*」的意思是「最後的螞蟻」，果然是名副其實的終極螞蟻。這種螞蟻並沒有工蟻階層，而且依賴宿主工蟻來提供照顧。蟻后的體型與大多數螞蟻相比顯得相當細小，平均身長為 2.5 公釐，牠對於宿主群落的經濟毫無貢獻。牠們在所有已知社會性昆蟲裡算是相當獨特的，不只是由於牠們營寄生生活，牠們還營特殊的「外寄生生活」，換句話說，牠們大部分時間是騎在宿主身上過日子。產生這種奇特習性的原因，除了牠們的體型較小之外，還歸因於牠們的身體形狀。牠們的腹部底層表面（身體末端的較寬大部分）呈深凹狀，故能與宿主身體緊貼。牠們腳上的爪墊與爪也比較大，因此能夠緊緊抓住其他螞蟻的幾丁質光滑體

圖 10-1

圖示的寄食寄生家蟻是一種終極社
會性寄生蟲,這種螞蟻會與灰黑皺
家蟻宿主共居。附著在宿主蟻后胸
部左邊兩隻寄食寄生家蟻蟻后,卵
巢還沒有發育,腹部扁平尚未膨
脹。其中之一還帶著翅膀,幾乎可
以肯定尚未交配。第三隻寄食寄生
家蟻蟻后則攀附在宿主蟻后腹部,
其腹部膨脹,卵巢管也極度發育。
圖中還有一隻宿主工蟻站在前方
(Walter Linsenmaier 繪圖)。

表。這種寄生家蟻的蟻后具有抓住物體的強烈天性，尤其是對宿主群落的母后。曾經有人觀察到單一蟻后身上有多達八隻寄生蟻。牠們的身體堆疊在蟻后身上，用腳緊抓住宿主，讓蟻后動彈不得。

這些終極寄生蟲全面滲透進入皺家蟻的所有生活層面。牠們直接取食宿主工蟻的回吐食物。牠們也可以分享宿主蟻后的流質食物。寄生家蟻的蟻后受到嬰兒一般的珍視照料，因此相當多產。較老的寄生家蟻蟻后的腹部因卵巢發育成熟而膨大，平均每分鐘可以產下兩顆卵。

由於多了寄生家蟻這個負擔，導致宿主皺家蟻工蟻的數量減少。縱然如此，皺家蟻還是提供無微不至的照料，撫育出大批寄生家蟻，這些新生的寄生家蟻又能繼續侵擾並寄生在附近的其他群落裡。寄生家蟻從卵到成蟲的生命週期裡的每一個階段，都會發出信號，大半是化學訊號，好讓宿主接納牠們成為群落的合法成員。

牠們在演化的過程中也付出了代價，才有今日這種乖張成就。寄生家蟻的身體型態具有典型的寄生蟲標誌；牠們的身體相當脆弱，同時也有退化現象。其他種螞蟻用來產生食物以餵哺幼蟲，以及對抗細菌的部分腺體，在牠們身上則付之闕如。牠們的外骨骼相當薄弱，色素也較淡，牠們的棘刺與毒腺尺寸也縮小了，牠們的大顎太小，也太脆弱，只能進食液態食物。大腦與中央神經索也簡化縮小了；成蟲除了交配、做短距離飛行，以及依附在宿主身上乞食之外，沒有任何證據顯示牠們還能做其他事情。如果牠們與宿主分離，也只能存活幾天而已。

分布於歐洲的寄食寄生家蟻是一種相當奇特的共生性螞蟻，也是世界上最罕見的一種螞蟻。此外，其他完全依賴宿主無微不至照料的寄生性螞蟻種類，也都一樣相當罕見，無一例外。實際上，在宿主群落裡發現這類寄生蟲，無論牠們是新種或是過去曾經蒐集到的已知種類，都值得螞蟻學

家大書特書。他們會針對這次發現撰寫一篇短文，或者至少會將這個新聞在同行之間散布流傳。德國的亞佛瑞德‧布辛格絕對是發現社會性寄生蟲的冠軍。他與學生暨同業研究團隊在全世界搜尋牠們的蹤影，揭開牠們隱密生活裡的最深層祕密。

布辛格等人的結論顯示，目前還無法證實寄生性物種只有短暫生機，或是一旦牠們淪為須完全依賴其他物種的慈善施捨之後，便會迅速滅絕。不過，牠們的確相當稀少，只分布於極有限的少數幾個地理區域裡，目前的狀況似乎只是在面臨滅絕命運之前的臨送秋波。不過，昆蟲和人類一樣，惡棍人數必然遠少於蠢蛋，否則前者根本無法營生。

螞蟻還有另外一種著名的寄生作法，也就是對其他螞蟻種類的奴役行為。不過，這種對奴役勞力的高度依賴，卻沒有產生相對的結構與行為退化現象。我們之前曾經提到，蜜瓶蟻群落經常會蹂躪較弱小的群落，殺死它們的蟻后，並捕捉幼小工蟻與貯蜜工蟻階級的成員，這批俘虜隨後則在征服者的蟻巢中生活。即使從最嚴謹的定義來看，這種行為仍是不折不扣的奴役行為：征服並強迫同種螞蟻的成員從事勞動。奴役其他螞蟻種類成員的現象則更為常見。我們則是從較寬鬆的定義來看奴隸制度以及奴役行為。這類行為比較像人類捕捉，進而馴化犬狗與牛群的行為。然而，「奴役」一詞的意義是如此根深蒂固在人們的思想中，加上昆蟲學家對於遂行奴役者的行為也相當熟悉，且深受震撼，因此我們在此要繼續使用這個詞。即使是螞蟻行為學專家也偏好使用「奴役」一詞，而較少使用專業性的術語：「被異種螞蟻役使」，這個詞彙已被引用來代表不同物種之間的奴役現象，偶爾也會在昆蟲學期刊裡出現。

悍山蟻屬這種俗稱為亞馬遜蟻的螞蟻所發動的搜捕奴隸行動，絕對是螞蟻世界裡最震撼人心的景象。亞馬遜蟻的體表呈現閃亮的紅色或黑色，

這種大型螞蟻會奮勇參戰，牠們是蓄奴生活方式的最佳代表。牠們的搜捕奴隸行動是針對群落廣泛分布，而且外貌與其類似的山蟻屬的各種螞蟻。歐洲種的紅悍山蟻常見於維爾茨堡附近美因河沿岸的石灰岩棲息環境（圖10-2、彩圖 VII-1）。當霍德伯勒還是十五歲的高中生時，他就曾經多次觀察亞馬遜蟻的搜捕行動，並詳細記錄盜匪與被奴役螞蟻的行為。後來他才知道，他的發現早在一八一〇年便由瑞士昆蟲學家皮耶‧屈柏發表出來，瑞士偉大的神經解剖學家、精神病學家暨螞蟻學家奧古斯都‧佛瑞爾也已經在他的重要專題論文《螞蟻的社會世界》中報告過這個現象。

　　悍山蟻屬的螞蟻是名副其實的寄生蟲。牠們唯一的專長就是征戰，惠勒曾經如此描述牠們：「工蟻極為好鬥，與雌蟻一樣，這種螞蟻相當容易辨識，牠們的鐮刀狀大顎沒有齒列，卻有纖細突起。這類大顎不適於掘土或照料表皮薄弱的幼蟲或蟻蛹，或者在巢中的狹窄巢室裡搬動同巢的幼蟲或蟻蛹，這類大顎基本上非常適合刺穿成蟻的甲冑。因此，我們發現亞馬遜蟻從來不挖掘蟻巢，也從不照料牠們的幼期個體。牠們甚至於根本就沒有能力自行覓食，不過，牠們在接觸到水或液態食物時，倒是能夠以短舌頭舔舐取食。在食物、居住與教育方面，牠們則是完全依賴從其他群落劫掠而來的繭所孵化出來的工蟻奴隸。沒有這些奴隸，牠們基本上是無法存活的。因此，牠們總是出現在雜居群落的蟻巢中，這類蟻巢全由蟻奴所建構。於是，亞馬遜蟻展現出兩套不同的本能。牠們在自家蟻巢中的行動表現遲鈍，顯得無所事事，或者只是不斷向奴隸討食，或要求奴隸為牠們清潔身體和磨亮牠們的甲冑，可是一旦出到巢外，牠們卻表現出一種勇敢絢爛的一致集體行動。」（摘自《螞蟻：牠們的結構、發展與行為》）

　　這種亞馬遜蟻的集體搜捕奴隸行動，場面壯觀至極也讓觀者驚心動魄。工蟻傾巢而出形成緊密的縱隊，以每秒三公分的速度迅速前進，相當

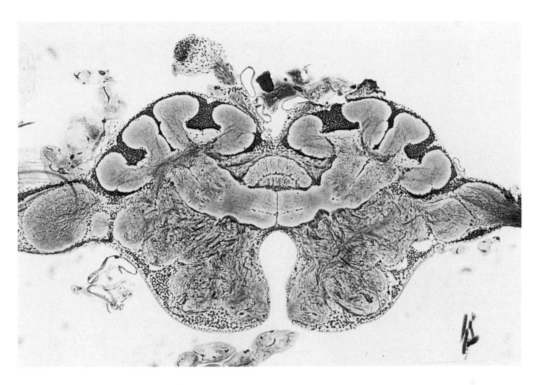

彩圖 VI-1

螞蟻的大腦相當纖細，以這個器官的尺寸而言算是極為複雜。這張木害巨山蟻（一種木匠蟻）蟻后的大腦橫切面圖，上端有蕈狀體結構，這種成對的密集神經細胞團可以處理整合資訊。由於螞蟻具有這類精緻結構，他們才能夠學習群落氣味與巢外數個地點等簡單資訊（由 Malu Obermayer 從事生物組織處理與攝影）。

彩圖 VI-2

一隻六孔切葉蟻的中型工蟻在巢外將樹葉切下,這是培育真菌菌圃的第一步。

一隻切葉蟻的中型
工蟻將剛切下的葉
片搬運回巢。小型
階級工蟻蟻有時候
會搭便車，騎在葉
片上（下圖）；牠
們的主要角色顯然
是要防範寄生性蚤
蠅，以保護搬運葉
片的螞蟻。

彩圖 VI-4
兩隻中型切葉蟻合作切下一段小樹枝，隨後牠們會將數隻搬回巢內並添加至真菌菌圃。

彩圖 VI-5
切葉蟻的工蟻在巢入處理植物碎片形成真菌菌圃基體，上面會長出一團蓬鬆的白色菌絲。這
個真菌菌種只發現於切葉蟻的蟻巢，其他地方都沒有分布。

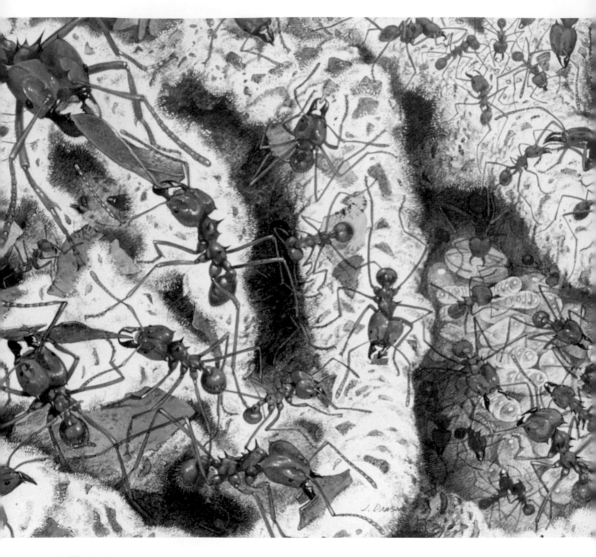

彩圖 VI-6
每一個切葉蟻真菌菌圃的處理與培育步驟，都各有不同特化階層的工蟻來負責。這些工蟻各具不同體型，也各自擁有各式各樣的不同形態特徵（John D. Dawson 繪圖，國家地理學會提供）。

彩圖 VI-7
圖示為切葉蟻群落裡位於真菌菌圃上的蟻后,他的體型與子代工蟻群相比顯得異常龐大。

彩圖 VI-8

切葉蟻群落發展到一定規模時，便會產出大型螞蟻（或稱為兵蟻）。上圖顯示一隻兵蟻的蛹，四周環繞著中型工蟻姊妹；請注意，在這個蛹期已經可以看到牠的大眼睛與大型大顎。下圖顯示一隻兵蟻成蟲。切葉蟻群落的兵蟻，幾乎已經完全特化，並只擔任防衛的功能。牠們的頭腔膨大並塞滿了強健的肌肉，可以用來驅動銳利的大顎，力足以切透皮革。

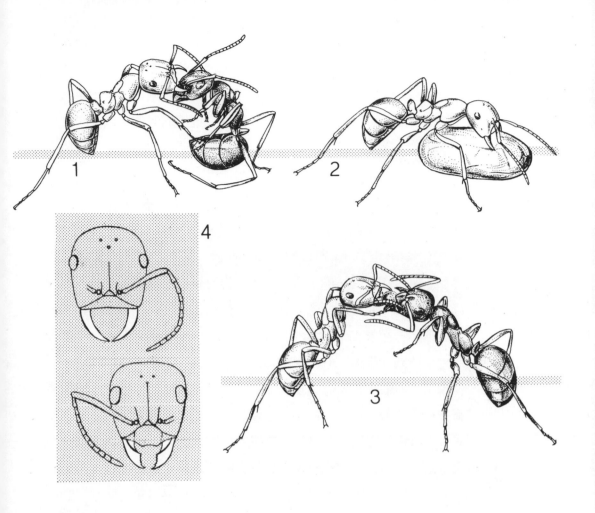

圖 10-2

分布於歐洲的紅悍山蟻（一種亞馬遜
蟻）的日常生活片段。(1) 一隻參與
擄掠奴隸行動的悍山蟻工蟻進行攻
擊，防衛者是一隻暗褐山蟻工蟻，隨
後 (2) 擄獲一隻山蟻的蛹繭；(3) 由
被擄獲的蛹羽化為乘除的山蟻奴隸
正在為養一隻悍山蟻工蟻；(4) 是悍
山蟻的鐮刀狀大顎，以及亞全山蟻的
普通形式寬闊大顎的比較圖示，後者
會噴灑化學物質，而非以螫針制伏敵
人（參見圖 10-3 的腺體比較圖示，
Turid Forsyth 繪圖）。

於人類兵團以每小時二十六公里的時速行軍。一旦牠們接觸到目標，也就是山蟻蟻巢，通常在離巢十公尺之外或更遠處，牠們就會毫不遲疑地從入口直搗巢內，擄取繭、蛹，然後迅速脫離戰場返回自己的蟻巢。牠們會以軍刀狀大顎展開攻擊，刺穿防衛軍，殺死任何進行抵抗的對方工蟻。一旦回到家中，牠們便將幼蟲交給成年的奴隸工蟻照顧，然後恢復原有的疏懶。

多年來，昆蟲學家一直不了解，悍山蟻工蟻為什麼能夠找到受害群落的精確位置遂行攻擊。瑪麗・塔柏於一九六六年在密西根注意到，悍山蟻在每一次突襲行動展開之前，總是會有幾隻斥候工蟻在目標山蟻巢附近進行實地探勘，而且在開火之前都會有一隻斥候工蟻從目標蟻巢的方向返巢。由於尚未觀察到，亞馬遜蟻的突襲行動有任何工蟻在前領軍，因此，塔柏根據邏輯推斷，斥候工蟻必然已經在目標區與自家蟻巢之間，沿路留下氣味痕跡，來為同伴指引方向，那隻斥候工蟻好像在說：「我跟你講，那裡有一個蟻巢。跟著痕跡走就可以找到。」這個假設要如何驗證？塔柏決定自己直接與亞馬遜蟻溝通，向牠們下達指令。她從整隻悍山蟻身上萃取二氯甲烷，要發動突襲時，就使用一支畫筆沾取萃取物，由亞馬遜蟻巢向外畫出一道人工痕跡。這次嘗試獲得驚人的成功結果。悍山蟻工蟻果然遵循指令傾巢而出，沿著痕跡到達終點。因此，塔柏得以隨心所欲發動突襲，並引領螞蟻到達指定的目標。最後，她將一個山蟻群落擺放在距離悍山蟻群落兩公尺遠的一個盒子裡，還畫出一條人工亞馬遜蟻氣味痕跡，一直延伸到盒子外緣，這個作法成功地誘發一次全面性攻擊行動。

塔柏不認為斥候工蟻群會親自在軍團前鋒帶隊，引領姊妹到目標蟻巢去。這個想法可能並不完全正確。雖然她後來證實了，密西根種螞蟻的激昂工蟻群的確並不需要額外的指引，光憑依循氣味痕跡便已足夠，不過牠

們或許也會運用其他的信號。美國自然歷史博物館的昆蟲學家，霍華‧塔波夫在研究一種分布於亞利桑那州的亞馬遜螞蟻時，就發現了一個更複雜的現象。他的觀察結果是，在自然發生的突襲行動中，斥候蟻總是在軍團之前帶隊。他將螞蟻環境中的明顯地標，如樹叢與石塊等移開，結果證實了，對領導工蟻而言，這些視覺線索比化學痕跡更重要。然而，工蟻在攻擊結束班師回巢之際，除了倚賴地標的視覺定位，也依循領隊工蟻在離巢向外進襲時所留下的痕跡。

亞馬遜蟻戰士能夠迅速投入戰場，並運用致死武器屠戮所有擋路的螞蟻，來竊取其他種螞蟻的幼期個體。這似乎是最簡潔有效的偷盜方式。但是，還有其他更精巧的奴隸綁架方法。威爾森與普渡大學的佛烈德‧雷格尼爾合作，他們注意到分布於美國的另一種會表現出搜捕奴隸行為的亞全山蟻，這種螞蟻無須像悍山蟻屬戰士那樣好戰，便能夠成功捕獲獵物。這種螞蟻工蟻的大顎外型普通，與亞馬遜蟻特有的彎曲鐮刀狀武器不同，然而，牠們在俘虜奴隸的表現上卻一樣有效率。牠們與亞馬遜蟻一樣，也喜歡其他的山蟻屬種類。威爾森與雷格尼爾尋找牠們的成功關鍵，發現所有亞全山蟻工蟻的杜佛氏腺都異常龐大，幾乎塞滿了半個腹部（圖10-3）。突襲隊伍攻擊一個群落時，牠們會朝防衛者的身上與四周噴灑杜佛氏腺所分泌的「文宣物質」。這是一種包含了乙酸十酯、乙酸十二酯和乙酸十四酯的混合物質，可以吸引進行突襲的亞全山蟻，以及警告和驅散防衛者。這三類乙酸化合物可以模擬被攻擊山蟻的真正警戒費洛蒙。它們可以發出超級警戒訊號的假費洛蒙，讓目標受害者迅速偵測到。這類氣味會在蟻巢裡長期繚繞不去，在正常警戒物質，例如：十一烷，揮發稀釋到無法偵測之後還留存不散。

對人類觀察者而言，被捕獲的工蟻似乎就是奴隸；不過，牠們的行為

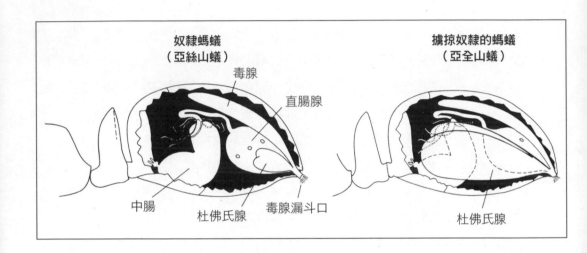

奴隸螞蟻
（亞絲山蟻）

毒腺

直腸腺

中腸

杜佛氏腺

毒腺漏斗口

擄掠奴隸的螞蟻
（亞全山蟻）

杜佛氏腺

圖 10-3

分布於美洲的亞全山蟻（一種蓄奴蟻）的杜佛
氏腺極度膨脹，並會大量分泌「文宣物質」，
這類物質類似警戒費洛蒙，會讓防衛者混淆
而散成一團。亞全山蟻的杜佛氏腺與尺寸正
常的亞絲山蟻的器官比較圖示，後者並不擄掠
奴隸（引自 F. E. Regnier and E. O. Wilson,
Science, 172:267-269，1971）。

舉止卻是一派自由模樣，好像牠們就是蓄奴者的姊妹，做的工作也和被俘虜之前一樣，一切和在原來的群落裡並沒有什麼不同。我們對於這種忠誠表現也不應該覺得驚訝。習於自由生活的螞蟻經由演化安排，使牠們無論身處何種環境，都會表現出這類行為，蓄奴者也經由演化的安排，以獨特的方式來利用前者的僵化本能。威爾森在懷俄明州發現了一種蓄奴的惠勒山蟻，牠們蓄養不只一種奴隸螞蟻，每種的遺傳預設行為都略有差異，結果呈現出了類似社會階級系統的分工現象。其中的一個被奴役螞蟻種類是新霸山蟻，這種螞蟻具有攻擊性而且容易激動。威爾森曾經在觀察一次搜捕奴隸行動時，注意到這種工蟻追隨牠們的惠勒山蟻主人充作其爪牙。牠們也在雜居蟻巢被人挖開時，協助惠勒山蟻防衛蟻巢的上層決口部分。另一個也是屬於山蟻屬的暗褐山蟻，則留在蟻巢的下層深處，並在蟻巢被掘開的時候試圖逃脫躲藏。牠們的腹部由於裝滿液態食物而膨脹，牠們似乎是擔任惠勒山蟻幼期個體的育幼者。

目前已知在世界各地有數百種螞蟻是其他種螞蟻的社會性寄生蟲，據猜測，還有數百種可能也可以演化出這種特徵。不過，有好幾千種、衣魚、馬陸、蠅、甲蟲、胡蜂與其他較小生物也是營這種生活型態。由於螞蟻的溝通密碼很容易破解，因此，群落在面對信心滿滿的入侵盜匪時，可說是漏洞百出。同時，從潛在食客的角度觀之，螞蟻群落是一個充滿豐盛養分，有待開發的生態島嶼。群落與蟻巢裡到處都是提供捕食者與共生者滲入的漏洞。拓荒者可以利用的資源包括了蟻群的覓食蟻徑、外緣蟻巢巢室，或防衛蟻巢、貯藏巢室、蟻后巢室與育幼巢室──後者還區隔為蛹室、幼蟲室與蟻卵室。

此外，我們也經常看到，更不要臉的食客乾脆就住在宿主身上。美洲熱帶地區的某些類便是居住在甘甜游蟻（一種軍蟻）身上，這是一種最極

端的例子。這些外型有些類似蜘蛛的細小生物，部分居住在工蟻頭上，並直接從牠們的口中竊取食物，其他則由螞蟻體表舐舔油質分泌物或吸食血液。除了各有偏好的食物種類之外，通常入侵物種還會選擇霸佔身體的特定部位。有些大半時間或全時間都定居在大顎上，其他則佔住頭部、喉部或腹部。基馬科裡的所有，都是寄居在觸角或腳最上端的基節部分。螞蟻負荷這種食客重擔的情況，就好像一隻吸血蝙蝠掛在你的耳朵上，或一條蛇像吊襪帶一樣纏繞在你的大腿上（圖10-4）。

不過，根據我們的判斷，其中有一種巨螯蟎表現出最驚人的適應成就。這種蟎終生依附在甘甜游蟻的兵蟻的後腳部位吸血。牠的體積與宿主螞蟻的整個腳部肢節一樣大。這個現象就好像一隻拖鞋大小的水蛭吸附在人類的腳掌部分。不過，縱然這種蟎的體型如此臃腫，宿主卻不會因此而跛腳。牠讓兵蟻把自己當作腳的延伸，螞蟻踩在的身上行走，不會感到不舒服。事情還不僅止於此。發現這個物種的美國昆蟲學家卡爾・雷藤梅爾觀察發現，軍蟻在休息的時候會集結成一團，並以牠們的腳爪勾住其他工蟻的腿部或其他身體部位。巨螯蟎依附在兵蟻腳部的期間，會提供自己的後足作為螞蟻的腳爪。牠們在作為腳爪替代品的時候，會將腿部彎成正確的曲度，並在兵蟻勾在其他螞蟻身上時，持續保持這種僵硬的姿態。雷藤梅爾的觀察結果發現，無論是以自己的腳爪或以寄生蟲的後腳吊掛休息，螞蟻的行為並沒有什麼改變。

昆蟲或其他節肢動物欺騙、劫掠螞蟻的手法繁多。霍德伯勒曾經在德國研究過其中一種分布於歐洲的露尾甲科的甲蟲種類所使用的極端計謀。這種狡滑的昆蟲外型類似壓扁的小烏龜，是當地螞蟻世界的攔路土匪。這種甲蟲白天躲在身體泛著亮黑色的煤灰毛山蟻的覓食小徑旁邊。夜間則沿著小徑來回巡逡，偶爾會停下來從返巢的工蟻身上偷取食物。肚子裝滿

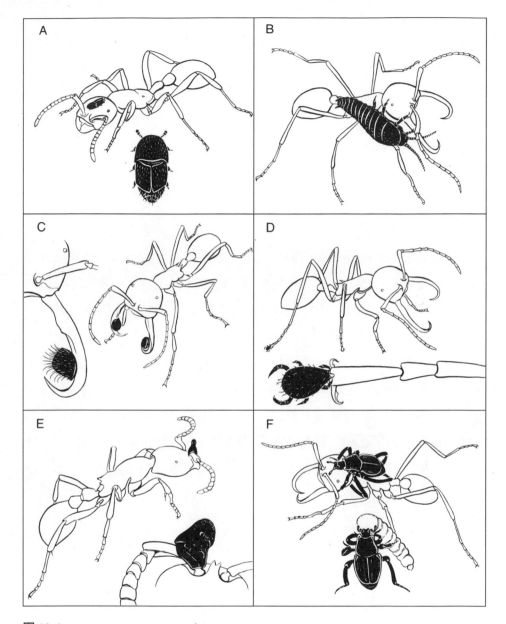

圖 10-4

圖示六隻節肢動物食客（黑色）依附在軍蟻身上，這類宿主表現出許多共生適應類型，這裡只呈現其中幾類。(A) 一種鱉甲蟲大半時間是依附於黑利馬游蟻宿主工蟻身上。(B) 一種衣魚會從游蟻宿主身上括下體表分泌物並分享宿主所捕獲的獵物。(C) 一種蟎類是專門寄宿於游蟻大型工蟻的大顎內側表面的特化物種。(D) 一種蟎類，通常可以看到牠們寄居於甘甜游蟻的工蟻身上如圖示的特定部位，並成為蟻足的延伸部分。(E) 蟎的一個屬，高度特化後，專門依附在軍蟻觸角的第一節部位。(F) 一種閻魔蟲替鬼針游蟻的成蟻清潔身體，並以這種游蟻的幼蟲為食（Turid Forsyth 繪圖）。

液態食物的螞蟻很容易被騙。這類甲蟲會以棍狀觸角輕槌螞蟻頭部及其下唇部，誘使牠們回吐出一滴液態食物，這正是工蟻所使用的信號。一旦露尾甲蟲開始進食，螞蟻便會立刻發現自己上當了，而開始攻擊入侵者。不過，露尾甲蟲只需要將腿與觸角縮進寬闊的甲殼下方，並平伏在地面，就能解除危機。借助牠們腿部的特化體毛緊抓地表泥土，螞蟻就無法舉起甲蟲或將牠們翻轉過來。這隻小土匪只要靜待螞蟻離去，就能繼續沿著小徑緩步搜尋下一位受害者（彩圖 VII-2）。

許多捕食性昆蟲會待在小徑附近，牠們不只是要搶劫，還打算把路過的工蟻殺害吃掉。不過，牠們很少使用暴力來達到目的，因為螞蟻擁有厚實的甲冑和螫刺，或分泌毒液，螞蟻還成群結隊，能夠在面對攻擊時做出強力反擊。因此，捕食者會很有技巧地避開攻擊，暗中擄獲螞蟻。其中一種作法類似野狼披著羊皮，*Acanthaspis concinnula*（一種食蟲椿象）便是採用這種欺敵的暗殺行動。這種昆蟲的猙獰長喙向外翻折，就像是彈簧刀的刀刃，牠們會在火家蟻的蟻巢附近狩獵。牠們先鎖定一隻螞蟻，然後將牠與同伴隔離，再將牠捕獲，並以喙刺注入毒液讓俘虜癱瘓之後再吸食牠的血。接著，舉起枯槁的屍體放在自己的背上，不卸下來。受害死者在背上累積成堆，成為極佳的偽裝，其他的火家蟻工蟻看到死去的同伴不禁感到好奇，就會驅前觀看。如果螞蟻會像人類一樣拍攝電影，牠們最熱門的恐怖電影怪獸一定是剌這種暗殺性昆蟲。

另外，還有一種類似的暗殺性昆蟲，這種昆蟲世界裡的吸血鬼*Ptilocerus ochraceus* 為一種捕食性椿象，牠們捕食大量分布於東南亞的雙疣琉璃蟻維生（圖 10-5）。這類捕食者就待在蟻徑上或在附近逗留，由腹部底部的腺體散布誘引信息。當工蟻接近剌椿時，後者會高舉中足與後足，展現牠的腺體讓對方檢視，於是螞蟻朝牠走去，舔舐其分泌物。這

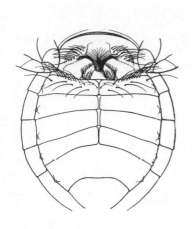 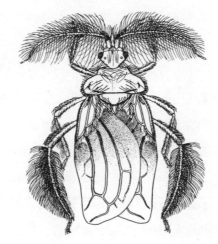 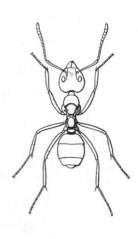

圖 10-5

圖示中間是分布於印尼的捕食性椿
象，右邊是被這種昆蟲捕獲的雙瘤
琉璃蟻。左邊是這種昆蟲的腹部底
表面，上面具有特化剛毛，可以釋
出一種能夠吸引螞蟻的鎮靜劑（改
編自 W. E. China）。

時，刺椿會將前腳輕輕地環繞住那隻螞蟻，將喙尖放在螞蟻的後頸部。不過，這時牠還不會刺殺工蟻，也不會用前足壓迫對方。螞蟻依舊繼續進食，經過幾分鐘之後，螞蟻便會出現癱瘓的徵兆。一旦螞蟻完全動彈不得，身體蜷曲腳向內縮，這隻昆蟲就會以嘴喙刺入對方身體吸血。刺椿便是以這樣的手段逐一刺殺工蟻，卻不會驚擾在附近川流不息來往的受害者同伴。

其他更高等的捕食者與社會性寄生蟲，絕大部分都能夠運用刺這種暗殺性昆蟲所施放的這類欺敵化學物質。這類入侵者的主要目標是蟻巢裡的育幼室，也就是蟻后與尚未發展成熟之成員的居室。這裡有最多的食物供給，捕食者也可以在這裡找到大批無助的肥胖幼蟲與蛹。不過，螞蟻會強力防衛育幼室，因此很難滲透進去。育幼室也是蟻巢的中央總部與最後要塞。唯有具備特殊能力的動物才能連哄帶騙地深入虎穴，而要在裡面存活超過幾分鐘，更是難上加難。

隱翅甲科的隱翅蟲在演化過程裡就成功發展出這套訣竅。其中更以 *Atemeles* 屬與 *Lomechusa* 屬中的歐洲種類為高手中的高手（彩圖 VII-4）。當霍德伯勒還是個小男孩時，就經由他父親的研究成果認識了這些昆蟲，後來又經由閱讀著名的德國昆蟲學家，渥斯曼恩牧師的早期論文，學得更多知識。他在法蘭克福擔任博士後研究助理的期間，開始全力深入鑽研隱翅蟲。他的初步研究證實，隱翅蟲居住在具有攻擊性的大型紅、黑色山蟻屬螞蟻的蟻巢中，這類螞蟻大量分布於全歐洲。部分隱翅蟲物種一年中會有部分時間與家蟻屬的螞蟻共處，後者也是歐洲常見的螞蟻，不過體型比山蟻小，體態也更纖細。

其中一種是知名的黑隱翅蟲。這種甲蟲在幼蟲時期居住於多梳山蟻，這種會建造土墩的林蟻的蟻巢內。多梳山蟻接納這種寄生性幼蟲，讓牠們

寄居於育幼室裡，把牠們當作自己的幼蟲一般給予照料。霍德伯勒當時已經證實，這種甲蟲是藉由機械（肢體）信號與化學信號來進行擬態。甲蟲幼蟲會模仿螞蟻幼蟲的動作來索食。工蟻經過幼蟲的身邊時會碰觸幼蟲，這時，寄生蟲就會仰身碰觸螞蟻的頭部。如果接觸成功，牠就會以口器輕觸螞蟻下顎的底部。基本上，這個程序與螞蟻幼蟲的動作相同，不過卻更為強烈。霍德伯勒拿經放射性物質標記過的液態食物供應螞蟻群落，藉此來測量群落成員彼此反覆回吐之食物的比例與流向。他發現，寄生性幼蟲所獲得的食物數量比例高於宿主螞蟻的幼蟲。基本上，牠們的舉止類似杜鵑鳥，這種鳥類的幼鳥寄生於其他鳥類的巢中成長，這種甲蟲的幼蟲也欺騙宿主螞蟻，讓自己獲得比宿主幼蟲更好的照料。宿主犯下的這個錯誤也對自己造成了另一個負擔，因為甲蟲還會吃掉宿主的幼蟲。寄生蟲之所以沒有將群落完全摧毀，唯一的原因是牠們也會同類相食：一旦牠們的數量成長到彼此可以發生接觸，牠們便會開始相食（圖 10-6）。

工蟻也會以潮濕的舌頭替寄生蟲淨身，牠們所表現出來的動作與清理自己的幼蟲完全一樣。顯然，甲蟲所分泌的某種吸引性化學物質，與覆蓋螞蟻幼蟲體表的物質極為類似。為了驗證這個假設，霍德伯勒採用了一種很典型的實驗程序來偵測化學信號。他以蟲膠塗敷在剛殺死的甲蟲幼蟲身上，這樣可以避免釋出分泌物。然後，他將幼蟲屍體放在一個山蟻屬螞蟻群落的蟻巢出口外側。他還在蟲屍旁邊擺放對照組標本，也就是其他剛被殺死，卻還沒有經過處理的甲蟲幼蟲。螞蟻會誤認對照組的蟲屍還活著（前面提過，螞蟻辨識屍體的唯一線索，是死亡後累積數日的腐敗氣味），而且仍具有吸引力，因此，牠們很快會將這些屍體搬進育幼室。塗敷蟲膠的甲蟲幼蟲則會被搬到垃圾場丟掉。如果只處理屍體的部分部位，其他部位並沒有塗敷蟲膠，這些屍體也會被搬進育幼室。霍德伯勒還從另

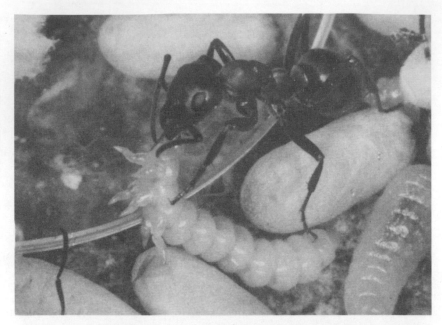

圖 10-6

上圖顯示一隻蟻屬工蟻回吐餵哺一隻隱翅蟲幼蟲。
食蟻隱翅蟲幼蟲的每一節背側面都有成對的腺體，
咸信正是分泌出假身分氣味的地方。下圖顯示一隻
黑隱翅蟲幼蟲正在取食一種山蟻屬宿主的幼蟲。

一個方向來研究這個問題，他使用溶劑萃取出甲蟲幼蟲的大部分或所有分泌物，這些幼蟲便不再具有吸引力。隨後，他又將萃取物施用在那些被抽出分泌物的個體身上，牠們又變得具有吸引力了。最後，當他以萃取物浸濕人造的紙作甲蟲，這些假蟲也會被搬到育幼室裡。顯然，成年育幼螞蟻只會以化學物質來辨識自己的幼蟲，隱翅蟲則已經破解了這項密碼。

黑隱翅蟲有兩個螞蟻宿主家庭，夏季之家和冬季之家。這種甲蟲的幼蟲在山蟻屬的蟻巢中化成蛹和羽化成蟲之後，會於秋季移居到家蟻屬的蟻巢內定居。因為，家蟻屬的群落在整個冬季仍然繼續育幼的工作和食物的供應，而山蟻則會在冬季停止照料後代。甲蟲喬遷到家蟻屬的巢中時，性發育尚未成熟，牠們會自行取食，並在春季達到性成熟階段，這時牠們便回到山蟻的巢中進行交配和產卵。因此，黑隱翅蟲與山蟻屬及家蟻屬這兩類螞蟻的生命週期是一致的，所以，甲蟲才能從這兩個宿主的社會生活中取得最大利益。甲蟲必須表現兩種行為才能展開這類遷移。首先，牠們必須能夠在遷移期間找到另一個宿主的位置，其次，牠們必須能夠在這種充滿潛在敵意的環境裡獲得認養。牠們是以連續四個步驟來完成這項工作。第一，甲蟲會以觸角輕觸一隻工蟻，讓螞蟻注意到牠。然後，牠會朝那隻螞蟻高舉腹部末端。牠的這部分身體包含了能夠分泌出撫慰性物質的腺體，螞蟻會立刻舔舐這種可以壓抑其攻擊行為的分泌物。隨後，螞蟻會受到甲蟲腹部側邊一系列腺體的吸引。甲蟲會將腹部壓低，讓螞蟻接近身體的這部分。腺體的分泌開口周圍有許多剛毛，螞蟻藉著抓住這些剛毛，將甲蟲抬起來搬回育幼室（彩圖 VII-3、圖 10-7）。

霍德伯勒也曾經將這些隱翅蟲的腺體分泌口堵塞進行研究，發現這些分泌物是成功獲得認養的關鍵。因此，他將這些腺體稱為「認養腺體」。換句話說，這類甲蟲和其幼蟲一樣，都必須依賴化學溝通才能獲得認養，

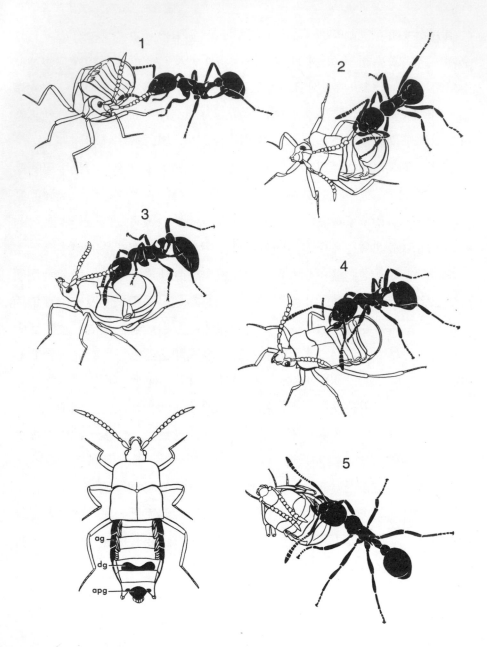

圖 10-7

分布於歐洲的黑隱翅蟲被蟻屬宿主收養的寄生過程。左下圖示寄生蟲的三種主要腹腺位置－收養腺（ag）、防禦腺（dg）與撫慰腺（apg）。這種甲蟲會向靠近身邊的蟻屬工蟻展示撫慰腺 (1)。工蟻舔舐腺體開口處之後 (2)，便會繞過去舔舐收養腺 (3、4)，隨後便會將甲蟲搬到巢內 (5)（Turid Forsyth 繪圖）。

尤其是必須能模仿螞蟻幼蟲所分泌的某類費洛蒙物質。甲蟲居住在宿主的育幼室內，並以螞蟻幼蟲與蟻蛹為食。牠們也會模仿螞蟻的索食信號，藉以向成年螞蟻乞食（圖 10-8）。

　　文宣、奴役、解碼、設置陷阱、擬態、乞食、特洛依的木馬、攔路土匪以及鵲佔鳩巢：所有這些現象都出現在各種螞蟻、捕食者以及肆虐螞蟻的社會性寄生蟲身上。這些詞彙似乎不適合用在節肢動物身上，這樣做好像是把螞蟻和牠們的夥伴視為神話中的小妖精一樣，不過事情也可能不是這樣。因為很有可能，出現在地球上甚或宇宙中的各種社會演化型式，就和我們在此所敘述的寄生現象一樣，都是在開發大自然的過程中，無可避免會出現的結果。

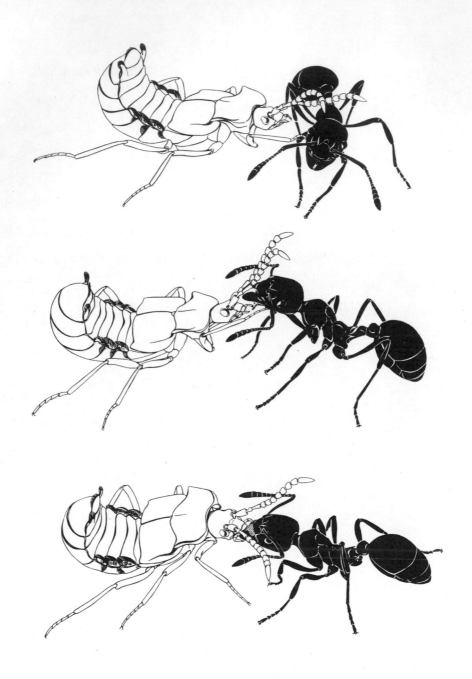

圖 10-8
黑隱翅蟲（一種食蟻性隱翅蟲）的乞食行為。
這種甲蟲會以觸角撫摸宿主工蟻，工蟻會轉身
面向甲蟲（上圖）。隨後隱翅蟲便會以前足輕
敲螞蟻口部（中間），螞蟻便會回吐出一滴流
質食物（下圖）（Turid Forsyth 繪圖）。

第十一章
取食共生物種

　　昆蟲學家在發現螞蟻的每一個地方所進行的觀察研究都發現，螞蟻已經與其他植食性昆蟲達到一種相互依存的關係。蚜蟲、介殼蟲、粉蚧、角蟬、以及小灰蝶與小灰蛺蝶的幼蟲會分泌蜜露供螞蟻食用。螞蟻則保護牠們免受敵害。螞蟻還會進一步建造紙質（螞蟻自製的一種紙漿物質）或土質屏障來保護牠們，甚至於還將牠們攜回巢中，成為群落的一員。這類共生行為便是所謂的取食共生現象（譯注：或稱為營養共生），其希臘字源的意思是「滋養生活」，並經證實為陸上生態系統史裡最成功的生活類型之一。這種行為對於螞蟻及其所保護對象的數量優勢，貢獻良多。

　　蚜蟲是北半球溫帶地區裡數量最龐大，也最為人熟知的取食共生物種。我們幾乎可以在所有花園裡的雜草、花朵，或者野外草叢裡找到螞蟻與蚜蟲。如果你找到了這兩種相互依存的共生物種，然後觀察幾分鐘，就會看到一隻工蟻正在接近一隻蚜蟲，並以觸角

或前足輕觸對方（見圖 11-1）。蚜蟲則是從肛門排泄出一滴糖液作為回應。螞蟻會迅速舔舐這種「蜜露」——這是昆蟲學家用來描述蚜蟲排泄物的用詞。螞蟻會逐一經過許多蚜蟲，並以相同方式乞食，直到牠的腹部因塞滿食物而膨脹。隨後，牠會回到巢中回吐出部分糖液給同伴食用。

這些液滴是螞蟻的戰利品，不僅是螞蟻的美食，還具有高度養分。蚜蟲能夠利用植物汁液的液壓，與本身口器肌肉的吸取力量，以針狀口器插入植物的韌皮部吸食汁液，來取得所需的食物。不過，蚜蟲不會將這個方式所取得的所有物質完全吸收消化，諸如糖、胺基酸、蛋白質、礦物質與維他命等這類營養成分就會通過腸道，成為排泄物由肛門排出。這些植物汁液在經過蚜蟲的腸道時發生了化學變化，使得部分成分被腸道所吸收，部分則經分解轉化成為新的化合物，並與蚜蟲排泄至腸道的代謝產物混合排出。學者針對柳瘤蚜進行測量，發現高達半數的胺基酸會在蚜蟲腸道裡被吸收，另外一半則繼續通過。在幾個案例裡，蚜蟲的蜜露也包含了植物汁液裡所沒有的胺基酸；顯然，這些提供給螞蟻的物質，是經過蚜蟲代謝所產生的化學新產物。

蜜露乾燥後有百分之九十到九十五的組成成分是糖類，其中大部分可以讓人類品嚐出甜味。蚜蟲排放的蜜露中含有各式不同含量的糖類——果糖、葡萄糖、蔗糖、海藻糖與高等寡蔗糖——不同種蚜蟲會排放出具有獨特組合與濃度的蜜露。海藻糖是昆蟲的天然血糖，在一般蚜蟲蜜露裡，海藻糖佔了所有糖類含量的百分之三十五。在海藻糖中，還包含了兩種三糖類，也就是麥芽果糖與松三糖，後者則佔了海藻糖含量的四到五成。除了上述各種糖類與其他微量糖類，蜜露還包含各種有機酸、維他命 B 群以及各類礦物質。

其他各種以植物汁液為食的同翅目昆蟲也會供應同樣豐盛的養分（彩

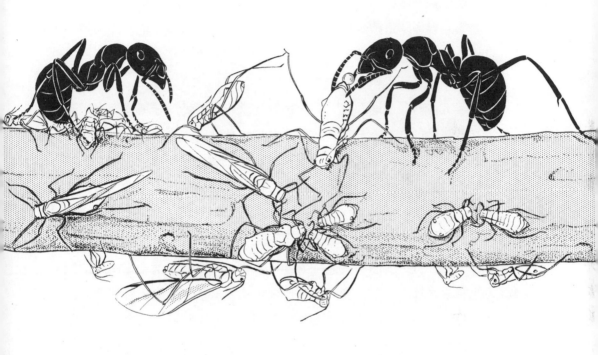

圖 11-1

歐洲多梳山蟻正在照料蚜蟲
（Turid Forsyth 繪圖）。

圖 VII-5），包括介殼蟲科的介殼蟲、粉蚧科的粉蚧、木蝨科的躍木蝨、角蟬科的角蟬、葉蟬科的葉蟬（或稱為葉跳蟲）、沫蟬科的沫蟬（也稱為吹泡蟲或吸沫蟲）以及蠟蟬科的日蠟蟲（或稱為光蟬）。許多這類昆蟲都很容易找到，而且可以善加利用，因此受到無處不在的螞蟻的密切照料。威爾森有一次在新幾內亞的路邊候車時，發現身旁出現了許多巨大的介殼蟲，身邊還環繞著蟻群，於是他拔下頭髮，模仿螞蟻以觸角輕觸索食的動作，以他的頭髮輕觸這些介殼蟲，結果「擠奶」成功。他發現擠出的液體具有甜味（自然學家從事田野工作時，閒暇之時便可以享受到這種學術樂趣）。

螞蟻爬上植物或在地面覓食時，很容易就可以享受到這種同翅目昆蟲所提供的蜜露盛宴。不過，許多這類物質只是被當成一般的廢物而予以棄置。但是，無論同翅目昆蟲的排泄物是否被其他物種所利用，它們的數量都相當龐大。瘤蚜屬的介殼蟲每小時可以排出大約七滴液體，總重超過本身的體重。有時候，牠們所累積的蜜露數量龐大到人類都可以使用。舊約聖經裡所記載的上帝恩賜給猶太人的「嗎哪」甘露，幾乎可以確定是以檉柳為食的一種介殼蟲，檉柳蜜露絨蚧的排泄物。阿拉伯人至今還採集這類物質，他們稱之為「曼」。澳洲的原住民也採集木蝨的蜜露作為糧食。每人每天可以採集高達三磅的這類物質。不過，很少人知道，世界各地人類所消耗的蜂蜜，實際上有很大部分是蜜蜂從矮樹叢與喬木表面蒐集來的蜜露。我們最喜愛的一種食物，竟是採自一種昆蟲的排泄物，並經過另一種昆蟲的腸胃加工處理而成。因此，螞蟻會在各種不同的環境下，大量蒐集各種不同的密露，自是不足為奇。許多螞蟻種類是由地面與植物表面蒐集滴落的蜜露，這可能也是螞蟻最普遍採用的蒐集方式。不過，螞蟻已輕易地演化出直接向同翅目昆蟲索食蜜露的作法。

這種很容易形成的互利共生現象，在多種螞蟻與其取食共生對象的演化歷程中，驅使牠們達到適應的高峰。有幾種螞蟻必須完全依賴牠們的夥伴，像我們養牛一樣飼養牠們的共生者，我們會在後面對此做簡單地介紹。許多依賴螞蟻營取食共生者已經在結構與行為上適應螞蟻的生活。像蚜蟲就經常與螞蟻結合，牠們的自衛能力薄弱，無力對抗天敵。像蚜蟲背部末端就有一呈角狀突起的腹管，它能夠分泌出有毒化學物質，取食共生蚜蟲的腹管則因為退化，而變得短小。受到螞蟻照料的蚜蟲，體表所覆蓋的保護蠟質層，與沒有螞蟻護衛的蚜蟲相比，也比較薄。顯然，牠們的自衛功能已經委託給巨大的螞蟻夥伴來執行。

不依賴與螞蟻結盟營生的各種蚜蟲，則基於衛生的考量，會用力將蜜露液滴噴射出去，一來可以避免身體受到黏性液體的汙染，同時也不會受到在蜜露上繁衍的真菌的侵襲。相形之下，營取食共生的蚜蟲則不會費勁地將牠們排出的蜜露拋棄，而是以方便螞蟻取食的方式將其排出。牠們會將液滴逐一排出，並讓液滴在腹部末端的肛門外停留一段時間。許多種蚜蟲還擁有一種由體毛構成的籃子，可以穩穩地容納蜜露。如果某一滴蜜露沒有被工蟻取食，蚜蟲往往會將它吸回到腹中，稍後再把它排出來。

於是，蜜露已經從單純的排泄物逐漸演化成為有價值的交換物資。這種由共生者提供螞蟻取食的作法，對共生者有什麼好處？主要的答案是可以受到宿主的強大武力保護。螞蟻會將寄生蜂與蠅類驅離，沒有螞蟻保護的蚜蟲經常會被寄生蜂以螫針刺入植入蟲卵，寄生在牠們身上。螞蟻也會將在植被區棲息的草蜻蛉幼蟲、甲蟲與其他捕食者驅離，這類捕食者會殺害沒有受到保護的同翅目昆蟲，就像狼群在羊群裡盡情殺戮一樣。如此一來，營取食共生的昆蟲在螞蟻保護之下可以大量繁衍。有時候，負責照料的螞蟻會為了提供更好的保護或供應更新鮮的食物，而將牠們搬到另一個

地方。

就以美國玉米根蚜為例，在冬季期間，新黑毛山蟻（也就是勞動節蟻）會將這種蚜蟲的卵保藏在自己的群落裡。工蟻則在來年春天將剛孵化的亞成蟲搬移到附近的植物根部。如果植物死亡，螞蟻便會將蚜蟲搬到另一處沒有受到影響的根系。部分蚜蟲會在隨後的春、夏季節裡長出翅膀，飛離故居尋找新的植物叢。當牠們落地開始取食之後，佔有該棲息地的其他螞蟻群落或許會認養牠們。毛山蟻工蟻會延請牠們的客人進入蟻巢，並完全接納牠們。牠們還將蚜蟲卵與自己的卵混合放在一起。如果牠們要向外遷徙到一個新的築巢地點，也會將卵輕輕抬起，毫髮無傷地搬運到新的地點去，如果是在溫暖季節裡進行搬遷，牠們也一樣會將亞成蟲與成蟲一起搬走。牠們會全時間保護蚜蟲不受敵害，就好像是在照顧自己的幼蟲一樣。

螞蟻對待取食共生者與對待同伴的方式並不相同。有些螞蟻所表現的行為似乎是專門為了迎合客人的需求。牠們不只是將那群共生昆蟲搬到一處植物生長地點讓牠們取食，還會挑選正確的植物品種，更精確言之，牠們會找到適合該種昆蟲在不同發展階段所需的正確植物部位。

更讓人嘖嘖稱奇的是，有幾種螞蟻的蟻后會在進行婚飛之時，以大顎攜帶共生介殼蟲一起離巢。這些蟻后經過交配、落地之後，便掌握了取食共生者的蜜露來源。這種行為就像人類牽著懷孕的母牛回家一樣。曾經有人觀察分布於蘇門答臘的一種分枝家蟻屬的螞蟻，發現牠們會表現出這類行為，此外還有分布於中國、歐洲與南美洲的各種臀山蟻也會出現這類行為。我們很可能會在將來發現更多表現出這類行為的螞蟻。

至少有一個例子顯示，取食共生者會在搬家的時候，主動騎在共生螞蟻身上展開遷移。這種行為發現於一種分布於爪哇，體態呈水滴型的臀粉

蚧屬的小型粉蚧，這種粉蚧是琉璃蟻屬的客人，居住在地底蟻巢中（圖11-2）。這種同翅目昆蟲在保護下前往鄰近樹林與矮樹叢枝幹上覓食。如果蟻巢或覓食地區受到干擾，多數工蟻會以一般的搬運方式將蚜蟲搬離。部分蚜蟲則會爬到共生琉璃蟻身上，騎乘在宿主身上抵達安全處所。蚜蟲擁有適合抓物的長腳與吸盤式趾節，非常適合於騎乘螞蟻，這是這類臀粉蚧的獨特特徵。

有些螞蟻種類完全依賴牠們的昆蟲家畜。有一種居住在地底的刺山蟻屬的小眼螞蟻，已經達到這種最高段的特化層次。這種螞蟻常見於北美溫帶地區。此外，分布於世界各地熱帶地區與暖溫帶地區的小型臀山蟻屬螞蟻，也有類似的特化行為特徵。這類在植物根部豢養粉蚧等同翅目昆蟲的螞蟻，有可能是以蜜露為唯一的食糧。不過，牠們也有可能食用部分這類昆蟲來額外取得蛋白質。非洲編織蟻便有這類捕殺介殼蟲的行為。在一項實驗中，研究人員放入大批取食共生個體與編織蟻共同生活，觀察到這種螞蟻會殺害部分共生昆蟲，直到其族群數量達到能夠供應足夠的蜜露，卻又不至於生產過剩，方才罷手。

烏爾瑞契·馬舒維茲與其同事於一九八〇年代早期，在馬來西亞發現了一種最全面，也最讓人嘆為觀止的取食共生現象。其中包含了一種過去從來沒有發現過的螞蟻生活方式：真正的家畜遊牧生活。這類螞蟻群落是真正的家畜牧農。牠們的食物完全取自家畜，彼此的生活型態也緊密契合，二者一起在各個牧場之間遊走、遷徙。

這類螞蟻包含一種斑點琉璃蟻以及其他琉璃蟻種類，這些螞蟻居住於雨林區的樹冠頂蓬與矮樹叢底層，牠們的家畜則是 *Malaicoccus* 屬的粉蚧。粉蚧完全以森林裡的喬木與矮樹叢韌皮部汁液維生。螞蟻會將牠們搬到覓食地點，有些地點與蟻巢的距離超過二十公尺。蟻巢位於濃密的樹葉

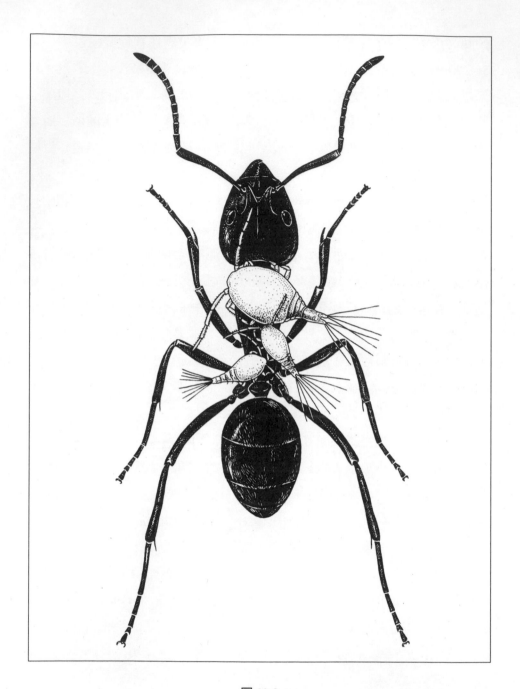

圖 11-2

分布於爪哇的臀粉蚧屬粉蚧遇到危險時，會爬
到宿主螞蟻身上，由螞蟻將他們帶到安全處
所。他們的足與趾節都經過特化，相當適合發
揮這個用途。圖示一隻琉璃蟻屬的工蟻身上搭
載了三隻臀粉蚧（Turid Frosyth 繪圖）。

之間，或在現有的木頭洞穴裡。迥異於一般的傳統築巢方式，工蟻以自己的身體築牆和建構內部居室，這與軍蟻極為類似。牠們彼此集結成疊羅漢，在幼蟲與粉蚧外圍形成一道保護牆（彩圖 VII-7）。

取食共生者在豢養牠們的宿主群落裡受到與螞蟻相同的待遇。牠們的雌性成蟲常與螞蟻的幼蟲和其他未成熟蟻群混居。牠們是胎生昆蟲，在安全無虞的工蟻團核心產子。成熟的琉璃蟻遊牧群落可以包含一隻蟻后，超過一萬隻工蟻，大約四千隻幼蟲與蛹，以及超過五千隻粉蚧。蟻巢與覓食地區都由密密麻麻的氣味痕跡小徑彼此串連。取食共生者在這兩個地點之間密集往返；任何時段都有百分之十的工蟻以大顎搬運粉蚧，在小徑上來回奔波。這些粉蚧喜歡富含汁液的新萌發枝葉，很快就會將食物吃光，因此螞蟻必須經常尋找新的覓食地點，並將所蓄養的粉蚧家畜轉移到那些地點。

如果蟻巢與覓食區距離過於遙遠來往不易，琉璃蟻就會將整個群落遷移到覓食區。在遷移過程裡，螞蟻會井然有序地攜帶幼期個體與粉蚧同行，牠們沿著氣味痕跡移動，期間還不時在散布小徑各處的許多地點集結停留，直到整個群落在最後目的地安頓妥當。促成舉巢遷離的原因還不只是飢餓這個原因，如果原來的營地受到干擾，或者周圍的溫度與濕度產生變化，也會讓牠們搬家。群落的喬遷時機並沒有規則可循。馬舒維茨與海恩茲·漢納花了十五週時間研究這類螞蟻群落，發現牠們的遷移頻率從每週二次到完全按兵不動。

粉蚧在覓食區的期間一直會受到琉璃蟻工蟻的照應，後者會不斷從這種同翅目昆蟲的肛門取食牠所排放的蜜露。這種活動相當密集，幾乎是任何時刻粉蚧身上總是覆蓋了層層疊疊的索食螞蟻群。牠們偶爾會排出液滴，並以長剛毛將這種流質食物固定在體表供螞蟻食用。這是一種自發

性排放行為：*Malaicoccus* 粉蚧與特化程度較低的取食共生物種的差異在於，牠們不需要等候螞蟻以觸角輕敲牠們的身體時才提供蜜露。

如果覓食集群受到干擾，放牧者蟻群與粉蚧便會群情激動四處奔跑。粉蚧會逐一爬到工蟻身上，由螞蟻載著牠們逃離險境。小粉蚧則是在行走或靜止不動時由螞蟻將牠們整批抱起，而較大的粉蚧則會將身體仰起，顯然是希望螞蟻將牠們帶走。粉蚧會在移動期間保持不動，不過牠們會以觸角輕輕撫摸螞蟻的頭。

馬舒維茲與漢納認為，營放牧生活的琉璃蟻永遠不會殺害食用粉蚧。他們也沒有發現工蟻會出巢搜尋昆蟲獵物的任何證據。顯然，這類螞蟻完全依賴牠們的取食共生夥伴所提供的蜜露。如果沒有粉蚧，群落便會迅速萎縮。同樣地，如果沒有螞蟻夥伴，粉蚧家畜也會迅速滅亡。馬舒維茲還供應粉蚧給其他種螞蟻，觀察牠們是否會形成取食共生夥伴，不過粉蚧會受到攻擊並被攜回巢中當作食物。簡言之，遊牧性螞蟻與粉蚧家畜的共生關係是一種密不可分的充分結盟關係。

螞蟻慷慨提供相當周延的護衛作為回報，也為那些演化的機會主義者開啟一扇演化的方便大門。起初，這種選擇似乎只限於以植物汁液為食的昆蟲，牠們很容易就能排泄糖液供螞蟻取食。如果上述說法屬實，那麼以植物組織而非汁液為主食的昆蟲，就不能將牠們富含纖維素的糞便作為交易物資，提供給螞蟻作為養分的來源。然而，有另外一種比較間接的方式可以達到這個目的。以植物組織為食的部分小灰蝶與小灰蛺蝶的毛蟲，牠們擁有數種特化腺體，能夠利用部分養分與能源來生產蜜露（彩圖VII-6）。目前已知有兩種這類腺體。這類腺體分布在毛蟲體表各處，形成銅鐘型的孔洞結構，毛蟲可以由這類腺體分泌出對工蟻顯然極具吸引力的物質。在毛蟲背部，接近身體最末端部分，可以發現紐氏腺，有些作者稱之

為蜜腺，這些腺體能夠分泌出甜度最高的螞蟻流質食物。有一種分布於歐洲的黃圈琉璃小灰蛺蝶，會分泌出含有果糖、蔗糖、海藻糖與葡萄糖的物質，此外，其分泌物裡還包含了微量的蛋白質與一種單胺基酸，也就是甲硫胺酸。有一種長尾綠小灰蝶則可以分泌出一種至少混合了十四類胺基酸的糖類化合物，其中最主要的成分是絲胺酸，它的所佔的比例遠高於生產甘露的植物器官裡所含的該成分比值。

小灰蝶的毛蟲便是以這種相當完整的養分，供應照料牠們的螞蟻。工蟻之所以受到牠們的吸引，完全是由於牠們分泌物的氣味與味道。螞蟻的回報則是保護毛蟲免受天敵荼毒，包括會以牠們為食的其他螞蟻種類與捕食性胡蜂，以及在牠們身上或身體內部產卵的寄生蠅或寄生胡蜂（圖11-3）。拿俄米・皮爾斯等人曾經在科羅拉多州進行過一次實驗，發現共生物種的驚人適應優勢。他們在田野間將銀灰琉璃小灰蝶的幼蟲群與照料牠們的螞蟻隔開，結果牠們的存活率大幅減少，與同樣在附近棲息，並有螞蟻照料的毛蟲相比，牠們的存活率只有後者的百分之十至二十五。

與螞蟻結盟所獲得的這種莫大好處，足以在小灰蝶的演化歷程裡形成一股影響天擇的力量。許多種小灰蝶的雌性成蟲，都會在找到有螞蟻出沒的植物之後才產卵，以確保牠們的幼蟲可以在一開始就受到保護。有時候，要存活這樣的行動是不可或缺的。皮爾絲等人發現，由於捕食者與寄生者的侵襲，導致長尾綠小灰蝶的死亡率遽增，如果沒有螞蟻來照料小灰蝶的幼蟲與蛹，牠們根本毫無存活的機會。螞蟻除了提供保護之外，也可以縮短小灰蝶毛蟲的發育期，因此，與螞蟻共生可以縮短幼蟲暴露在天敵威脅之下的時間。不過，這種結盟也必須付出代價。毛蟲必須消耗大量能源來製造與分泌含糖物質，因此牠們在羽化成蟲之後體型會縮小。成蟲的體型在吸引配偶的過程裡扮演重要的角色，體型較大的雌蝶也可以產出較

圖 11-3
暗褐山蟻的工蟻正接近一隻銀灰琉璃小灰蝶的
末齡期幼蟲。上圖的工蟻正從幼蟲的蜜腺取
食。下圖的工蟻則正在保護一隻幼蟲,並以大
顎攫住一隻寄生蜂(Naomi Pierce 攝)。

多的卵。然而，由於螞蟻的保護攸關小灰蝶的生存，因此在演化的過程中，這個好處遠超過前述的缺點。於是，小灰蝶義無反顧地採取了取食共生的生活方式。

螞蟻從小灰蝶毛蟲身上所獲得的食物並不只是一種補充性食糧。康拉德·費德勒與馬舒維茲在德國調查一種琉璃小灰蝶的幼蟲奉獻給分布於歐洲，俗稱鋪道蟻的灰黑皺家蟻的貢品數量，這種提供保護的螞蟻也經常在美國的房子裡出沒。他們發現典型的毛蟲族群，在每平方公尺的植被區域，每月可以提供 70 到 140 毫克的含糖液體，所包含的化學能量達到 1.1 至 2.2 千焦耳。以這樣的供應數量來看，一個小型螞蟻群落只要在十平方公尺的範圍內採集蜜露，便可以滿足整個群落的所有能量需求。

演化的一個通則是，某種好事情總是會受到其中某個物種的濫用，這種互利共生現象也不例外。某些小灰蝶物種演化出陰狠的謀略，恩將仇報來欺騙、利用螞蟻恩人。牠們在接受螞蟻保護之餘，還會吃掉螞蟻的幼蟲。這種寄生蟲是分布於歐洲北部與亞洲的黑星琉璃小灰蝶。這種小灰蝶在毛蟲時期是以百里香為食。然後，從植物爬下地面，躲藏在草叢縫隙之間，靜候聚砂家蟻的工蟻找到牠。螞蟻會頻頻以觸角進行碰觸，毛蟲便由甘露器官分泌出物質作為回應。接著，幼蟲會作出怪異的身體變形。牠的頭部後縮，胸節腫大，緊縮腹節，整個身體呈現駝背狀，一端粗肥，另一端則逐漸變細（圖 11-4）。這種怪異的嶄新外觀顯然是對工蟻發送的信號，不過，我們還不知道這種外貌是否會與毛蟲身體所分泌出的吸引性物質，產生協同效用。

生物學者還必須深入研究，才能斷定這項關鍵刺激的基本特質，總之，螞蟻會將毛蟲抬起來搬回巢中。毛蟲一旦被安置在宿主的育幼室裡，便會待在裡面過冬。到了春天，毛蟲變成肉食性昆蟲，開始大量食用螞蟻

幼蟲。到了成熟期，牠便會在巢裡化蛹。最後，在七月期間，牠會羽化成為有翅蝴蝶，開始新的生命週期。

　　貪心的小灰蝶並不只是單純進行掠奪。有些物種還會介入螞蟻與蚜蟲、介殼蟲以及與其他同翅目昆蟲的共生關係。常見於亞洲多數熱帶地區的銼灰蝶屬，以兩種方式來利用這種共生關係。成蝶會降落在同翅目昆蟲身上取食蜜露，並在附近產卵。毛蟲在孵化時，捕食同翅目昆蟲並吸食牠們所分泌的蜜露。這類毛蟲顯然並沒有提供螞蟻任何好處，來取得這種特權，然而，或許牠們會運用撫慰手段，或是能夠由腺體分泌偽造的身分辨識物質，以避免受到螞蟻的攻擊。

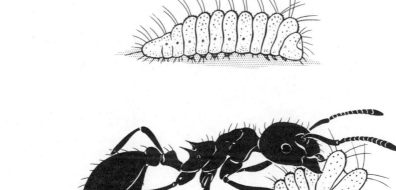

圖 11-4

分布於歐洲的黑星琉璃小灰蝶接受螞蟻收養的過程。上圖所示毛蟲等候螞蟻宿主收養，此時還具有一般小灰蝶幼蟲的典型外觀。下圖裡的毛蟲在提供給這隻家蟻屬的工蟻流質食物之後，背脊拱起，並任由螞蟻將其搬運回巢（Turid Forsyth 繪圖）。

第十二章
軍蟻

　　哥斯大黎加里約撒拉畢基的破曉時分。第一道晨曦穿透濃密枝葉照耀陰暗的雨林地表，此時此刻感受不到任何微風，潮濕涼爽的氣息也不受絲毫擾動。鴿子與擬椋鳥高棲林梢啼叫，宣告黎明的到來，牠們的蹤影雖杳，長笛似的叫聲卻已擴散整個森林，間或夾雜著遠處吼猴的長短嚎叫聲。棲息在樹梢的生物最先感受到陽光的照耀，也揭開了日間動物一天生活的序幕。夜行動物迅速悄然沈寂，由一組新的卡司粉墨登場。

　　軍蟻群落暫駐在傾倒的喬木下方，工蟻就在地表與樹幹表面活動。這種群體掠食者稱為鬼針游蟻，牠們是墨西哥到巴拉圭沿線的熱帶森林裡最常見的螞蟻。營群體掠食的鬼針游蟻不像其他大多數螞蟻種類一樣會去築巢。牠們居住在一種暫時性居處，軍蟻行為的研究先驅，席歐多爾‧殊內拉與雷藤梅爾稱之為蟻體巢，它們座落的地點可以提供部分的掩蔽。大部

分的蟻體巢是工蟻以身體環繞蟻后與未成熟個體建構而成，好保護牠們。大批工蟻利用腳上的結實趾節爪，將彼此的腿與身體勾串相連，來建構蟻體巢。牠們形成的鍊狀網路層層相疊緊密連結在一起，直到整個工蟻群搭建好一個結實的圓柱形或橢圓形蟻團，寬幅達一公尺。因此，殊內拉與雷藤梅爾稱呼這一群靜止的蟻群為蟻體巢（圖 12-1）。

這種由五十萬隻工蟻所組成的蟻體巢，本身就是一公斤重的螞蟻肉體。這個蟻團的中心處包覆了數千隻幼蟲與一隻身軀沈重的母后。在短暫的乾季期間，蟻體巢裡還會出現約一千隻雄蟻和幾隻處女蟻后，不過除了這個極短時段之外，牠們幾乎不會出現在任何其他時期。

一旦蟻體巢周圍的亮度超過 0.5 燭光，活生生的圓柱體便會開始解體。如果我們靠近嗅聞，便會發現這團暗褐色聚集物散發出一種微臭的麝香氣味。蟻體巢崩解，跌落地面散成一團。隨著壓力逐漸升高，工蟻群向四面八方擴散，就像是黏液由廣口杯傾倒而出。很快地，這個崩塌蟻體巢的工蟻會形成一支掠奪縱隊，沿著阻力最小的路徑前進。大軍前端以每小時二十公尺的時速前進。這支掠奪縱隊並沒有領導者發號施令；任何一隻螞蟻都可以擔任前導。隊伍最前鋒的工蟻會向前推進幾公分，然後又退回到後面的蟻群之中。其他螞蟻則會立刻取代牠們的位置，並進一步向前推進。工蟻在踏上新的土地時，會從牠們的腹部末端留下微量痕跡物質。這類物質是由臀板腺與後腸所泌出，可以指引其他螞蟻前進。遇到獵物的工蟻還會留下額外的聚集痕跡，藉此吸引大量同伴朝這個方向前進。結果它們造成的總效應是，在群集的外緣產生了各式各樣或團狀或漩渦狀的萬花筒景觀。

縱隊後方也會出現一種鬆散的組織。這是因為不同的社會階層有不同的行為模式所致。較小型與中等體型的工蟻會沿著化學痕跡小徑奔跑，一

彩圖 VII-1

分布於歐洲的螞蟻進行奴隸掠襲。圖示紅悍山蟻（一種亞馬遜蟻）侵襲一個暗褐山蟻蟻巢，並捕獲蛹繭。部分防衛者（黑色）搬運幼期個體試圖逃逸。牠們在面對這種亞馬遜蟻的工蟻時幾乎無招架之力，後者的鐮刀狀大顎可以輕易刺穿牠們的身體（John D. Dawson 繪圖，國家地理學會提供）。

彩圖 VII-2
身體扁平的露尾甲蟲是螞蟻世界的攔路土匪，在分布於歐洲的煤灰毛山蟻小徑旁守株待兔。
左側前方有一隻腹部飽脹的螞蟻進行回吐。右上方則是一隻螞蟻攻擊另一隻露尾甲蟲，不過
這種甲蟲採用龜縮戰術，螞蟻的攻擊成效不彰。圖中還有幾隻體態細長，會擊殺螞蟻的隱翅
蟲（John D. Dawson 繪圖，國家地理學會提供）。

彩圖 VII-3

分布於歐洲的一種隱翅蟲會完全溶入宿主螞蟻社會，圖中的宿主為血色山蟻。畫面顯示一隻工蟻餵哺一隻隱翅蟲的成蟲，同時，這隻甲蟲還從腹部末段分泌出安撫劑，讓另外一隻工蟻取食。

彩圖 VII-4

數種食蟻性甲蟲，圖示並未依比例呈現。左上：一種隱翅蟲（*Dinara dentate*）。右上：一種隱翅蟲（*Lomechusa strumosa*）。左下：一種寡節蟻塚蟲（*Claviger testaceus*）。右下：一種露尾甲蟲（*Amphotis marginata*）（Turid Forsyth 繪圖）。

彩圖 VII-5

螞蟻與其他同翅目昆蟲的取食共生現象。同翅目昆蟲由肛門分泌出含糖液體供螞蟻取食，螞蟻則提供保護。上圖：紫虹琉璃蟻與一隻葉蟬科葉蟬的蛹。下圖：產於非洲的長節鞭葉山蟻與蓄養在植物性蟻巢內，活體枝幹上的介殼蟲群。

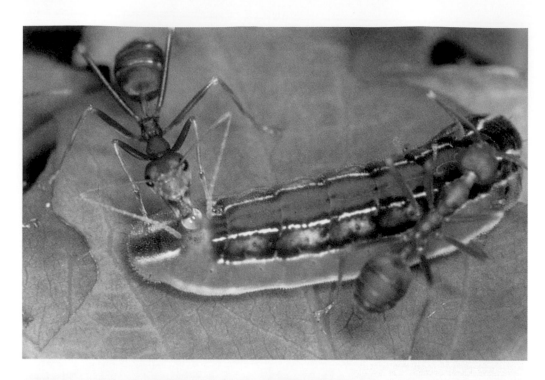

彩圖 VII-6

除了小灰蝶類的毛蟲之外，其他蝶種也會與編織蟻建立關係。這種夜蛾科的哈夜蛾屬毛蟲可見於鞭葉山蟻的小徑上。這類毛蟲通常不會被攻擊，不過如果螞蟻太過接近，毛蟲會展現一種讓人印象深刻的防衛姿態，圖示為這種毛蟲與一隻分布於非洲的長節鞭葉山蟻。我們目前還不知道這類毛蟲與螞蟻之間究竟存有何種關係。

對頁

上圖顯示在馬來西亞的一隻翠綠編葉山蟻正在接近一隻旖小灰蝶的幼蟲。這隻毛蟲由背部的特化腺體分泌出一滴含糖液體供螞蟻取食，螞蟻則保護毛蟲免受敵害。下圖為一隻旖小灰蝶成蟲，體表呈現眼點與頭部擬態；這種擬態可以使捕食者產生錯覺，讓對方錯過真正的頭部與身軀，有助於這種蝴蝶逃過敵害（Konrad Fieldler 攝）。

分布於馬來西亙的一種遊牧
性螞蟻,疣節琉璃蟻帶著粉
蚧「家畜」一起遷移到新的
牧場(上圖)。這種螞蟻並
不築巢,他們會群集成團以
身體構築保護屏障形成居室
(下圖)(Martin Dill 攝)。

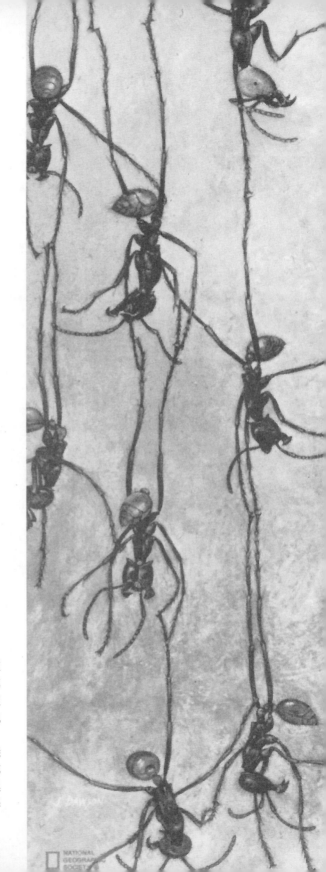

圖 12-1

分布於美洲熱帶地區的鬼針游蟻（一種
軍蟻）工蟻運用身體相互連結，來形成
保護屏障。這種螞蟻首先會在地表選定
一段圓木，或某個與地面形成空間的地
表物體，隨後在物體的底部表面倒懸，
並以腳部跗骨互勾形成鎖鏈。其他螞蟻
則沿著這個鍊索往下跑，並加入形成
粗鍊索，終於組合成為一大圓蟻體巢
（John D. Dawson 繪圖，國家地理學
會提供）。

旦牠們在某些地點，發現較為笨拙的大型兵蟻無法正確地依循同伴的步伐前進，或偏離痕跡走到小徑的兩側，這時牠們便會將小徑拓寬。由於兵蟻經常在側翼前進，使得早期的觀察者誤認為牠們是大軍的領隊。湯瑪斯·貝爾特在他一八七四年的經典著作《尼加拉瓜的博物學家》中寫道，「到處都有一隻淺色軍官前後移動指揮著縱隊。」事實上，這群兵蟻對牠們的同伴並沒有實際的掌控力量。牠們擁有大型身軀與鐮刀狀長形大顎，幾乎只是擔任防衛武力角色。小型與中等體型的工蟻則擁有鉗狀的較短大顎，牠們才是女將官。這類昆蟲學家所稱的「小型」與「中型」工蟻，負責處理日常瑣事以及群落的遷移行動。牠們負責擄獲獵物、搬運獵物、選擇蟻體巢築巢地點，以及照料幼期個體與蟻后。

中等體型的群體掠食性螞蟻也會形成團隊，共同合作將大型獵物搬回巢內。一旦蟻群成功獵殺一隻蚱蜢、塔蘭托毒蛛或其他體型太大，單獨一隻工蟻無法搬回家的獵物時，工蟻便會集結在獵物周圍。牠們會一隻接著一隻試著去搬動獵物；有時候兩、三隻合力就能拖動牠。其中最大型的螞蟻之一，通常是「次大型」工蟻，牠們的體型僅次於發展完全的兵蟻，或許牠們可以獨力拖拉或搬動這類獵物（見圖 12-2）。或者，工蟻群會將獵物切成次大型工蟻能夠搬運的碎片。大型螞蟻在搬動獵物的屍體時，較小的同伴（大半是小型階層）則會驅前協助搬運，使得工蟻可以將獵物加速運回蟻體巢中。這種行為是由英國的昆蟲學家，尼格·法蘭克斯所發現，他在幾次田野研究中進行測量，發現軍蟻隊伍的表現簡直是「超高效率」。牠們能夠搬運的東西相當大，如果牠們將負載物進一步切碎，原來的團隊成員根本無法把所有的碎片完全搬走。要如何解釋這項驚人的結果？至少部分的原因是，螞蟻團隊能夠克服負載物的旋轉力量，這個力量會讓物體旋轉到側邊，讓奔忙的螞蟻無從掌控。不過，由於列隊圍繞獵物

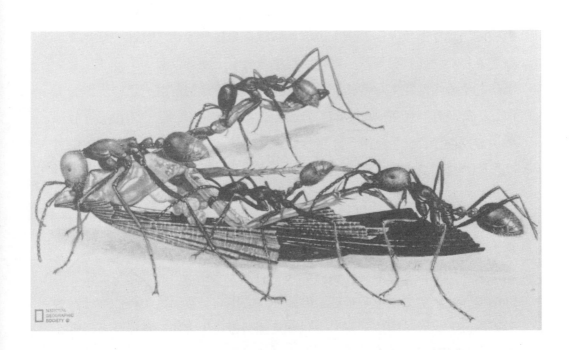

圖 12-2
鬼針游蟻的工蟻會組成小隊來運輸獵物。圖示
一隻次大型工蟻,也就是特化來發揮這種功
能的一個工蟻階級,在體型較小的工蟻群的
協助下,搬動一隻蟑螂的部分殘骸(John D.
Dawson 繪圖,國家地理學會提供)。

的螞蟻個體，會在一邊朝著同一個方向奔跑的同時，一邊還能夠撐住物體，因此旋轉的力量大半會自動被抵銷掉。

即使就軍蟻的世界而言，鬼針游蟻的狩獵模式也屬相當罕見。這種群體掠食性螞蟻並不是以狹窄縱隊前進，而是呈現一種前緣寬廣的扁平扇形掠食集團。其他的軍蟻種類（同一個熱帶森林地帶同時就有十數種之多），大多是集結成數個沿著狹窄小徑向前推展的掠食縱隊（圖 12-3），這些隊伍會不斷分開、結合，形成樹狀圖案來搜尋獵物（譯注：這種捕食型態有別於「群體掠食」，稱為「縱隊掠食」，參見後文）。

如果你希望在中、南美洲找到群體掠食性螞蟻的群落，這裡提供一項很好的經驗作為參考，最快的方式就是在清晨與正午之間的時段，靜靜地緩步穿過熱帶森林，什麼都不要做，只是傾聽。有很長的一段時間，你可能只聽到遠處傳來的鳥叫蟲鳴聲，它們大半來自於高大喬木的底層或樹冠處。然後，就像一位觀察者所描述的，你會聽到各類蟻鳥的「嘰啾叫聲與尖銳鳴聲，」這些特化的鶇與鷦鶲專門在接近地面的高度追隨鬼針游蟻掠食大軍，以捕食工蟻行軍時所驅趕出來的昆蟲。隨後，你會聽到嗡嗡聲，那是在軍蟻群集上空盤旋，偶爾還向地面俯衝並在逃生的獵物背上產卵的寄生蠅。之後，便是無數被追殺的獵物所發出的窸窣聲響，牠們搶在螞蟻大軍之前奔跑、跳躍或飛行。一旦你逐漸接近目標，便會瞥見許多蟻蝶，那種窄翅膀的透翅蝶在大軍前緣上空飛翔，還會不時停在蟻鳥的排泄物上覓食（彩圖 VIII-1）。

緊接在這群受害者與飛行動物後面的，便是毀滅者集團。殊內拉曾經寫道，「就拿已發展到接近群體掠食高峰的鬼針游蟻而言，讓我們想像那種寬可超過 15 公尺，深可達 1 到 2 公尺的長方體，這種由成千上萬隻紅黑色忙碌個體所組成的集團，可以維持寬廣的正面，並以相當一致的方向

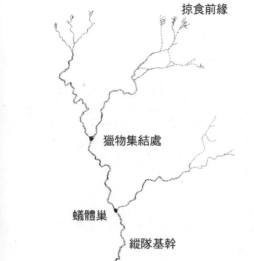

彎鉤游蟻（縱隊掠食）

掠食前緣

獵物集結處

蟻體巢

縱隊基幹

5 公尺

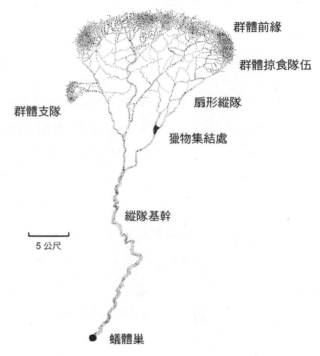

鬼針游蟻（群體掠食）

群體前緣

群體掠食隊伍

群體支隊

扇形縱隊

獵物集結處

縱隊基幹

5 公尺

蟻體巢

圖 12-3

軍蟻的兩種基本掠食隊形。左側部分是彎鉤游
蟻的一個掠食縱隊，工蟻群集形成多處狹窄的
掠食前緣。右側則是鬼針游蟻的獨特群體掠食
隊伍，隊伍前原分布廣闊，後續隊伍則形成許
多縱隊，並逐漸聚合縮小範圍而呈扇形（Carl
W. Rettenmeyer 提供）。

向前推展。這個集團在破曉時分啟程，這場掠奪行動剛開始的時候還沒有一個特定的行進方向，不過隨著時間的推移，某個分隊的成員便會沿著進展較快的方向推進，而且很快就將其他呈放射狀擴展的分隊吸引過來。隨後，這個逐步成長的集團會受到從後方蟻體巢出發前進的各個螞蟻縱隊的推擠，進而產生向前的推力，使牠們能夠以適當的方式維持原有的方向前進。蟻群通常能夠維持既定方向繼續往前推進，即使偏離也不會超過 15 度，顯示牠們的內部相當的有組織，不會受到前鋒集團的無秩序亂象的影響。」（史密森研究院一九五五〔一九五六〕年度報告）。

無論體型大小，很少有動物能夠對抗游蟻大軍的進襲。無論是那一種體型的生物，只要這種螞蟻的大顎能夠攫取或搬運，唯一的生還之道便是逃離。其他螞蟻群落也會遭到鐵蹄踐踏，還有蜘蛛、蠍子、甲蟲、蟑螂、蚱蜢與其他各式各樣的節肢動物也會受到牠們的蹂躪荼毒。這些受害者被埋伏包圍、刺殺、分屍，然後被運送到隊伍後方，一路沿著覓食隊伍納入蟻體巢，牠們很快就在那裡被吃掉。但包括蝨與竹節蟲等在內的數種節肢動物，卻能夠依賴覆蓋在體表的刺激性分泌物來保護自己。白蟻則大半都能夠躲在木頭與排泄物所建造的堅固蟻巢中逃過一劫，牠們會派遣擁有尖銳雙顎或毒液噴口的特化兵蟻保衛入口。不過就其他多數物種而言，群體掠食性螞蟻是一種所向無敵的超級有機體，是熱帶森林裡冷血的掠奪者。

到了中午時分，戰無不勝的工蟻團開始轉向湧回蟻體巢內。凡經過螞蟻蹂躪的地區，棲息其中的大部分昆蟲與其他小型動物大都被殲滅了。這群螞蟻好像還記得也感受得到自己對環境所產生的嚴重衝擊，隔日早晨即朝新目的地大步前進。不過，如果牠們在同一個蟻體巢駐紮地點逗留達三週，附近地區的食物來源便會幾近枯竭。群落只需要經常遷移便能夠解決這個問題，牠們會移動約一百公尺的距離，然後在新的駐紮地點建立蟻體

巢。

　　早期的熱帶環境觀察家在看到這類遷徙行動後，便得出了一項合理的結論，認為軍蟻群落會在附近食物來源枯竭的時候舉巢遷移。飢餓似乎是這種行為的決定性因素。然而，到了一九三〇年代，殊內拉發現導致遷移的主要原因並非飢餓，而是群落內部發生某種程度的自發性變化所致。無論周遭環境的食物供應情況為何，螞蟻還是會進行遷移。殊內拉在巴拿馬森林中逐日追蹤群落情況，發現蟻群的遷徙會在靜止期和遊牧期之間交替進行。靜止期就是群落在相同地點建構蟻體巢，並維持兩到三週；遊牧期，就是在一天結束之際，搬遷到新的蟻體巢駐紮地點，同樣持續兩到三週。軍蟻群落的遷移驅力係來自本身內部繁殖週期的動態變化。群落進入靜止期後，蟻后的卵巢會加速發展，經過一週，牠的腹部會膨脹，裡面容納了六萬顆卵，這是牠進行大量繁殖的第一批蟻卵。隨後，經過幾天的產卵過程，到了接近靜止期的中期，蟻后已能產下十萬到三十萬顆卵。到了靜止期的最後第三週的末期，蟻卵開始孵化，出現了蠕動的小型幼蟲。幾天後，前一次靜止期蛹化的幼蟲蛻去蛹皮，破繭而出，成千上萬隻成年工蟻突然大批湧現，震驚了牠們年長的姊姊。於是，整體活動量大幅提升，群體掠食螞蟻的族群數量與密度也相對大幅增長。群落開始向外遷徙，並在每天的劫掠行動結束之後，尋找新的蟻體巢駐紮地點。這時，群落已經邁入穩定的遷移期，群落每天移動的距離約相當於一個美式足球場的長度。這個騷動時期只出現於飢餓幼蟲的成長與進食期間。一旦牠們開始結繭並發展成蛹，群落便停止遷徙（圖 12-4）。

　　日復一日，月復一月，群體掠食螞蟻以及游蟻屬的各種軍蟻，便是依照同樣的一套精準時間表循環這樣的過程。那麼，群落要如何從這種密集的日常瑣事中，抽身進行繁殖？事實上並不容易，不過螞蟻群落還是能

圖 12-4

數隻彎鉤游蟻（一種軍蟻）的蟻后。上圖這一隻
的身邊有一隻擁有鐮刀狀大顎的大型工蟻。這隻
蟻后正處於遊牧階段，牠的腹部扁平方便遷移。
下圖這隻蟻后則處於靜止階段，牠的腹部脹滿蟻
卵，難以進行遷移（Carl W. Rettenmeyer 提供）。

夠在這種營生方式裡準時進行繁殖。繁衍本來就是一種繁複的過程。這種螞蟻和其他多數螞蟻種類不一樣，牠們很難大量繁殖並釋出有翅蟻后與雄蟻。因此，軍蟻的新生群落必須要能夠先產出大批工蟻來維持蟻后生存。而為了達到這項目標，首先群落要先產出少量處女蟻后，並在巢內等候雄蟻前來交配。隨後，一隊工蟻會伴隨其中的一隻蟻后離巢建立新的群落。牠們必須針對忠誠度進行重大調整，才能促成這個過程，部分工蟻會隨著新蟻后離巢，其他工蟻則繼續留在母后身邊。

一年中，絕大部分的時間螞蟻母后都是工蟻群的最主要焦點。作為工蟻群的中心焦點，牠自然成為群落的凝聚核心。然而，在每年的乾季初期，群落裡出現了能夠交配的有性子代，情況也隨之改變。繁殖過程經過學者最深入鑽研的軍蟻是彎鉤游蟻，這是營縱隊掠食的軍蟻，這種螞蟻的有性子代包含約一千五百隻雄蟻與六隻蟻后。雄蟻會離巢飛到其他群落的蟻體巢中。牠們會在那裡與工蟻一起行動，並準備與該巢裡的處女蟻后交尾。這個作法可以避免近親交配（圖 12-5）。

異巢交配安排妥當之後，下一步就是群落的分裂。下一次遷徙展開之際，一群工蟻會隨著老母后前往新的蟻體巢駐紮地點，另一批工蟻則會伴隨一隻處女蟻后搬遷到另一個蟻體巢駐紮地點。剩餘的處女蟻后則由小群自願留守的工蟻看管，牠們會被禁制在原地不得遷移。缺乏食物供給，也無力對抗敵人，這群被拋棄的蟻后與侍從很快就會死亡。遷離母巢的成功處女蟻后會在幾天之內與一隻來訪的雄蟻交配。隨後，母后與女兒分別所屬的這兩個群落便會分道揚鑣，從此不再聯絡。

游蟻屬有十二個已知的螞蟻種類，包括營群體掠食的鬼針游蟻與營縱隊掠食的彎鉤游蟻，全部都是衍生自數千萬年前，發生於美洲熱帶地區的一波演化趨勢裡的最極端事例。昆蟲學者對於另一種案例也一樣感興趣，

圖 12-5
軍蟻的交配情形：一隻鬼針游蟻的脫翅雄蟻正
與一隻年輕蟻后交尾（Carl W. Rettenmeyer
攝）。

那是名聲遠遜於游蟻的利馬游蟻屬的一類細小軍蟻，分布範圍從南美洲的阿根廷延伸到美國南部和西部。這類螞蟻群落生性凶狠，會派出成千上萬的工蟻壯丁在人類住宅後院與其他空地進行掠奪，蟻體巢也不斷遷移，並採用與游蟻屬中的掠食性螞蟻相同的分裂方式進行繁殖與擴張。雖然牠們在我們的足下出沒，但是，在其分布領域裡生活的人群，卻很少注意到牠們。威爾森在十六歲時，已經開始鑽研螞蟻生物學，並在阿拉巴馬州的迪卡托市附近的自家宅院後面找到一個黑利馬游蟻群落。他花了好幾天時間，跟隨群落的移居地點進行觀察。他沿著院子籬笆進出草叢，進入鄰居花園，隨後在一個下雨的黑夜裡，跨越街道進入另一個鄰居的宅院，群落便在那裡消失。這種螞蟻在草叢森林裡的行進過程實在相當壯觀，不過，要有耐心才能區別何者是這種軍蟻軍團，何者則是較常見的定居性螞蟻的覓食縱隊，後者所建構的固定式蟻巢位於花園石塊下方，或在草叢之間的空地裡。兩年後，威爾森還在阿拉巴馬大學的校園裡找到了其他群落。他利用這些螞蟻群落進行他最早期的幾項科學研究，並鑽研騎在黑利馬游蟻的工蟻背上，並以螞蟻身上的油質分泌物為食的奇特細小甲蟲。

第二波演化在非洲產生了可怕的軍蟻屬軍蟻。前面我們已經以此為例，來說明螞蟻群落超級有機體。第三波的演化輻射在非洲與亞洲發展出了迷蟻屬螞蟻，那種細小的軍蟻外觀類似利馬游蟻屬。基本上，這種螞蟻軍團的行為以及生命週期與美洲種螞蟻雷同，不過，這二種演化路徑——舊大陸的軍蟻屬與迷蟻屬，還有新大陸的游蟻屬以及利馬游蟻屬——各自代表了三支獨立發展的演化產物。至少，這是美國昆蟲學家威廉·葛華德的看法。他針對這類螞蟻的解剖結構所作的最新研究，得出如下的結論：這種類似性是一種驅同演化現象，並不表示牠們是來自於相同的祖先。

除了這類特殊的掠食性螞蟻之外，還有其他種類的螞蟻也演化出多少

類似軍蟻的行為模式。這種特化現象經常出現，並產生了許多互異的變化，因此我們有必要擴大界定「軍蟻」這個名詞，並根據群落的行為模式，而非成員的形態特徵來進行定義。簡單而言，軍蟻是一種定期遷移群落築巢地點的螞蟻，這類螞蟻的工蟻群也會形成組織嚴密的緊密團隊，橫跨從未探索過的地區進行覓食。

　　如果純粹從功能性的角度來審視，我們發現，世界各地的較溫暖地帶幾乎都曾經演化出不同的軍蟻，而且都源自於不同的祖先。其中的昔蟻屬則包含了最特殊的軍蟻種類。這類軍蟻又與舊大陸的其他幾個屬，共同形成一個完整的昔蟻亞科。在所有螞蟻種類裡，以這類工蟻的體型最小，牠們實在小到讓人類的肉眼很難注意到牠們。昔蟻也是最罕見的螞蟻。我們雖然在絕對有這類螞蟻出沒的棲息地從事多年田野研究，還是沒有看過活標本。二十多年前，曾經有人在澳洲的斯萬河附近發現一種新的螞蟻，於是威爾森特地安排前往當地進行搜尋，依然無功而返。威廉·布朗或許稱得上是旅行足跡最廣，也最多產的螞蟻採集者，但在他多年的採集經歷中，也只發現了一個昔蟻屬群落。他是在馬來西亞的一塊腐朽木頭下面找到這個群落的。當他第一眼看到這群細小的工蟻，蟻群就像是一層閃耀著光芒的薄膜，在木頭表面起伏波動。布朗使用一個小型放大鏡觀察一段時間之後，才發現自己所觀察的對象是螞蟻，又過了一段時間之後，才知道牠們正是昔蟻。

　　一百年來，螞蟻演化迷都在猜測神祕的昔蟻或許正是一種軍蟻。牠們的形態特徵與已鑑定過的軍蟻，也就是體型較大的游蟻屬以及軍蟻屬的螞蟻，都有些許雷同之處。不過，長期以來，沒有人能夠找到一個群落，並投入充分的時間來研究、測試那個想法。終於，事情在一九八七年有了突破。一位年輕的日本螞蟻學家，增子惠一，在日本的真鶴岬的闊葉林裡，

成功採集到了至少十一個完整的日本昔蟻群落。根據他的推斷，每個群落都包含約一百隻工蟻，並完全棲息於地表之下──這個特徵可以解釋，為什麼昔蟻這麼難以發現。此外，這類螞蟻還有更奇特的天性，這種日本昔蟻竟然專門以捕食蜈蚣維生。這是一種相當艱難的營生方式，艱辛的程度就好比人類以食用老虎維生。覓食工蟻形成一支緊密的隊伍出巢，沿著氣味痕跡接近強大的獵物，其體型大小通常是日本昔蟻尺寸的數倍大。不過，目前我們還不知道牠們究竟是先派出斥候找到蜈蚣之後，再回去聚集同伴，還是牠們會像軍蟻一樣集結成為有組織的團隊，進行狩獵。

昔蟻是不是也會營遊牧生活？我們知道群落成員在牠們的土質蟻巢裡忙碌活動，受到些微干擾便會向外遷徙。牠們對於外界的迅速反應，顯示牠們在自然狀況下必然會採取類似軍蟻的方式，經常進行遷徙。牠們的身體結構也相當適合從事頻繁的旅行。工蟻的大顎具備特化的延伸部分，可以攜帶幼蟲同行。幼蟲的身體前端則有一個突出物供工蟻攫住，方便牠們搬遷。

增子惠一在日本發現，昔蟻的群落會在整個暖季裡經歷一種與幼蟲同步成長的週期，這一點和軍蟻雷同。當幼蟲出現時，整個群落都處於飢餓狀態，工蟻是以蜈蚣為獵物，牠們顯然是為了接近這種巨大獵物而遷移。幼蟲也以蜈蚣為食，牠們的成長相當迅速。蟻后的腹部在這個時期都呈萎縮狀態，也不會產卵。蟻后在身形苗條的時期，可以在群落遷徙時期，輕鬆地隨工蟻搬遷。當幼蟲成長到了最大尺寸的時候，便會從腹部的特化器官排出血液，蟻后就從幼蟲子嗣身上吸取大量血液。這種吸血大餐可以促使蟻后的卵巢迅速成長。蟻后的腹部很快就會膨脹，一直脹大到像個汽球；隨後，在幾天之內，牠便會產下大批蟻卵。幼蟲也在這個時期成為靜止不動的蛹。蟻后的活動力降低，也沒有幼蟲可以供應食物，群落所需食

物數量也更為減少。這時，群落便停止獵取蜈蚣，不久之後，日本的冬季來臨，蟻群也預備過冬。蟻卵在來年春天孵化成為幼蟲，於是又開始新的週期（圖 12-6）。

此外，美國昆蟲學家馬克·莫費特最近也在亞洲，研究一種掠食性的紅擬大頭家蟻，發現牠們具有一種類似軍蟻的奇特行為。牠們的群落相當龐大，包含了成千上萬隻工蟻。這類螞蟻與橫掃千軍的軍蟻群不同，牠們會停留在相同的築巢地點達數週或數個月。不過，牠們也會進行群體掠食，從許多角度觀之都極為類似非洲行軍蟻以及熱帶美洲的鬼針游蟻。

擬大頭家蟻在掠食的時候，首先會有部分螞蟻成群偏離主要的氣味小徑，接著整個群落也會追隨。剛開始的時候，先鋒部隊會形成一個狹窄的縱隊，並向外延伸前進，就像是水流經過管道，其速率為每分鐘二十公分。當縱隊擴大到大約半公尺到兩公尺長時，部分尖兵開始偏離其他蟻群的主要移動方向，而向側邊移動。結果整個蟻群的行動會緩慢下來，就像水流由水管末端流出，落在地上形成一片水灘。偶爾，擴張的力量增強，擴大成扇形掠食隊伍。在騷動的前線後面，螞蟻在前寬後尖的錐形覓食縱隊網絡裡來回奔忙。從漏斗狀隊伍前線回返的蟻群則形成一個新的縱隊主幹，不斷延伸成為一支新的先鋒部隊朝新地點前進。每個蟻群都包含了成千上萬隻螞蟻。有些螞蟻會從啟程地點前進達超過六公尺。牠們的掠食隊形非常類似行軍蟻或美洲的群體掠食游蟻，不過牠們向新地點推進的行進速率卻比較緩慢。

亞洲的掠食性擬大頭家蟻和我們較為熟悉的行軍蟻與美洲軍蟻一樣，都有能力征服身軀極為龐大的強大獵物，甚至於大如青蛙者，也會被牠們以蟻海戰術圍攻。協調良好的工蟻獵食隊伍能夠迅速將大型物體搬回巢裡。由於蟻群具有複雜的社會階級系統，更大為強化了工蟻武力的狩獵能

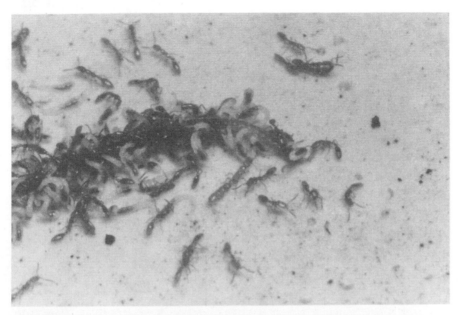

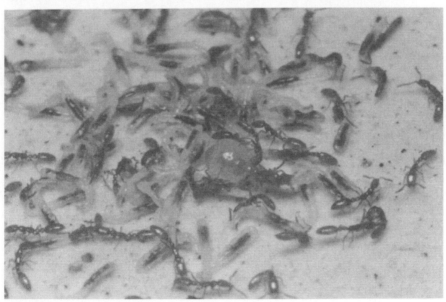

圖 12-6

纖細的日本昔蟻（一種分布於亞洲的軍蟻）採集體攻擊捕食蜈蚣。牠們將獵物制伏之後，會將蠐螬狀幼蟲成群搬到蜈蚣旁邊，讓牠們取食。上圖顯示位於這種常見集群最前端的蟻后，正以觸角撫觸一隻幼蟲。下圖顯示一隻腹部脹滿蟻卵的蟻后，身邊環繞已長大的幼蟲，牠的大頭也夾了一隻幼蟲（增子惠一攝）。

力。軍蟻的工蟻類型繁多，超過任何已知的螞蟻種類。巨大的超大型工蟻的體型是身軀最小同伴的五百倍，而且擁有一顆不成比例的超大頭部。在體型最極端的二個階級之間，還有循序增減的不同尺寸階層。蟻群可以利用這種差異性，來選擇獵殺各種不同尺寸的獵物。最小的掠奪者能夠外出搜尋遍布土壤各處的跳蟲等細小昆蟲。其他侏儒尺寸的工蟻則追隨體型較魁梧的同伴出獵，並與白蟻、蜈蚣以及其他適當尺寸的獵物對決。超大型工蟻會以牠們的有力大顎作出致命一擊。這些巨大的螞蟻也會擔任群落的怪手機具，牠們會將樹枝或其他障礙物移除，為牠們的覓食隊伍開道（彩圖 VIII-2）。

威爾森在事業生涯的早期，曾經在熱帶地區到處旅遊，他在遇到更多軍蟻之後，不禁想知道牠們行為的起源。這種相當複雜的社會組織究竟是如何演化產生的呢？他經由親自觀察和參考其他田野生物學家，像是布朗等人的見解，逐步拼湊出早期捕食性螞蟻種類的演化證據，雖然還無法提出全盤解答，卻已經能夠詮釋軍蟻的部分特徵。

從這項資訊產生了一種相當可信的模式。他發現了群集掠食行為的細部關鍵。早期的作者曾一再指出，形成緊密集結的蟻群遠比單一工蟻更能夠捕獲獵物。這項觀察結果當然是正確的，不過只能夠解釋部分真相。集體掠食還有另外一個主要的功能，唯有在檢視獵物的本質及捕獵方式之後，才能夠說明清楚。大部分螞蟻若單獨離巢會選擇獵殺與自己體型相當或比自己小的獵物。其他野生生物學的一般規則裡也有這類限制：獨行的捕食者，由青蛙到蛇類，以及鳥類、鼬和貓科動物，都會獵捕與自己體型相當，或較小的獵物。成群工蟻則比較會獵捕大型昆蟲，或其他螞蟻群落以及其他社會性昆蟲，單獨的捕獵者則沒有能力捕獲這些獵物。牠們會合力將受害者拉倒，然後把牠切成碎片，這樣的行為就像成群的獅、狼與虎

鯨獵殺最大的哺乳類獵物一樣。

　　許多種螞蟻會集結成大軍，攻擊大型獨居的昆蟲，以及其他螞蟻、胡蜂與白蟻群落，不過牠們不一定會像高等軍蟻一樣，定期遷移到不同地點。這類螞蟻的行為似乎說明了出現軍蟻行為的第一步。威爾森比較了各具不同複雜程度的許多種螞蟻，包含了最基本層次的行為比較。隨後，他才能重建軍蟻的起源歷程，至少他是這麼相信的。

　　首先，原先獨力獵殺較小獵物的螞蟻，發展出了迅速聚集大批同伴的能力。蟻群專精於獵殺大型或具有厚實甲冑的獵物，例如：甲蟲幼蟲、蛃蛾，或其他螞蟻與白蟻群落。

　　其次，集體掠食成為自發性反應。蟻群不再需要先派遣斥候尋找獵物，隨後再聚集同伴大軍來壓制獵物。工蟻會同時傾巢而出，從一開始便集結成團隊，直至狩獵完畢。這種較為先進的全巢掠食方式，讓群落得以更迅速覆蓋更廣泛的區域，並能壓制難纏的獵物，使牠無法脫逃。

　　牠們便是在此時或隨後發展出遷移行為。由於大型昆蟲與較大型群落的散布地區，比其他類型的獵物更廣，因此集體掠食的效率會比較高，同時，集體捕食者的群落也必須不斷轉移狩獵地區，才能取得新的食物來源。於是，這種螞蟻在開始從事規律性遷移之後，就成為貨真價實的軍蟻。

　　由於軍蟻群落能夠從不同地點彈性獲取獵物，因此得以演化出龐大規模。部分螞蟻種類還能夠取得次要的食物來源，包含較小的昆蟲與其他節肢動物，還有非社會性昆蟲，甚至於還包括青蛙與其他幾種小型脊椎動物。這就是非洲的群體掠食性行軍蟻和熱帶美洲的鬼針游蟻所達到的發展階段，這些螞蟻種類的群落幾乎可以將眼前的一切動物一掃而空。我們可以合理推論，這些熱帶世界裡的巨大破壞力量，就像大多數偉大的生物演化成就一樣，都是由一系列微不足道的步驟所累積而成的。

第十三章
最奇特的螞蟻

　　螞蟻在牠們上億年的歷史裡，已經展現出驚人的高度適應成果。基本上，部分特化最高的螞蟻種類已經超乎我們的想像，除非昆蟲學家在田野中與牠們邂逅，否則根本想像不出這類生命形式。我們就將我們自己經歷到的螞蟻種類，寫成後文的螞蟻寓言集。這些螞蟻種類是演化領域裡相當奇特的事例。

　　我們的故事於一九四二年展開，地點就在阿拉巴馬州，莫比爾的威爾森住宅。莫比爾相當接近美洲的亞熱帶地區，在這棟宅院的雜亂草叢邊有一棵無花果樹，每年夏天都會結出可食的無花果。樹下則散布著木頭碎塊、碎玻璃瓶，還有一些屋瓦。威爾森就是在這塊土地的附近，以及廢棄物下面尋找螞蟻。他在十三歲的時候，開始鑽研學習各種他所能找到的螞蟻種類。當時，他找到一種螞蟻，與他之前所知的其他所有蟻種截然不同，他對此感到相當驚訝。這是一種中等體型、細長、靈活的暗褐色螞蟻，工蟻擁有一對單

薄的奇特大顎，完全張開時可達一百八十度。工蟻在蟻巢受到干擾的時候，會將大顎完全張開並四處奔竄。威爾森設法用手指將牠們拿起來，牠們的大顎卻像捕獸夾一樣閉合鉗起，以利齒穿透他的皮膚，隨後，幾乎就在瞬間，牠們將腹部向前彎曲，痛咬威爾森。蟻群奮力攻擊，許多螞蟻同時將大顎在空中閉合，發出喀擦的咬合聲。這種雙重攻擊令人詫異。威爾森放棄挖掘，不再試圖採集螞蟻群落的蟻巢。後來他才知道，他所發現的螞蟻種類是島嶼鋸針蟻，莫比爾則是這種螞蟻分布區域的北界。鋸針蟻屬包含了許多種螞蟻，廣泛分布在世界各個熱帶地區。

　　五十年後，霍德伯勒在研究針蟻亞科捕食性螞蟻的過程中，也開始深入鑽研巨大鋸針蟻，這種螞蟻極為類似威爾森當年所遇到的品種。他與維爾茨堡大學的同事烏爾費拉‧格羅能堡以及榮根‧陶茲被那種大顎閉合的速度與力道所震懾。那種力量相當強烈，如果大顎觸及硬物表面，螞蟻會受震向後拋出。研究小組採用超高速攝影器材，以每秒鐘三千格的速度來記錄大顎閉合的情況。他們對於研究結果相當震驚，大顎的運動速度不僅相當快，更創下了動物界中身體結構運動速度最快的紀錄！完整的閉合過程，也就是從大顎完全張開到完全閉合這段時間，只需三分之一毫秒到一毫秒之間，也就是三千分之一秒到千分之一秒之間。之前的最快運動紀錄是跳蟲的跳躍速度（4 毫秒）、蟑螂的脫逃反應（40 毫秒）、螳螂以前腳捕食（42 毫秒）、隱翅蟲以口器「擊殺」獵物（1-3 毫秒），以及跳蚤的跳躍速度（0.7-1.2 毫秒）。鋸針蟻的大顎只有 1.8 公釐長，它的尖端卻能以每秒 8.5 公尺的速度移動。如果螞蟻是人類，其反應速度相當於以每秒大約 3 公里的速率揮動拳頭，比步槍子彈還快。

　　鋸針蟻屬的工蟻能夠以牠們的陷阱式大顎捕獲任何已知活物，只要進入牠們的大顎射程，無一能夠倖免。牠們能夠將大顎張開卡在固定位置進

行狩獵，隨時能以內轉肌將大顎閉合擊殺獵物。每具大顎的基部都有一根很長的感應毛。鋸針蟻的工蟻在狩獵期間，會以觸角在頭部前方來回掃描。一旦觸角表面的嗅覺器官辨識出獵物或敵人，螞蟻便會將頭部猛向前衝，以感應毛的尖端碰觸目標。牠們的大顎內部有巨型神經細胞，能夠對感應毛上的任何壓力作出反應。牠們的軸突，也就是細胞的延伸基幹，是所有昆蟲或脊椎動物裡已知神經軸突中最大的一個。霍德伯勒等人發現，正由於這些軸突的尺寸相當大，讓牠們能夠極快速地做出立即反應。這種反射弧，由位於大顎的接收細胞將刺激送到大腦，再傳遞到大顎肌肉裡的運動細胞，往返時間只需八毫秒，這是目前所有動物裡的最短時間紀錄。隨著電荷沿著這個反射弧（回饋弧）完成傳遞，刺激也傳遞到肌肉，大顎便在一毫秒間閉合，完成了整個行為反應（圖 13-1）。

　　鋸針蟻屬的大顎內部大部分為大型感覺細胞所佔，周圍則是空腔；這種結構可以減輕大顎的重量，而促成了這種驚人的速度。大顎閉合時可以將較小生物打昏，或至少可以末端的利齒將獵物刺穿並固定住，並將腹部前彎以螫針刺入獵物體內。大顎的攻擊威力極強，足以將身體柔軟的昆蟲的腰一切兩半。

　　鋸針蟻的這種超快速大顎攻擊還具有完全不同的第二項功能。工蟻在反擊入侵者時，可以利用它作為運輸工具。只要將頭部朝下，並以大顎碰觸堅硬的表面，然後閉合，整個身體便彈入空中，射向附近的敵人。霍德伯勒曾經在哥斯大黎加的拉·瑟爾法地區觸摸一種大型鋸針蟻屬建在樹上的蟻巢，結果有多達二十隻的工蟻將大顎閉合彈跳到空中，跳躍距離達四十公分，落在他的身上。牠們一降落之後，便立即開始以螫針螫刺霍德伯勒，逼得他連連後退。於是，霍德伯勒立刻了解牠們是如何保衛自己的家園，如果沒有這種攻擊性的防衛，就以牠們以乾燥植物覆蓋的蟻巢而言，

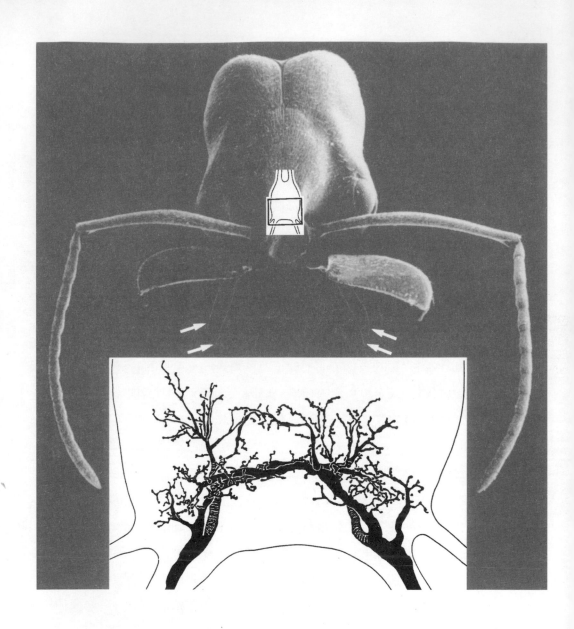

圖 13-1

鋸針蟻屬的陷阱式強健靈活大顎。圖式這隻工
蟻的大顎完全張開；途中箭頭所指為敏感的前
身感應毛。圖中的小方格部分為螞蟻的大腦，
巨大的神經細胞便是從這裡延伸出四根感應
毛。圖中下部繪圖顯示大腦放大特寫，神經部
分以黑色呈現（Wulfila Gronenberg 繪圖）。

防衛力量實在是相當薄弱。

　　世界各地的熱帶以及溫帶地區，也可以發現許多頭部呈陷阱式結構的其他螞蟻種類。類似這種鋸針蟻屬的武器型態，也曾經多次獨立出現在演化的長河中。一九四〇年代晚期，威爾森還在大學就讀時，轉而研究這類螞蟻裡的針刺家蟻，那是一種能捕食跳蟲的小型螞蟻。分布於阿拉巴馬州的一些螞蟻種類，包括瘤顎針蟻屬、瘤蟻屬與柄瘤家蟻屬等，在當時幾乎都還沒有人對牠們展開研究。威爾森一開始便儘量蒐集各種針刺家蟻，他在該州中、南部地區的森林地帶與田野中進行搜尋。他將群落安排置放在石膏塊製成的人工蟻巢裡，通常每個群落包含一隻蟻后與數十隻工蟻。這種建築構造是參考半個世紀之前的法國昆蟲學家，夏勒・詹奈的設計，加以改造而成。威爾森為了能夠儘量深入觀察，於是模仿螞蟻，將人工結構上半部的半個表面鑿開幾個孔以製造出若干巢室與連接通道。同時，他在另外一半挖掘出一個很大的巢室，當作螞蟻的覓食場所。然後，他將整個表面以玻璃板覆蓋，製造出透明的屋頂。他在覓食場的地表撒上土壤及腐朽的木頭，來模擬森林的自然地表。最後，威爾森還在這個空間裡，放置活的跳蟲、蟎、蜘蛛、甲蟲、蜈蚣以及其他小型節肢動物。這些生物都是由針刺家蟻的棲息地收集而來的，他這樣做是希望能夠了解針刺家蟻會以什麼方式，來捕食哪種獵物。整個石膏塊的尺寸不大，大約是兩個重疊拳頭大小，可以放在解剖顯微鏡的置物台上。如此，威爾森便能夠同時觀察針刺家蟻群落的育幼室，以及工蟻在覓食場的狩獵情況。

　　針刺家蟻的陷阱式大顎具有兩種基本型態。其中一種大顎極為細長，這類螞蟻可以將大顎張開超過一百八十度，例如：鋸針蟻，牠們能夠行觸發式閉合，並以銳利的末端利齒刺穿獵物。這種螞蟻在狩獵期間會不斷移動，一旦鎖定獵物，牠們只進行短暫潛行便逕行攻擊（圖 13-2）。第二

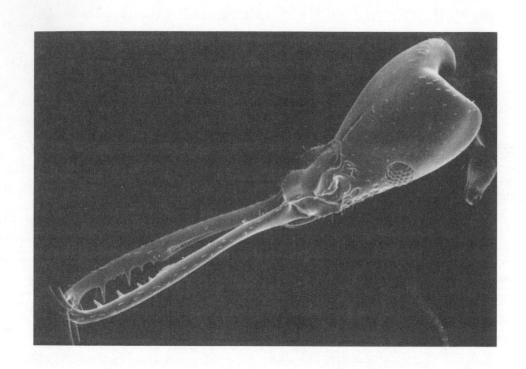

圖 13-2

分布於中美洲的刺額家蟻屬螞蟻,這隻工蟻擁
有陷阱式大顎;大顎極為修長,可以用來捕捉
跳蟲與其他靈巧的小型昆蟲。

類則擁有較短的大顎，只能張開達六十度。威爾森發現，這類擁有較短大顎的針刺家蟻是隱藏大師。這類女獵人只要一覺察附近有昆蟲，便會立刻蜷曲身體靜止不動。如果方向沒有對準獵物，牠會慢慢轉動面對目標。然後，開始匍匐前進，牠的動作相當遲緩，只有小心不斷進行觀察，和注意牠的頭部與碎土塊的相對位置變化，才能偵測到牠的移動。經過大約幾分鐘之後，螞蟻便進入攻擊位置。如果獵物在牠潛行的過程裡移動，針刺家蟻便會再度靜止，並靜候一段時間，才繼續向前移動。最後，牠進入攻擊距離，霎時間，牠利用從頭部伸出的感應毛輕輕地碰觸獵物，大顎便產生猛烈閉合攫住獵物。

　　威爾森在他的超小型飼養場裡，針對針刺家蟻進行研究發現，一般而言，牠們比較喜歡小型軟體節肢動物，包括了類似蜈蚣的結合綱物種，以及外觀類似微小衣魚的雙尾目物種。不過，跳蟲還是牠們的最愛，這種細小無翅昆蟲的身體下方具有類似尾巴的分叉附屬結構，稱為叉狀器或跳躍器（或稱為肛上叉），能夠讓牠們在一出現危險徵兆時便迅速彈離現場。這種叉狀器向下彈出的動作是動物界裡最快的一種動作，唯一超過其速度者，也只有鋸針蟻屬螞蟻的大顎閉合動作。這種小型的針刺家蟻利用隱藏技巧，以及陷阱式大顎的霎時閉合反應，成為動物界裡少數有把握能捕獲跳蟲的能手之一（彩圖 VIII-3）。

　　日本學者增子惠一因解決了昔蟻（一種軍蟻）謎團而聲名大噪，隨後，他更運用超凡的觀察力，為針刺家蟻的故事增添新的曲折情節。他發現這種小型工蟻會將土壤碎石塗敷在身體表面，顯然這是一種隱藏氣味的偽裝術，好讓牠們能夠更接近獵物。法國的亞蘭‧迪金還發現了另一種作法；工蟻會散發出一種能夠吸引跳蟲的氣味，可以讓牠們長時間留在原地，以便螞蟻可以逐步逼近。

威爾森與威廉·布朗多年以來，不斷到熱帶各個地區進行遠征，搜尋針刺家蟻的蹤跡，終於拼湊出了這種微小隱身獵人的可能演化歷程。世界各地大約有二百五十種針刺家蟻，分屬於二十四個屬，各自擁有截然不同的體型、結構與行為。牠們的歷史明顯是以下列進程來發展。其中愈原始的針刺家蟻，像現存的南美洲針刺家蟻屬，以及澳洲的長顎家蟻屬的螞蟻，都是在地表與低矮植被上覓食的大型螞蟻。牠們利用陷阱式大顎擷取各式小型到中等體型的獵物，例如：蠅類、胡蜂類與蚱蜢（圖13-3）。部分源於這類始祖型態的不同工蟻，體型大幅縮小，並開始獵捕細小的軟體昆蟲，與其他棲息於土壤內的節肢動物。部分極端的螞蟻種類則只限於捕捉跳蟲。同時，牠們的社會結構也經過轉變，來適應這種體型較小的偷偷摸摸生活型態。牠們的群落規模逐漸縮小，工蟻的軀體大小也變得一致（體型較大的針刺家蟻則擁有大型與小型工蟻），這類螞蟻也不再以氣味痕跡來聚集同伴集結狩獵。

　　他們根據針刺家蟻的食性與生態學裡的其他面向的變化，於一九五九年大體完成了這類螞蟻的演化史輪廓，這也是科學界最早針對某個動物類群的社會組織，重建其演化路徑的一次嘗試。

　　螞蟻的大顎與人類的手部功能相當。螞蟻運用大顎來撿拾、處理土壤顆粒、食物塊以及同伴。牠們也利用大顎來擊敗敵人和捕獲獵物。因此，大顎的尺寸與形狀可以提供線索，讓我們了解螞蟻的生活型態以及工蟻所採集食物的特性。此外，鋸針蟻與針刺家蟻的大顎還不是所有螞蟻種類裡最奇怪的，奇顎針蟻屬的大顎才是最奇特的。這種螞蟻的工蟻，頭部圓短，幾乎呈球狀，兩側有突出的大型眼睛。巨大的大顎向前突出，外觀類似一個籃子，細長牙齒形成的支柱則類似音叉的分叉腳。大顎在合攏靜止狀態時，會緊貼著口部，牠的末梢齒極長，尖端延伸超過頭部後緣，形成

圖 13-3

兩隻擁有陷阱式大顎的螞蟻：上圖為分布於東
南亞的一種齒顎山蟻屬的螞蟻，下圖為分布於
南美洲的武士針刺家蟻。

類似雙角的外觀。這種螞蟻的屬名的意思是「不可思議的螞蟻」，果然實至名歸。

　　牠們確實不凡，不過牠們要怎樣運用這對奇特的大顎？這是不是陷阱式大顎的一種，或它們具有一些其他完全出人意表的功能？螞蟻學家多年以來一直在推敲奇顎針蟻屬的自然生活史——這類螞蟻的築巢地點，以及牠們所獵捕的獵物。然而，這個蟻屬的成員卻是世界上最罕見的螞蟻種類。雖然目前已知有數種這類螞蟻，分布於墨西哥南部到巴西一帶（其中還有一種只發現於古巴），然而，世界各地的博物館裡，卻總共收藏不到一百具標本。只要能夠找到一隻存活的奇顎針蟻屬工蟻，就算是一項重大的成就。一直到最近，都還沒有人在實驗室裡針對現存的奇顎針蟻群落進行研究。

　　威爾森在他的一生裡，也只採集到兩隻奇顎針蟻工蟻，一隻採自古巴，另一隻則是採自墨西哥。多年以來，他竭盡心力試圖找到一個群落，以解答這種巨型大顎的謎團。一九八七年，他投入一週時間展開這項工作，並前往熱帶研究組織位於哥斯大黎加東北部的拉·瑟爾法田野調查站暨生物學研究站，這裡收藏有幾具於最近採自附近地區的標本。他在那段時間裡什麼都不做，只是沿著小徑步行，走過沒有人跡的森林地表，低著頭隨意將樹葉與傾倒的樹木枝幹踢開，以搜尋這種擁有閃亮黑色軀體，以及籃子狀頭部的獨特工蟻。他連一隻都沒有找到。他在挫折之餘，在《地底筆記》這份螞蟻學家的通訊刊物上發表了一篇文章。基本上，這篇文章的主旨是：「拜託各位幫幫忙，找出奇顎針蟻究竟吃什麼，好讓我的心靈能夠平靜下來。」

　　不到一年，三位年輕的巴西科學家，包括：小名貝托的魯貝托·布蘭迪歐、迪尼茲與托莫塔克有了答案。他們在巴西境內的兩個地點發現了兩

隻工蟻，當時正在搬運多刺馬陸的屍體。他們也找到一個群落的碎片，並將其安置在實驗室裡進行觀察，工蟻在這段觀察期間只取食馬陸，對於研究人員提供的其他獵物則完全不予理睬。馬陸的每個體節各有兩隻腳，有時候也稱為千足蟲。多數馬陸的軀體呈長圓柱形，擁有分節的堅硬外骨骼。不過，多刺馬陸的外觀卻明顯不同，牠們的身體較短、軀體柔軟，並覆蓋密集的長剛毛，牠們是馬陸世界裡的豪豬。

奇顎針蟻能夠獵捕這種豪豬。牠們運用牠們特殊的大顎，來有效克制多刺馬陸的防衛措施。布蘭迪歐等人發現，這種螞蟻一旦與馬陸遭遇，牠們便會使用大顎上的刺狀利齒穿過馬陸的剛毛刺入對方體內，並將獵物搬回家。工蟻在巢內會運用前腳褥盤上的粗毛，將馬陸體表的剛毛拔除，就像是一個廚子把雞毛拔除下鍋。隨後，螞蟻便會從頭到尾將馬陸吃掉（圖13-4）。偶爾，工蟻也會與成蟻同伴以及幼蟲分享殘餘食物。威爾森知道這項驚人發現之後，一方面相當高興，終於有人能夠破解奇顎針蟻的祕密，另一方面卻感到失望，因為那不是自己的發現，甚至連推測出答案都沒有。此外，還有某種程度的感傷，因為他知道，又少了一項來自地底世界的挑戰。

除此之外，還有一項謎團直到最近才被破解，那就是鈍角家蟻屬的大型深色螞蟻的自然史。這種工蟻的頭部呈長形，外殼厚重並有粗糙的刻紋，牠們的身體外表覆蓋了棒狀與羽毛狀的奇特體毛。鈍角家蟻屬的各種螞蟻與擁有音叉狀大顎的奇顎針蟻屬一樣，也廣泛分布於中、南美洲的森林地帶，不過，直到最近才有人發現這類螞蟻的現存者。我們對於牠們的自然史幾乎是一無所知。

過去，大家認為鈍角家蟻相當罕見，其實這只是一種錯覺，因為這種螞蟻本身就是製造錯覺的大師。我們於一九八五年在拉·瑟爾法的生物保

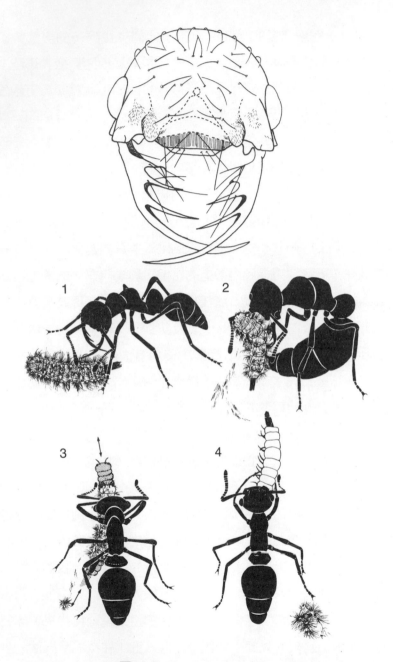

圖 13-4

分布於美洲熱帶地區的奇顎針蟻屬的螞蟻是世界上最罕見
的一種螞蟻。牠們也擁有最奇特的大頭,並運用這種大顎
來捕食狀似豪豬的多刺馬陸。圖中下半部的連環圖解,顯
示一隻工蟻先將一隻多刺馬陸的剛毛拔除,隨後才將獵物
支解吃掉(引自一篇由 C. R. F. Brandão、J . L. M. Diniz
與 E. M. Tomotake 共同撰述的文章)。

留區進行採集的時候，學會了如何找出當地這類螞蟻群落的方法，基本上並不是那麼困難。我們發現蜜露鈍角家蟻實際上還相當常見。訣竅是要在螞蟻築巢地點的深色腐朽木頭裡，尋找明顯的白色幼蟲與蟻蛹。至於工蟻與蟻后本身則相當難找，除非我們知道精確的尋覓地點，並在近距離觀察凝視。這種螞蟻的超級偽裝術可以擊敗人類的肉眼，相信對於依賴視覺進行狩獵的捕食者，例如：鳥類或蜥蜴而言，也是如此。蜜露鈍角家蟻在地面走動的時候，很容易就會找不到牠們的身影，當牠們停止不動的時候，根本就是隱身不見（見彩圖 VIII-4）。蜜露鈍角家蟻工蟻的這種隱身能力，部分是由於牠們的動作極為遲緩所致。根據我們在世界各地從事田野研究的多年經驗顯示，牠們是我們見過動作最遲緩的一種螞蟻。牠們是慢動作獵人，牠們會匍匐尋覓昆蟲，小心潛行接近，並利用大顎的霎時觸發反應攫住獵物。工蟻在巢中經常會全體肅立不動，每次長達好幾分鐘，甚至於牠們的觸角也是完全靜止的。對於已經習慣螞蟻群落裡的擾嚷不休的螞蟻觀察者而言，面對這種靜止狀況反而會讓他們覺得相當怪誕。工蟻在移動中如果被發現，或受到鑷子的干擾，牠們便會靜止不動長達幾分鐘，其他螞蟻種類碰到這種情形，則是猛然逃竄遠離。

鈍角家蟻不只是鈍得離奇，牠們還是世界上最骯髒的螞蟻。多數螞蟻都有些潔癖，牠們會經常停下來舔舐腿部與觸角，並以腿上的梳狀毛與腳上的刷狀毛梳理身體。在某些螞蟻的日常行為動作中，有超過半數是清潔自己的身體，剩餘的則大都是為同伴清潔身體。鈍角家蟻則只有大約三分之一的行為活動是用來清潔身體。年紀較老的工蟻外殼則滿覆塵土。這個現象並非出於輕忽或是不良的衛生習慣，而是這種螞蟻刻意營造的特徵。這是這種螞蟻的一種偽裝技巧。工蟻成長到能夠出巢覓食時，牠們幾乎能夠與行經的土壤和腐朽廢棄物完全混淆，難以辨認。

鈍角家蟻的身體結構還能夠強化這種偽裝效果。除了累積在體表的灰塵之外，牠們的軀體與腿部的表皮上還覆蓋了兩層體毛。長毛末端分叉，形狀像是洗瓶刷，能夠將細小塵土刮起來，並累積在體毛上。長毛下方還有羽毛狀的體毛，就像是森林下的矮樹叢，能夠將灰塵留在體表近處。

我們成功地在哈佛的人工蟻巢裡培養鈍角家蟻群落，並餵食翅膀退化的果蠅，讓螞蟻以慣常的慢動作捕食。這群工蟻沒有天然的深色土壤來覆蓋牠們的外骨骼，不過，由於我們採用石膏來建造實驗室蟻巢，它們的牆壁與地表會有微粒脫落，可以供牠們偽裝。於是，經過一段時間後，較老的工蟻會變成白色──牠們變成鬼魂螞蟻，在鈍角家蟻未曾住過的環境裡進行偽裝。

另一類螞蟻則與針刺家蟻和鈍角家蟻形成強烈對比，這類螞蟻在陽光下會閃耀著亮麗色彩。牠們所依循的自然史基本規則，同時適用於陸上與海中的物種：如果某隻動物擁有美麗色彩，而且對於你的出現無動於衷，牠便可能有毒或擁有大顎或針刺來保護自己。分布於中、南美洲雨林區地表的箭毒蛙，體表分布紅、黑、藍各式耀眼斑點。這種青蛙在異物接近的時候，只是意興闌珊地跳開，如果你想要伸手抓牠，有時候牠們還會靜坐不動。住手！如果你要捕食這種青蛙，只要一隻，牠的毒性黏液便足以要你的命。美洲印第安獵人便是在箭頭或吹箭箭頭上沾上少量這種物質，但其毒性已足以讓猴子或其他大型動物癱瘓。

澳洲的紅、黑色犬蟻身長可超過一公分，我們在十公尺外就可以看到牠，這種牛犬蟻擁有一根螯針，威力可比胡蜂。牠們在蟻巢附近活動時，稱得上是好戰成性且毫無所懼，牠們也有極佳的視力。部分犬蟻的工蟻還真的會躍起攻擊入侵的人類，牠們有這樣的能力前進跳躍很長的距離。

世界上擁有最耀眼色彩，也最為漫不經心的螞蟻種類，有一部分分布

彩圖 VIII-1

鬼針游蟻（一種軍蟻）在清晨展開群體掠食。圖示背景的倒木下，成百上千隻工蟻集結成團，以軀體圍繞蟻后與幼期個體。圖中已經有數千隻工蟻由這個蟻體巢向外擴散，並形成廣闊的前緣向前推進。途中前景顯示蟻群將一隻蠮螉制伏制伏，圖中的左上角有一隻雙色的蟻鳥，右上角還有一隻橫斑砍林鳥，這兩隻鳥正在覬覦被蟻群驅出的昆蟲（John D. Dawson 繪圖，國家地理學會提供）。

彩圖 VIII-4

分布於美洲熱帶地區的鈍角
家蟻屬螞蟻可以稱得上是螞
蟻世界裡的「隱身大師」。
上圖：分布於哥斯大黎加的
蜜露鈍角家蟻的部分群落，
包括體表覆蓋塵土的與幼
蟲。下圖：工蟻體表覆蓋了
特化體毛，可以沾住微細塵
土顆粒，因此牠們在棲息的
森林地表幾乎可以隱身不
見。

彩圖 VIII-6

圖示發現於哥斯大黎加的拉‧瑟爾法地區的一種螞蟻，這張重建圖所描述的是這種鼻兵大頭家蟻的唯一已知群落，並添加了環境植被與動物等想像細節。（在這個假想的畫面中，）以螞蟻為食的箭毒蛙入侵這群螞蟻的蟻巢。大型與小型工蟻傾巢而出，在植物表面靈活移動，並以奇異的方式成弧狀隊形離巢。這種螞蟻的大型工蟻頭部很大，並與鼻白蟻屬的白蟻兵蟻極像，無論是牠們身上的獨特色彩型態，或牠們所表現出的這種行為都與白蟻雷同。圖中顯示有幾隻該種白蟻的兵蟻外出覓食之際，在左邊的樹葉上暫停（Katherine Brown-Wing 繪圖）。

彩圖 VIII-7

德國森林裡的多梳山蟻。圖中的前景，工蟻殺死一隻葉蜂幼蟲。這樣一隻毛蟲只是尋常一日狩獵收穫的十萬分之一。圖示的蟻丘結構可以在早春之際加速暖化，蟻群才得以比競爭者更早恢復活動（John D. Dawson 繪圖，國家地理學會提供）。

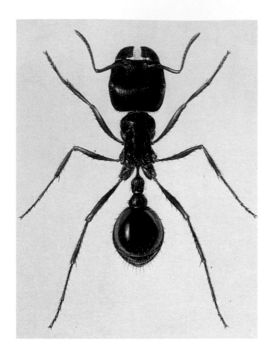

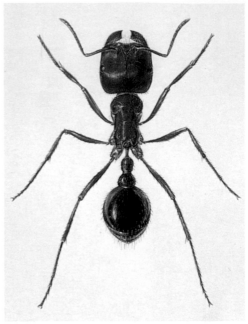

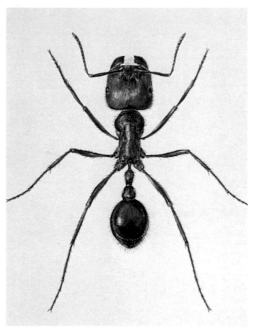

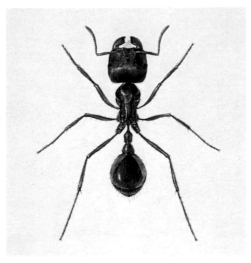

彩圖 VIII-8

數種分布於北美洲的毛收割家蟻（圖示依比例呈現）。左上：皺毛收割家蟻；右上：鬚毛收割家蟻；左下：瑪麗卡巴毛收割蟻；右下：沙漠毛收割蟻（Turid Forsyth 繪圖）。

於古巴。牠們是窄胸家蟻屬的成員，不久之前，我們還由於牠們具有獨特的結構特徵，而將這類螞蟻歸入獨立的巨幹家蟻屬。生活在古巴這個大型島嶼上的這類螞蟻合計有數十種，幾乎所有這些螞蟻都只分布於此處。這類螞蟻是安地列斯群島自然史裡的珍珠，擁有許多不同尺寸、形狀與顏色，包括黃色、紅色與黑色。不過其中最搶眼的是在陽光下閃耀藍綠金屬色澤的細長螞蟻。這種工蟻通常會排成縱隊，在石灰岩牆壁與低矮林木植被地區等空曠地上前進覓食。

　　威爾森十歲的時候，在《國家地理雜誌》上讀到威廉·曼恩所寫的下列這段文字，就深深為之著迷：「我記得有一年的聖誕節，我在古巴千里達山脈地區的米那卡蘿塔度過。那時候我試著要將一塊大石頭翻過來，看看底下究竟有什麼生物，那塊石頭突然從中間裂開，就在正中央的地方，一群總體積約為半湯匙大小的螞蟻，在陽光下閃耀著綠色的金屬光澤。後來，證實牠們是一種未知的螞蟻種類。」

　　運用你的想像力！幻想在遠處出現了如翡翠一般的活生生新種螞蟻。曼恩將這種螞蟻命名為惠勒巨幹家蟻，以紀念他在哈佛大學的博士學位指導教授威廉·惠勒。一九五三年，當威爾森還是哈佛大學博士班的學生時，他也前往米那卡蘿塔，在同一地點採集螞蟻，心中仍然記得那個鮮明的影像。當他爬上陡坡與覆蓋森林的山腰時，他逐一翻開軟質石灰岩塊，就和當年的曼恩一樣，尋找螞蟻。有些石塊裂開，有些崩解，不過大多仍然完整無損。有一段時間，他都沒有發現到綠色螞蟻的蹤跡。然後，一塊石頭崩裂成兩半，約有一湯匙數量的惠勒窄胸家蟻的工蟻，閃爍著金屬光澤，出現在他眼前。他在曼恩的科學探索之後四十年，完整重現當時的發現細節，讓他別具滿足感。這個經驗也再次肯定了自然界裡生命的延續不絕，和人類心靈的傳承。

威爾森繼續深入千里達地區，還發現了另一種窄胸家蟻，這種工蟻在陽光下閃耀金黃色彩。那是極為類似分布於世界大多數地區的金花蟲科的龜甲蟲的耀眼光澤。那種色調（包括其他螞蟻種類的藍綠金屬色澤）的產生幾乎可以確定是由體表的細小稜邊反射強光所致。不過，為什麼當初會演化出這樣的奇特效果？我們可以合理猜測，螞蟻也具有毒性，因此利用這種顏色來警告、驅離捕食者——或許就是分布於相同棲息地的變色蜥蜴。世界各地還有其他幾種螞蟻也具有這種金黃顏色。分布於澳洲以及非洲的棘山蟻屬中，有一些螞蟻種類是在腹部演化出數層金黃色體毛，或許是用來提醒其他生物，牠們的胸部與腰部上擁有銳利棘刺（見彩圖 VIII-5）。

　　接下來，最後這一種螞蟻寓言集中的品種，保證是最罕見的，或至少是所有已知螞蟻裡，最難捉摸的一種螞蟻。霍德伯勒於一九八五年前往我們最喜歡的熱帶研究地點拉·瑟爾法，他沿著二次林邊緣進行搜尋。他探入小樹叢裡，撥開一小團高達胸部的可疑乾草叢。就在此時，從裡面湧出了約有一百隻工蟻的蟻群，這些螞蟻是一種新發現的大頭家蟻屬螞蟻。那群螞蟻形成一種奇特的弧狀隊伍向外擴散遠離蟻巢（見彩圖 VIII-6）。這類反應其實也沒有什麼特別——螞蟻通常會湧出來保衛自己的家園——然而，就這個案例而言，這群工蟻的行為模式卻與鼻白蟻屬的白蟻幾乎完全相同。這類白蟻分布於拉·瑟爾法以及新大陸熱帶地區各地的樹林裡，數量也相當多。牠們的龐大圓形蟻巢是由乾硬的排泄物建構而成，裡面包含成千上萬隻的工蟻。這種白蟻的兵蟻階層稱為鼻兵，頭上長有長鼻狀的突起物，能夠噴出黏性毒液。鼻兵在蟻巢牆壁破裂時會大批蜂擁而出。體型不比青蛙大的敵人，幾乎都無法抵擋牠們的攻勢。

　　霍德伯勒所發現的大頭家蟻只有外表類似白蟻的鼻兵，不過也幾可亂

真。剛開始他還以為牠們是白蟻。這群工蟻攻擊行動幾乎與鼻白蟻一模一樣。更容易讓人誤解的一點是，這種大頭家蟻兵蟻的體色在這個蟻屬裡是獨一無二的，然而，卻相當接近白蟻兵蟻的體色。我們後來將這種螞蟻命名為鼻兵大頭家蟻，如果我們的詮釋正確，這就是我們所知第一種以白蟻為模擬對象的案例。對於知道要避開擁有高度武力的鼻兵的捕食者而言，這種擬態策略可以產生嚇阻作用。

我們當年在拉·瑟爾法停留的那一段時間裡，還努力搜尋了更多這種鼻兵大頭家蟻的群落，希望能夠更深入研究牠們的自然史，和測試擬態假設。不過，我們沒有任何發現。我們後來還多次前往，無論是兩人同行或獨自前往，我們都會繼續搜尋，一樣沒有任何成果。我們對於這樣的失敗感到不解，並急切希望能夠學得更多有關於鼻兵大頭家蟻的知識。或許這種螞蟻果真是相當罕見，或許其族群分布和擁有銳利矛齒的奇顎針蟻一樣，都極為稀疏。或許，牠們大半時候都是居住在樹冠高處，這正是我們與其他人都還沒有探勘過的地方。或許，當初那個蟻巢已從高處樹枝上掉落。總有一天，會有人發現答案，並破解這項謎團。我們也沒有必要擔心，螞蟻世界會因此而減少一分樂趣。到時候必然會出現其他古怪的現象，來引領新生代學者深入田野一探究竟。

第十四章
螞蟻如何控制環境

　　螞蟻群落透過工蟻的集體行動與分工合作，得以根據自己的喜好來控制及改變環境。這種社會力量的最明顯成果，便是氣溫的調節，這也是螞蟻能夠成功的關鍵因素。不過，我們始終不了解，螞蟻群落為什麼需要這麼多的熱能。除了澳洲的原始巨偽牙針蟻，以及其他極少數寒帶螞蟻之外，螞蟻在攝氏二十度以下的行動已相當遲鈍，低於攝氏十度則根本無法動彈。螞蟻種類的多樣性也從熱帶地區向溫帶的北部地區銳減。位於北部的古老濃密針葉林帶的螞蟻群落數目已經相當稀少，而且只有極少數能夠適應寒冷天候的螞蟻種類居住於凍土地帶。冰島、格陵蘭或福克蘭群島地區，則沒有任何原生螞蟻種類。即使是在熱帶地區，海拔超過二千五百公尺的山脈密林地帶，也幾乎發現不到任何螞蟻。相形之下，由摩哈維沙漠（譯注：位於美國南加州）以及撒哈拉沙漠地區，一直到澳洲的心臟地區，這些世界上最熱也最乾燥的地區則

充斥著各種螞蟻。

棲息於寒冷地區的螞蟻會尋求熱源來養育幼蟲。簡言之，這就是為什麼冷溫帶地區的螞蟻群落，會以這麼高的族群密度聚居於石塊下方，因此，在地表附近找到完整群落（含蟻后）的最佳方法，便是翻開石塊，而且最好是在地表剛開始轉暖的春季為之。石塊具有極佳的溫度調節能力，尤其是淺埋土裡，大部分暴露在地表之上，可以接受陽光照射的扁平石塊。在乾燥的天候裡，這種石塊只需要少量的太陽能，就可以讓石塊的溫度升高。因此，大部分螞蟻群落在春天這個最需要迅速開始活動的季節，石塊因為接受陽光照耀溫度提高，使得石塊下方的土壤比其周圍的土壤更快回暖。這樣的溫度差異導致石塊下方的蟻群，比那些居住在裸露土壤中的競爭對手佔有時間上的先機，牠們的工蟻可以更早外出覓食，蟻后更早開始產卵，幼蟲也發育得更快。這種溫度的調節原則，也適用於腐朽樹幹與木頭上的樹皮下空腔。春季時，蟻后、工蟻以及幼蟲一起擠在這類空腔之中，只有在外側的巢室過熱時，牠們才會穿過通道，退縮到較涼爽的木頭內部。

熱帶森林裡的螞蟻，因為幾乎任何時候都可以充分享受溫暖的氣候，而表現出了另一種截然不同的築巢偏好。這個地區的螞蟻多數棲息於散置地表的小塊朽木裡，少數則是棲息於矮樹叢、樹林或朽木中，還有一些則是完全在土壤中築巢，只是數目更少了。即使地面有石頭，螞蟻也很少選擇以石塊作為蟻巢覆蓋物。

由於螞蟻完全適應地面生活，因此牠們發展出各種方式，來調節生活環境的氣溫，而且幾小時內就能產生調節效果。牠們通常在石塊底下或裸露的地表向下垂直挖穴築巢，有些則是由朽木的樹皮底層向木心挖掘，並涵蓋延展木心周圍近土壤的部分。蟻巢的幾何狀內部結構讓螞蟻能夠將蟻

卵、幼蟲與蛹，在蟻巢內部進行搬運，並迅速移到最適合成長的巢室。大多數螞蟻種類的群落都能夠將所有處於成長階段的幼蟲，安放在最溫暖的巢室中，並儘量讓巢室的溫度維持在攝氏二十五到三十五度之間。

就算是在最炎熱的環境下，螞蟻還是可以用土壤建構蟻巢，蟻巢裡也不會過熱。即使是特別能適應沙漠的螞蟻，如果在夏日豔陽下被迫留在地表超過二、三個小時，還是會死亡。部分沙漠地區的地表溫度會超過攝氏五十度，這時，牠們會在幾分鐘，甚至幾秒鐘內就熱死了。不過，由於螞蟻能夠深入地底建造蟻巢，即使是在最炎熱的天候下，仍然能保持（螞蟻感覺）舒適的攝氏三十度左右，因此牠們還是能夠在這些地區繁衍興盛。

最擅長進行氣候調節的螞蟻，要屬建造蟻丘的螞蟻種類。這種結構不只是螞蟻在建構大型地底居室的過程裡，所挖掘堆積的一堆泥土那麼簡單而已。蟻丘的結構異常複雜，它們的形狀對稱、富含有機物質、通道與巢室密布相連，同時還夾雜了草、葉、莖幹碎片，以及小圓石與細小木炭。實際上，蟻丘是突出於地表的螞蟻都市，裡面住滿了螞蟻與其幼期個體。這類螞蟻的蟻丘最常見於氣溫與濕度皆極端的棲息地，例如：濕地、溪流河岸、針葉林區以及沙漠地區。

截至目前為止，我們研究最透徹的蟻丘，是分布於寒帶地區的山蟻屬螞蟻所建築的大型結構物。這種大型建築是由體色呈紅色或黑色的林蟻，包括：多梳山蟻及其近親種螞蟻建構而成，並成為北歐森林裡的常見景觀。蟻丘可以由地表堆疊高達 1.5 公尺，目的在提高內部螞蟻的體溫，讓牠們可以在春季期間儘早展開覓食，也可以提早開始撫育下一代子嗣（彩圖 VIII-7）。蟻丘外圍的一層殼狀物可以減少熱量與濕度的流失，蟻丘突出可以大幅增加表面積，讓蟻巢接受更多陽光。部分山蟻屬螞蟻所築蟻丘的朝南斜坡較長，可以進一步增加太陽能的接收量。由於蟻丘斜坡有固定

方向，因此幾世紀以來，阿爾卑斯山脈的居民一直將蟻丘當成天然指南針。螞蟻所採集的植物性物質，在腐爛的過程裡還可以產生更多熱量，成千上萬隻螞蟻在擁擠的居室裡一起工作，也會產生熱量。

毛收割家蟻屬等分布於美洲沙漠與草原的收割蟻（彩圖 VIII-8），會在牠們的蟻丘表面以小圓石、枯萎的樹葉與其他植物部分，還有木炭碎塊等不同材料點綴裝飾。這些乾燥的材料在陽光照耀下可以迅速加溫，因而可以用來收集太陽能。分布於阿富汗高原上的箭山蟻屬群落會在牠們的蟻丘上噴灑小石塊。當初，希羅多德與普里尼（譯注：古羅馬人，編著有一部三十七冊的百科全書《博物誌》）或許正是基於這種螞蟻的習性，才會寫出螞蟻採金礦的傳奇報導。希羅多德斷定，所謂的阿富汗採礦蟻是分布於卡斯帕泰羅城鎮附近，當時這裡隸屬於帕戴克這個古國家，經過考證，這裡應該是今天阿富汗的喀布爾或附近巴基斯坦的白夏瓦。大家都知道，在阿富汗這個區域裡的岩石與沖積土中富含黃金，當時，螞蟻在挖掘小圓石以作為溫度調節之用時，或許偶爾也會將金塊攜出地表。分布於美國西部的毛收割家蟻也表現出類似的行為，牠們經常在裝飾蟻巢表面的時候，添上小型哺乳類動物的化石骨骼。古生物學家也會在進行初步探勘的時候，做例行性的檢視，看看附近是否還有深埋地底的骨骼遺骸。

螞蟻在自然環境裡所面臨到的最大危機不是過熱、過冷，或水淹（多數螞蟻可以在水下存活數小時，甚至於數天），而是乾旱。大多數螞蟻群落需要保持高於室外空氣含量的大量水氣，否則在極度乾燥的環境下，牠們會面臨死亡。因此，螞蟻發明出各種技巧，有些還相當怪誕，來調節提升蟻巢巢室裡的濕度。就以蟻丘為例，這種建築的設計目的不只是為了調節氣溫，也是為了調節空氣以及土壤裡的濕度，使蟻丘的環境維持在可忍受的範圍內。蟻丘的厚殼與覆蓋在它上面的草堆，都可以減少水氣的蒸

發。此外，育幼工蟻還會將未成熟的幼期個體，穿過垂直的通道上下搬動，以取得最佳濕度。牠們會將脆弱的蟻卵與幼蟲安置在潮濕的巢室之中，而將蟻蛹安放在接近地表的較乾燥巢室裡。

長毛粗針蟻則採用了另一種截然不同的濕度控制法，這類捕食性大型針蟻分布於墨西哥至阿根廷間。牠們的群落在乾季期間會在乾燥的棲息地築巢。由於這些棲息地經常是處於乾涸狀態，工蟻群會一再前往附近植被區域採集露水或者尋覓其他水源。牠們會張開大顎，將水滴置於一對大顎之間攜回巢中，牠們會在巢中暫停片刻，讓口渴的同伴飲用溢出的水滴。之後，牠們就將剩餘的水分餵哺幼蟲，塗抹在繭上或直接放在地表上。長毛粗針蟻的覓食者便是以這種取水隊伍，來保持蟻巢內部的濕度能夠遠高於附近土壤的濕度（圖 14-1）。

分布於亞洲的捕食性皺紋雙稜針蟻則採用了另外一種迥異的奇特作法來取水。這種棲息於印度的乾燥矮樹森林地裡的工蟻，會將鳥類羽毛與螞蟻死屍等這一類具有高度吸收性的物質，裝飾在牠們的蟻巢入口處。清晨時分，露珠會集結在這類材料上面，供雙稜針蟻的工蟻收集。這些螞蟻在乾季期間顯然只能依賴這種水源生存。

此外，還有一種同樣奇怪的濕度控制方式。分布於中美洲雨林區的一種細小原始針蟻種類，美麗鋸盾針蟻，牠們會「貼壁紙」來控制濕度（圖 14-2、14-3）。美麗鋸盾針蟻的群落通常在散布於森林地表的圓木與其他朽木殘骸裡築巢，這些材料終年都飽含水氣。這些細小螞蟻所遭遇到的問題，與棲息於乾燥林地的針蟻種類正好相反。蟻巢表層的潮氣會阻礙幼年期螞蟻的發展。蟻卵與幼蟲可以直接放在木頭的潮濕裸露表面，不過蟻蛹則需要更乾燥的環境。為了解決這個問題，工蟻在部分居室與通道周圍貼上成蟻羽化後所遺留下來的蛹繭碎片。有時候，這些碎片會層層相疊。這

圖 14-1
一隻長毛粗針蟻的工蟻進行覓食並攜帶一滴水回巢，牠在巢內會與同伴分享水分，並將水塗在巢內的壁面與地面以提高室內的濕度。

圖 14-2

一隻分布於美洲熱帶地區的美麗鋸盾針蟻的身
旁環繞著工蟻與幼期個體，以及工蟻與蟻后蛹
繭。

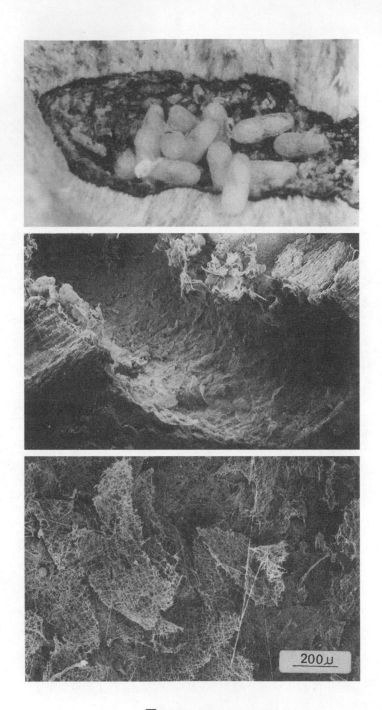

圖 14-3

鋸盾針蟻屬的工蟻在巢內以廢棄的繭絲碎片塗敷「壁紙」（上圖），這種措施顯然是一種濕度控制方法。（中、下圖）電子影像掃描顯示碎片部分較為乾燥，螞蟻便是將活的蛹繭擺放在此處。

些巢室的表面會比那些牆壁裸露的更為乾燥，工蟻則小心地將蟻蛹搬到這些居室裡。

在潮濕的土壤或朽木中建構成形的蟻巢，也是無數種細菌與真菌滋生的最理想環境，對螞蟻的健康形成潛在威脅。儘管如此，螞蟻群落卻很少受到細菌或真菌的感染。馬舒維茲發現了螞蟻為什麼擁有這種驚人的免疫能力。他發現成蟻胸部的後胸側板腺，會不斷分泌出可以殺死細菌與真菌的物質。最奇特的是，切葉家蟻屬的切葉蟻所培育的真菌卻不會受到這種分泌物的影響，其他可能侵入切葉蟻真菌菌圃的外來真菌或細菌，則無一倖存。

整個螞蟻族群在許多陸上棲息生態環境裡所取得的優勢，幾乎凌駕任何其他昆蟲類群。螞蟻的龐大數目不只讓牠們有能力變更蟻巢環境，也可以改變牠們所生活的棲息地。特別是以採集種子為食的收割蟻，對環境產生的衝擊尤甚。牠們的棲息地分布極廣，幾乎佔據了從熱帶濃密林區到沙漠地區的所有陸上棲息環境，牠們也消耗了大量生長於這些地區的許多種植物的種子。牠們對環境的影響不全然是負面的。牠們在沿途遺落的種子有助於植物的傳布，至少部分可以彌補因牠們的掠奪行為所造成的損失。

所羅門對收割蟻採集種子所表現的勤奮作為，以及將剩餘食物貯藏在地底穀倉的作為大表讚揚，他說：「你們這群懶鬼應該看看螞蟻；學學牠們的作法。」古代作家對於收割蟻相當熟悉，因為牠們分布於乾燥的地中海環境，並發展出這種勤儉的特殊習性。古代作家所接觸到的這個優勢物種，極有可能是下列三種螞蟻：（一）分布於地中海地區與往南分布直到非洲地區的原生收割家蟻；（二）建築收割家蟻則不產於非洲，分布地區從歐洲南部一直橫跨到爪哇；（三）沙丘收割家蟻，在北非與中東的數量極多。這些相當明顯易辨的中等體型螞蟻，往往會對穀類農作物造成嚴

重的蟲害，我們也幾乎可以確定，所羅門、赫西奧德（譯注：古希臘詩人）、伊索、普魯塔克（譯注：古希臘歷史學家、傳記作家與哲學家）、賀拉西（譯注：古義大利詩人和諷刺作家）、味吉爾（譯注：古代最偉大的拉丁語詩人）、奧維德與普里尼所提到的正是這類螞蟻。

　　從一六○○年代早期至一八○○年代早期，以科學觀察法研究螞蟻的先驅人物，對於過去許多作家一再反覆重述的傳統文獻，都持質疑的態度。的確，他們有理由懷疑，因為所有這些學者都是在歐洲北部地區從事研究，這是世界上的一個特殊地區，那些傳統文獻提及的現象很少出現，甚或根本不存在於當地。經過歐洲自然學家在氣候較溫暖也較乾燥地區所作的更深入研究之後，才再次證實先前所記載的活動。美國的昆蟲學家，摩格瑞吉牧師，於一八七○年代早期旅居法國南部，他在這段時間仔細鑽研原生收割家蟻與建築收割家蟻採集種子的行為，並斷定這兩種螞蟻蒐集至少十八科不同植物的種子。他證實了普魯塔克等古典作家的報告，認為工蟻會將種子的幼根咬除以避免萌芽，隨後，就將這些無法發育的種子貯藏在巢中的穀倉巢室裡。摩格瑞吉牧師還在他的現代文獻中錦上添花，證明收割蟻可以協助植物向四方散播。這種螞蟻會誤將仍可發芽的種子遺落在蟻巢附近，或將尚未發芽，也沒有摘除幼根的種子搬到蟻巢內的巢室中，因此，螞蟻扮演了協助植物繁衍的重要角色。

　　就在十九世紀期間，摩格瑞吉之後的生物學家在歐、亞、非、澳，一直到南、北美洲各地的幾乎所有發現收割蟻的地區，辛勤努力研究收割蟻自然史的所有層面。其中一項重要發現是，收割蟻對於顯花植物在各地的數量與分布情況，都產生了極大的影響。至於在沙漠、草原與其他乾燥棲息地，牠們的採集行為則更密集，也更具影響力。牠們一方面破壞了部分植物品種的競爭均勢，卻也促使其他某些品種的數量達到平衡。牠們便是

以這類作法，調整各地植物品種的分布情況。

蝐蟻的採集行為會降低植物的數量與繁殖能力。詹姆斯·布朗與其他生態學家，在亞利桑那州的實驗顯示，如果將蝐蟻從沙漠地區移除，在兩個季節期間，當地的一年生植物便會成長繁衍達正常時期的兩倍密度。亞蘭·安德遜在澳洲進行的類似實驗則發現，種子長成幼苗的數量則增加了十五倍。

收割蟻也經常有利於牠們所食用的植物品種，蝐蟻會將它們散播到更廣的區域去。許多分布於亞利桑那州沙漠地帶的植物種子，因為存活時間夠長，就在收割蟻蟻巢附近的垃圾堆積場裡生根發芽，因此，某些植物品種就能隨著收割蟻橫越貧瘠的地表，在不同的蟻巢間移動。我們可以將這類植物與收割蟻的關係，詮釋為一種鬆散的共生形式。這些植物以部分種子「支付」給蝐蟻，所得到的回報是，蝐蟻會將其他部分種子運輸到蟻巢周邊，這個區域不但富含養分，也幾乎沒有其他競爭者。

收割蟻便是經由這種無心插柳的運作方式，對於某些植物品種發揮了攸關生死的巨大影響力。牠們是核心物種，牠們的存在與否可以決定某些植物的興盛與凋零。墨西哥熱帶低地區域的農耕地，便由於熱帶火家蟻的影響，導致當地的野草數量減少；牠們也讓當地棲息於植物上的昆蟲物種數量，減少到只剩原來的三分之一。那種蝐蟻偏好某類種子，結果一些植物品種因而取得了優勢，其他競爭者則被趕盡殺絕。此外，我們也發現了某些促成當地植物相臻於平衡的案例。某類植物原本可以讓其他弱勢競爭者走上滅絕之路，卻由於蝐蟻的採集行為導致該強勢植物的數量減少到某個水準，各種植物反而得以維持恆定的共存狀態。

蝐蟻採集植物種子所造成的意外結果，只是蝐蟻與植物品種在數千萬年來，所形成的多種共生關係中的一個例子而已。白堊紀中期，恐龍仍然

是優勢物種，各類原始的蜂蟻與針蟻類螞蟻也於此時逐漸興盛；顯花植物也在這個時候產生出多樣化品種並散布到全世界，成為新的優勢植物類型。於是，展開了植物與昆蟲物種的複雜共同演化歷程。當時的許多植物品種都依賴蛾、甲蟲、胡蜂與其他昆蟲來傳粉，還有更多昆蟲在傳粉過程裡，也依賴植物的甘露與花粉維生。另一類昆蟲則是依賴顯花植物的落葉與木質部分維生。面對這種情況，植物則演化出了不同的厚層角皮、茂密的棘刺與體毛，以及植物鹼與松烯等化學防禦物質──這當中也包括了我們人類取少量作為醫療藥物、驅蟲劑、迷幻藥與調味品的化學物質──以為因應。

螞蟻便在此時登上了這個精彩的共同演化舞台。白堊紀結束之際，螞蟻的種類與數量俱增，開始擔任傳粉與散播種子的新角色，並在植物的適當部位築巢。假使有一位昆蟲學家回到大約六千萬年前的後白堊紀早期，他會發現熟悉的螞蟻身影，在熟悉的植被地區蜂擁前進。

棲息於相同地區的數千種螞蟻與植物，經常會出現各種複雜的共生現象。就以今天我們常見的寄生關係為例，螞蟻會利用植物，卻沒有任何回報。其他像是片利共生性，就是其中一個夥伴會利用對方，例如：螞蟻居住在死去的樹幹與矮樹的洞穴裡，對樹木既沒有危害，也沒有提供任何助益。另外一種對大家都有莫大好處的關係則是互利共生，維繫這種關係的雙方都可以藉此獲利。螞蟻利用植物的空腔作為築巢地點，並以甘露與養分微粒為食。螞蟻則保護牠們的植物宿主免受植食性動物的侵害，並將它們的種子搬運到其他地點，以及在它們的根系上培土施肥。部分螞蟻與植物的明智合作關係在經過共同演化後，各自特化成為利用對方服務的專家。自然界裡所出現的這類互惠協定，也促成了某些最奇特、最精妙的演化趨勢。

我們也發現非洲以及熱帶美洲的木質洋槐屬，與生存其間的各種螞蟻，就具有這種完全相依的典型共生關係。針對這類關係所作的研究中，以美洲的牛角洋槐與棲息其間的螞蟻種類的文獻最為周詳。洋槐是乾燥森林地區最具優勢的喬木與矮樹品種，其結構似乎是專門為了提供螞蟻居住與食物而設計的。沿著這類植物的樹枝上下，等距分布了一對對的厚實棘刺（牛角）。這些膨脹的棘刺具有堅硬外殼，中心則是充滿了海綿狀的漿肉，這裡是螞蟻最理想的棲息處所。羽狀複葉基部還會分泌出甘露甜液。工蟻會將棘刺的外殼切開，挖掘深入建築居室，只需要從入口走出幾公分遠，便可以啜飲甘露液滴。除了這些貢禮之外，洋槐還會在小葉尖端長出營養的鈕扣狀芽。這些微粒稱為貝氏體，螞蟻很容易就可以把它們摘下來（圖14-4）。所有的證據都顯示，這種棲息在洋槐上軀體細長，具有螫針的擬家蟻屬優勢螞蟻種類，只需要依賴甘露與貝氏體便能夠繁衍興盛。

　　螞蟻則以保護洋槐免受敵害作為回報。這種螞蟻是洋槐能夠取得高度成功，以及得以生存的關鍵因素。這種共生關係已經在田野實驗中獲得證實。美國生態學家，丹尼爾・詹忍於一九六〇年代初期，當他還是個年輕的研究生時，即前往墨西哥進行研究。他在當時便注意到，沒有受到擬家蟻保護的洋槐矮樹叢與喬木林，受到昆蟲危害的程度較高。同時，它們的競爭者的生長情況也優於它們。詹忍噴灑殺蟲劑，或將植物棘刺裡有擬家蟻棲息的樹枝剪除，他發現，將螞蟻移除之後，洋槐受到了昆蟲天敵的嚴重危害。緣椿象與角蟬都會吸食新發枝葉的汁液；金龜子、葉甲與各種蛾的毛蟲也會在樹葉上取食；吉丁蟲的幼蟲則環繞幼芽生活。其他植物也會在更近的距離內生長，擋住短小的洋槐枝芽的光照。

　　詹忍沒有處理的鄰近樹木上則有螞蟻棲息，螞蟻會攻擊入侵的昆蟲，將大部分入侵者殺死或驅離。以洋槐樹幹為中心，半徑四十公分範圍內的

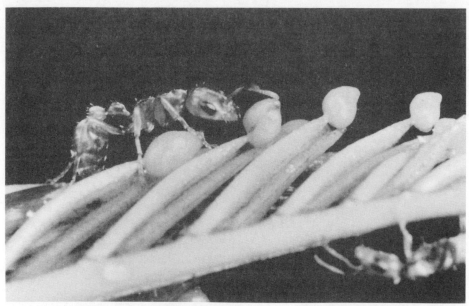

圖 14-4

美洲熱帶地區的牛角洋槐提供螞蟻棲息處所，
二者具有密切的取食共生關係。上圖顯示蟻巢
的出入口；前景可見供螞蟻取食的乳頭狀花外
蜜腺。下圖裡有一隻工蟻正在採集葉梢的貝氏
體（Dan Perlman 攝）。

異種植物新芽，也會被螞蟻咬嚼、摧殘，終至死亡。所有棲息於樹洞中的工蟻，隨時都有高達四分之一的數目在植物表面活動，牠們日夜無休，不停地在表面巡邏清理。

螞蟻棲息的樹木在詹忍的實驗進行期間成長茂盛，沒有螞蟻的樹木則持續凋萎。首度發現這種共生現象的自然學家，湯瑪斯·貝爾特，已於一八七四年得出如下的結論：擬家蟻「的確是洋槐所聘雇的常備武力。」如今，我們已經證實了這個觀點。

類似這種螞蟻－植物共生的事例，也廣泛發生於世界各地的熱帶森林與大草原地帶。這類現象也在最近幾年裡成為研究的熱潮。例如：馬舒維茲等人便在馬來西亞的雨林區裡，發現了一系列新的驚人螞蟻－植物共生關係。非洲與中、南美洲也出現了類似的報告。目前，我們已經知道超過四十科的數百種植物，與在人類家裡出沒的螞蟻具有特殊的結構關係。其中有許多與洋槐一樣，為螞蟻提供甘露與植物體糧食。這當中包括了豆科（包括洋槐）、大戟屬、茜草科、野牡丹科與蘭花等植物。依賴這種共生關係的螞蟻也出現類似的多樣性，包括了分屬於五個亞科的數百種螞蟻。

完全依賴共生植物的螞蟻也是世界上攻擊性最強的螞蟻。牠們的體型夠大，能夠攻擊包括人類在內的哺乳類，牠們的裝備齊全，反應迅速又兇猛。或許是由於牠們沒有其他地方可以棲息，因此必須背水一戰，對於任何挑釁都採取極為強烈的反應。與洋槐共生的螞蟻，在面臨人類手臂或雙掌的入侵時，幾乎是立刻蜂擁而出，撲身而上逕行螯咬。如果有人站在接近洋槐樹叢的迎風面，那麼部分工蟻會跑到樹葉邊緣，奮力接近那個人，顯然，光是那個人的體味，便足以引起這種騷動。擬家蟻也棲息於南美洲森林裡的一種小型灌木叢中，這種螞蟻的體型較大，攻擊性也更高。如果以空手碰觸這種植物的樹枝，就好像是碰到蕁麻，牠們比起前面的共生

擬家蟻只有過之而無不及，牠們是一種分布於南美洲雨林區的大型螞蟻，這種毛茸茸的螞蟻意志堅定，惡形惡狀。只要稍微招惹到這種螞蟻，工蟻就會怒氣沖沖地成群蜂擁而出，聚集在蟻巢表面。光是人類在蟻巢附近出現，便足以誘發這類反應。深入鑽研螞蟻－植物共生關係的美國昆蟲學家，黛安·大衛森在寫給我們的信上描述道：「當我接近到距離牠們的蟻巢還有一、二公尺遠的時候，這種螞蟻工蟻的最典型行為就是開始往返奔跑，而且還常常跳到我的身上。這種多型性螞蟻擁有各種不同體型的工蟻階級，牠們全部都會試圖去咬人，不過通常只有大型工蟻才能以大顎咬穿皮膚，牠們會一邊咬噬，一邊還向傷口噴灑蟻酸，讓人產生如針刺般的感覺。」

這類螞蟻並不是居住在植物的空腔中，而是棲息於螞蟻園圃裡，這是螞蟻與顯花植物的共生關係裡最複雜也最先進的一種結構。這種園圃是由螞蟻將圓形土塊、碎石與經過咬嚼的植物纖維，揉合安置在矮樹叢與喬木枝幹之上，它們的尺寸各不相同，從高爾夫球到足球般大小都有，裡面則長滿了各種草本植物。螞蟻蒐集建材築巢，並採集共生植物的種子安置在蟻巢裡。植物受到土壤與其他物質的滋養而成長，其根系就成了園圃結構的一部分。螞蟻則採集這些植物供應的植物體、果漿與植物所提供的甘露為食。

中、南美洲的螞蟻園圃包含許多不同的植物品種，至少分屬於十六個屬，這些都是其他地區找不到的植物。這些特化品種包含了天芋屬的各種植物，例如：綠絨科、觀葉鳳梨、無花果科、苦苣苔科、胡椒屬等植物，甚至於還包含了仙人掌。

只能存活於螞蟻園圃裡的植物顯然是全共生物種。螞蟻將牠們的種子搬運到蟻巢裡，並安放在有利的地點，包括育幼室，至少有部分原因是由

於螞蟻受到這些種子的吸引，甚或螞蟻是被種子所散發出來的味道所混淆，而誤認為是牠們幼蟲的味道。我們已經檢驗出部分吸引性物質，包括了 6－甲基水楊酸甲酯、苯并唑，還有幾種苯衍生物質，以及松烯等。螞蟻的活動可以促進這種植物的成長。螞蟻依賴園圃的程度反而沒有那麼高。牠們取食的對象並不限於某種植物；所有已知的園圃螞蟻種類都會離開園圃從事覓食，並收集其他種類的食物。反之，營共生生活的螞蟻，包括凶狠的腿節巨山蟻，似乎都知道自己的生計不虞匱乏。至少，牠們的行為表現出牠們依賴共生。

尾聲
誰能夠繼續存活？

　　螞蟻局限於牠們的化學感官世界，而無視於人類的存在。牠們大半是經由堅硬外骨骼上的突起毛狀、顆粒狀以及板狀感覺器，來體驗外在的世界。牠們的腦部非常奇特，區分為三個部分，它們接收、處理身體周圍不超過數公分遠的資訊。此外，牠們也只能夠了解幾分鐘或幾小時裡所發生的事情，在牠們的心智結構裡也沒有未來的概念。過去數千萬年來是如此，在無盡的未來也將如此。這種禁制於外骨骼內部的微小生物體，永遠無法拋棄這種因尺寸造成的差異。

　　由於螞蟻是生活於公分尺度的微小世界中，人類有充分的理由將牠們視為是顯微自然野生環境裡的一部分。每個群落在棲息地裡成長與繁衍，牠們的世界只限於樹木的狹縫、傾倒圓木的樹皮、或碎石散布地表的土壤下層。而人類眼中「真正的」自然野生環境則是那些跨越數百公里範圍（同樣地，這是一種相對的觀點），且受到威脅的所有地區。或許有一天，大

半森林與草原會完全消失或受到侵蝕不復存在，不過部分螞蟻群落還是會在某處繼續生存，牠們會繼續依循遺傳天性，按照日常例行週期繼續生存，人類是否曾經存在，對牠們似乎沒有任何影響。這類超級有機體完全不懂退讓，牠們只是按照自己的步調，沒有恩慈，不知權變，未來牠們也將如我們今日所見一般，永遠優雅、無情如昔，直到最後一隻螞蟻在孤寂中死去。不過，我們恐怕看不到那一天來臨。牠們的顯微自然環境，在我們人類尺度的生態系統敗亡之後仍將繼續存在。

螞蟻已經在地球上生存超過一千萬個螞蟻世代；我們則只存活不超過十萬個人類世代。牠們在過去兩百萬年裡，幾乎沒有經歷任何演化變遷。就以人類的大腦結構而言，我們在同一段時間裡，則是經歷了生命史裡最複雜也最快速的結構轉變。我們的文化演化就像是點燃了第二節火箭，在過去幾個世紀裡，更進一步加速變遷，無論從那一種評估標準觀之，都已經超越任何有機體的演化進程。我們是第一個能夠在地球物理學上產生衝擊力量的物種，我們的能力足以改變、毀滅生態系統，並擾亂全球氣候。無論是螞蟻或其他任何一種野生生物取得何種優勢，牠們的行為都不會造成生命滅亡。人類則不斷消滅大部分的生物量與生物多樣性，這是評估人類生物優勢的一個負面衡量標準。

如果有一天，人類完全消失，其他生命會迅速恢復生機並繼續繁衍興盛。目前的這種大滅絕歷程也會立刻停止，受損的生態系統會癒合並向外擴張。如果全體螞蟻因故消失，則會產生完全相反的結果，並會造成大災難。物種滅絕的速率會遠超過目前，由於這類昆蟲所提供的大量服務不復存在，陸上生態系統便會更加迅速萎縮。

人類與螞蟻都將繼續存活。不過，人類的活動會繼續讓地球衰竭下去；我們不斷消滅大量物種，破壞了生態圈之美，也讓這裡逐漸不適於人

類居住。如今，要完全修復這種損壞必須經過數百萬年的演化進程，先決條件是我們要讓地球的生態系統能夠休養生息。同時，我們也不應該蔑視這種低微的螞蟻，我們要讚揚牠們。至少，在一段不算短的時間裡，牠們會協助我們維持世界的均衡，並維繫我們所喜愛的風貌，牠們也可以提醒我們，在我們第一次踏上世界舞台的時候，這裡是多麼美好的地方。

螞蟻研究法

接下來，我們要介紹螞蟻研究的簡單入門技術，如果你是必須迅速有效處理這類材料的學生，或是各領域的田野研究者，都很適合閱讀這個章節。這份說明還不算是非常周延的文獻。尤其是如果我們想要飼養活體群落，通常在研究計畫裡會針對特定螞蟻種類的需求，發展出特殊的方式，讀者也可以在這類技術文獻的「材料與方法」章節裡找到這類記載。根據我們多年的工作經驗，我們發現了一套效果還不錯的一般性處理流程，適用於所有的主要螞蟻類群，提供如下。

採集螞蟻

採集螞蟻相當簡易，任何人都可以輕易做到。我們通常將採集到的螞蟻標本浸泡在濃度為 80％ 的乙醇或異丙醇；後者特別有用，因為世界多數地方都可

以不經處方取得這種供按摩塗擦的酒精（已故天文學家暨業餘螞蟻學家，哈洛‧夏普利採用了一種可行的偏方，他曾經在拜訪其他國家的時候，採用當地最強的烈酒來保存螞蟻。有一次，他在克里姆林宮與史達林共餐的時候，便將一隻黑毛山蟻的工蟻浸泡在伏特加酒裡，這隻工蟻目前安置在哈佛大學的比較動物學博物館裡）。我們喜歡使用一種高 55 公釐，寬 8 公釐的小型細長玻璃瓶，這個大小讓我們能夠一次將許多玻璃瓶放在小型貯存空間，或放在口袋或田野背包裡。這種瓶子有合成橡膠瓶塞，可以將「潮濕」物質貯藏在瓶裡多年。較寬的瓶子，高 55 公釐，寬 24 公釐，則是用來容納最大型的螞蟻。（資料來源：《螞蟻》，霍德伯勒、威爾森著。）

　　無論在任何時候，只要碰到工蟻都應該儘可能地採集。如果你發現螞蟻獨自覓食，你也可以將來自不同群落或不同種螞蟻的工蟻混在一起，並在標籤上註明這個背景資訊。萬一你發現了群落，你應該在一個瓶子裡放置至少 20 隻標本，還有，如果可能的話，也應放入多達 20 隻蟻后、20 隻雄蟻與 20 隻幼蟲。如果狀況緊急，瓶子不夠用，你也可以將採自數個蟻巢的樣本放在同一個瓶子裡，並以緊實的棉花球區隔牠們。一個常用的 55×8 公釐的瓶子可以容納多達四個群落的標本。接著在標籤上，用削尖的鉛筆或不褪色墨水，以小字清楚書寫類似下列的資料：

佛羅里達：安地鎮，布勞沃郡
VII-16-87.* 艾德華‧威爾森。Scrub hammock，
在腐朽棕櫚樹幹內部築巢。

＊譯注：日期標示法，代表一九八七年，七月十六日。

我們可以使用狹長的硬鑷子把螞蟻夾起來，不過不要使用末端尖銳如針的鑷子。如果要採集體型極小的螞蟻，可以使用鐘錶匠專用的尖細鑷子，例如：Dumont No. 5 型號。先將鑷子尖端伸入瓶子裡，浸在酒精中沾濕，接著抽出，用來碰觸螞蟻；這個作法可以讓標本沾在鑷子上一段時間，這個方法很好用，可以迅速將標本移到瓶子裡並浸泡在液體中。如果希望進行行為觀察，你也可以攜帶具有彈性的精細鑷子，用來採集活體標本。

　　在某個特定地點進行一般性調查時，蒐集標本的工作必須持續幾天，直到你不再發現新的螞蟻種類為止。採集標本主要是在白天進行，不過也有必要在晚上對同一個地點作地毯式的搜尋，夜間可以使用手電筒或頭戴式照明燈來尋找只在夜間外出覓食的螞蟻。優秀的採集家應該可以在一到三天之內，在面積平均為 1 公頃（約 2.5 英畝）的地點，蒐集到當地生物相裡的幾乎所有螞蟻種類。不過，複雜的密集植被棲息區域，例如：熱帶雨林區，則有可能要投入遠超過前述的更長時段，同時也必須運用某些特殊技巧，像是在植物上噴灑殺蟲劑的噴霧採集法。

　　如果是要採集一般樹棲型標本，你可以使用採集網，在樹枝與樹葉上前後揮掃。還可以撥開矮樹叢與喬木上的枯萎小樹枝空腔。我們可以運用這個技術來找出螞蟻群落，尤其是具有夜行習性的螞蟻種類，也只有這個方法才能夠找到牠們。我們也經常可以將有螞蟻棲息的小樹枝折成許多短枝（3 到 6 公釐長），然後將螞蟻吹進瓶裡，這是一種迅速有效的採集法。我們也可以使用吸蟲管，這種裝置可以很快地將螞蟻吸取出來，尤其是在蟻巢剛被打開，居住在裡面的螞蟻四處逃竄的時候。小心使用這個技術，因為許多種螞蟻會釋出大量蟻酸、松烯類與其他有毒揮發性物質。採集者一不小心便會感染蟻酸症，它會刺激喉部、支氣管與肺部而造成痛

楚，不過並不會致命。

採集陸棲螞蟻種類時，白天與夜晚都必須外出行動，以採集在地表覓食的工蟻。某些螞蟻種類的體型極小，移動也相當緩慢，相當不容易看到，因此必須仔細觀察。我們在蒐集森林生物標本時，喜歡採用一種技術，先俯伏地面，將一平方公尺面積裡的落葉清除，讓土壤與其中的腐殖質暴露出來，隨後觀察達半個小時，以尋找最不顯眼的螞蟻。還有一種方法，可以拿鮪魚或蛋糕碎屑當作誘餌，並尾隨滿載而歸的工蟻到牠們的蟻巢。

在空曠地採集時，可以尋找火山口狀的蟻巢與其他挖掘跡象，並可以使用園丁使用的小鏟子來挖掘尋找群落。只要你翻開地表的石塊與朽木塊，便可以找到專門在這類安全地點築巢的螞蟻種類。將腐朽圓木或樹幹撥開，並特別仔細在樹皮下尋找不顯眼的小型螞蟻種類，牠們在這類顯微棲息地裡的數量相當多。在地面鋪上一張長寬各為一到二公尺的白布或塑膠布，並將落葉、腐殖質與表層土壤散置在上面。將這堆腐爛物質裡的腐朽小樹枝打碎。我們經常可以在腐殖質裡較濃稠潮濕的部分找到螞蟻，螞蟻相裡有大部分是居住在這類棲息地裡，其中還可能包含了許多目前尚未經過充分研究的不顯眼螞蟻種類。

底下要說明的技術是公認為相當有效的方法，可以使用來採集位於腐朽小圓木與墜落在地表的樹枝裡的完整群落。撿起一段朽木（譬如 50 公分長），懸空放在沖洗相片的顯影盤或其他類似的淺容器上方，接著用小鏟子敲擊這段木頭幾次，將部分群落敲出來。盤裡也會有掉落的小塊木頭，不過這個作法遠比其他一般的挖掘方式，更容易採集到螞蟻，甚至於還可以採集到整個群落。

另外還有一種採集陸棲型螞蟻的作法，這個方法採用了伯氏漏斗，這

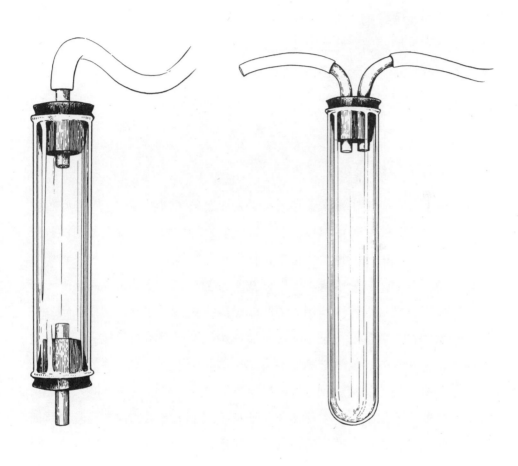

採用吸蟲器可以迅速探集螞蟻標本，圖示兩種
吸蟲器。空氣導管上覆蓋了鐵絲或尼龍網。

種採集方式的速度較慢，成果卻比較周延。這種器材是義大利昆蟲學家伯列斯所發明，並經過瑞典人塔爾格稜改良，因此以他們兩位的名字命名。這種裝置的最簡單形式包含一個漏斗，上面覆蓋了一張用來過濾的鐵絲網，可以將土壤等東西直接放在上面。我們也可以在上面安裝電燈泡或其他加熱裝置，加速讓這些物質乾燥後，螞蟻與其他節肢動物便會沿著漏斗邊緣落入採集瓶，瓶子懸掛在下面，並與漏斗下端出口緊密連接，裡面則裝了半滿的酒精。

為博物館準備標本

螞蟻可以在酒精中永久保存，不過如果是為了博物館用途，最好將採自該蟻巢的部分螞蟻，用昆蟲針製作成為乾燥的標本。尤其是要提供給分類學家進行鑑識工作的螞蟻，這更是相當重要的步驟。此外，最好將標本貯藏在博物館中作為鑑定標本，以作為田野工作或實驗室研究的參考（所有這類研究都應該根據鑑定標本進行分類學的鑑識工作）。製作螞蟻乾燥標本的標準作法稱為三角紙黏貼法，製作過程是以膠水將每隻螞蟻黏貼在由白色硬紙製成的的尖細三角形的尖端。這種細小三角型紙張的尖端應該黏貼在螞蟻右邊，並接觸到中足與後足基節下方的腹板位置。膠水滴要很小，同時要小心黏貼，不要掩蓋住其他身體部位，塗敷的位置應該在基節與胸部腹面部分，這個部位的特徵在分類學上較不重要。在進行這個「瞄準」的步驟之前，應該先用一支昆蟲針插上兩、三個三角形小紙片，插針處應該是位於三角紙的寬邊處，如此便可以將採自相同群落的兩、三隻螞蟻安置在這些釘好的三角形紙片上。隨後在製作好的螞蟻標本下方，釘上長方形昆蟲採集標籤，上面寫上採集地點等資料，如此，當你閱讀標籤的

時候，三角形會指向左方，螞蟻的頭部則指向前方。用一支針插在一起的螞蟻應該儘量包含各種不同社會階級，例如：蟻后、工蟻與雄蟻，或大型、中型與小型工蟻。如果是大型螞蟻，則每一針也可以只安排一、兩隻螞蟻；至於體型相當大的螞蟻，有時候也可以直接用針插過胸部中央而不使用膠水來黏貼標本。

飼養螞蟻

在實驗室裡飼養並研究螞蟻算是相當容易。多年以來，我們所研究的大多數螞蟻種類，都可以相當經濟的作法來大量飼養並進行行為觀察。新採集完成的群落攜回實驗室裡（最好包含蟻后以及部分原有蟻巢材料），並安放在大小足夠容納群落工蟻數目的塑膠筒裡面。例如，不同種火家蟻群落的族群數目高達兩萬隻，這時便可以使用長 50 公分，寬 25 公分，深 15 公分的塑膠盆。為了避免螞蟻逃脫，我們可以根據螞蟻所在的室內濕度，來採用不同的防逃措施。盆壁上可以塗敷石化凝凍原料、礦物重油、滑石粉，不過最好還是使用滑石劑（譯注：呈液態，塗在容器壁面乾燥後會留下白色痕跡，可以防止螞蟻爬出），這是一種液態物質，效果不錯，效期也很長（不過在潮濕環境下的效果並不令人滿意）。我們可以將群落安置在試管裡（長 15 公分，內徑為 2.2 公分），先將水倒入，並以棉花球緊緊塞住，讓水留在試管底部，從棉花塞到試管口應保留約 10 公分的無水空間。用鋁箔紙將這 10 公分的無水部分包起來以保持黑暗狀態，並誘使螞蟻搬到這裡（多數會立刻遷入）。隨後便可以移除以進行行為研究；大多數螞蟻種類都能適應一般室內光線，並照正常方式繼續哺育後代，進行食物交換，並從事其他的社會活動。在群落遷入之前，先將試管

排放在盆邊，空出盆子的大半底層表面作為覓食場。

　　我們也可以將蟻巢試管安放在密閉塑膠盒裡，這樣做可以讓覓食場周圍的空氣保持潮濕，創造出更適合棲息於森林裡的螞蟻的生存環境。以下的各種尺寸，可以大略適用於不同體型的工蟻：

小型尺寸：邊長 11×8.5 公分，深 6.2 公分。密家蟻屬、瘤突家蟻屬、窄胸家蟻屬，以及小型的大頭家蟻與瘤顎針蟻屬等極小型螞蟻。我們也可以採用小型圓形培養皿（直徑 10 公分，深 1.5 公分）來飼養這類螞蟻。

中型尺寸：邊長 17×12 公分，深 6.2 公分。例如：長腳家蟻、叉琉璃家蟻屬以及山蟻屬等類螞蟻。群落規模較小的巨山蟻屬、收割家蟻屬與毛收割家蟻屬等類螞蟻也同樣適用。

大型尺寸：邊長 45×22 公分，深 10 公分。例如：大頭家蟻、毛收割家蟻屬與火家蟻等類螞蟻之較大群落。

　　若碰到具有不尋常築巢習慣的螞蟻種類，我們也可以根據其習性來修改這種試管的基本安排方式。如果研究對象是擬家蟻屬與平頭家蟻屬等棲息於植物枝幹的螞蟻群落，我們都可以誘使牠們遷入長 10 公分，直徑 2 到 4 公釐的玻璃管裡，直徑尺寸可以根據工蟻體型而異。玻璃管的一端以棉花球封閉。我們也可將棉花塞浸濕，不過在許多情況下並不需要這樣做，因為棲息於枝幹上的螞蟻通常能夠適應蟻巢內部的乾燥環境，可以在附近擺放裝水的小型碟子以提供適度的濕氣。每一組容納群落的管子都應該放在前述的盒子裡。我們也可以將管子水平排列，並放置在架子或盆栽

上，這樣可以模擬牠們的自然棲息環境。

如果希望飼養會培育真菌的小型螞蟻群落，可以將含水的管子放在盆子裡，也是很容易培養。大型的真菌培育型螞蟻，例如：擬切葉家蟻屬與切葉蟻屬的各種切葉蟻，則最好是採用美國昆蟲學家，尼爾‧韋伯所發展出來的技術。由田野裡採集新近交配的蟻后或剛建立的群落，並轉移到一連串透明的密閉塑膠巢室裡，每個巢室的長寬各約為 20×15 公分，深 10 公分（透明的食物保鮮盒就很好用）。將這種巢室由直徑為 2.5 公分的玻璃管或塑膠管彼此串連，讓螞蟻可以在各個巢室間移動。讓工蟻可以四處覓食，並採集新鮮植物性食物（也可以添加乾燥的穀類）。覓食區可以位於空巢室裡，或四壁塗上滑石劑的開放式盒型容器之中，或四周環繞了裝水壕溝或礦物油壕溝的盒子裡。螞蟻群落的規模擴大之後，螞蟻會逐一在所有巢室裡塞滿海棉狀的特有團狀培養基，共生真菌便是在這類基質上大量繁衍。除非實驗室環境特別乾燥，通常並不需要特別供給水分，因為螞蟻可以從植物上取得所需的水分。螞蟻會取食各種不同的植物碎葉。我們在美國東北部地區最常使用的植物包括有，級木樹（菩提樹）、橡樹、楓樹與紫丁香；後兩種是覓食螞蟻的最愛。群落會將耗盡養分的基質堆在部分巢室裡頭，偶爾可以清理移除。

如果要進行更深入的行為研究，便經常需要採用更精巧的人工蟻巢。底下就敘述一種適用於絕大多數螞蟻種類的作法。先根據要研究的群落規模與族群數量選定一個盆子（如果要研究較纖小的螞蟻，例如：賊蟻，便可以採用邊長為 10×15 公分，深 10 公分的容器），隨後將石膏倒入這個適當尺寸的盆子裡，深度為 2 公分。等到石膏硬化之後，便可以在表面挖出尺寸與規格和自然蟻巢結構雷同的巢室，安排 10 到 20 個巢室來培養群落。如果要飼養居住在腐朽木頭裡的中型螞蟻，牠們的巢室直徑一般是 1

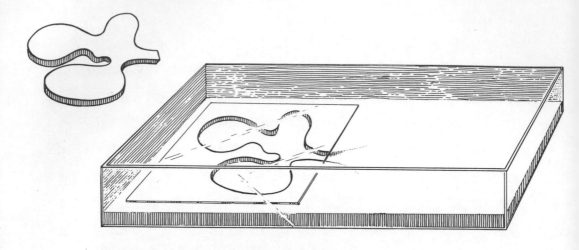

人工蟻巢製法。左邊的模板是以塑像用黏土或
複製精密模型的聚脂材料所製成，外型模仿天
然的蟻巢。通常是將模板擺放在飼養盒底面，
並將石膏傾倒在四周。隨後將一片玻璃板輕放
在上面。石膏硬化之後，移開玻璃板並取出模
板。之後再將玻璃板覆蓋回原處。螞蟻可以經
由印痕右側的小通道進入覓食場。

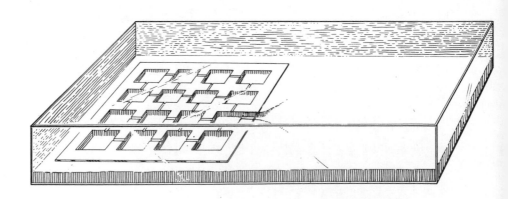

以石膏製成的多巢室水平蟻巢。蟻巢位於大型
覓食場的石膏面底下。巢室之間彼此以通道相
連，上覆玻璃板。定期在玻璃板四周灑水，可
以保持巢室潮濕。

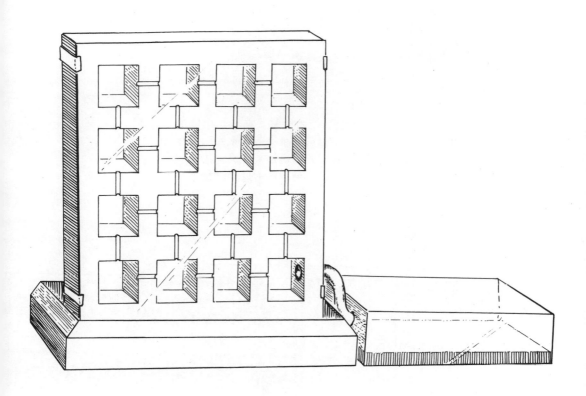

　如果要深入觀察大型群落，可以採用石膏製成
的多巢室垂直蟻巢。蟻巢兩側都以玻璃板覆
蓋，並使用金屬夾緊密固定。蟻巢基座四周環
繞壕溝，可以倒水進入壕溝以保持蟻巢潮濕。
螞蟻可以通過一個出入管道進入右側的覓食
場。

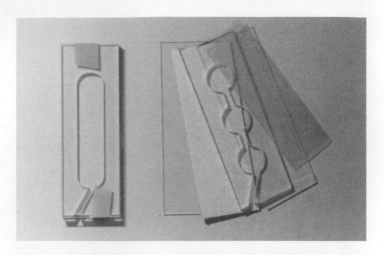

若要飼養窄胸家蟻屬一類的小型螞蟻,可以採用兩片顯微鏡用載玻片(76×26公釐),將整個螞蟻社會飼養在玻片中間的腔室裡。載玻片中間的腔室可以按照自然巢室外型來裁剪塑膠玻璃製成。蟻巢上面覆蓋紅色塑膠膜,讓螞蟻視覺感受黑暗狀態,卻不會妨礙人類進行觀察。必要時可以在襯底的濾紙上滴水以保持潮濕。

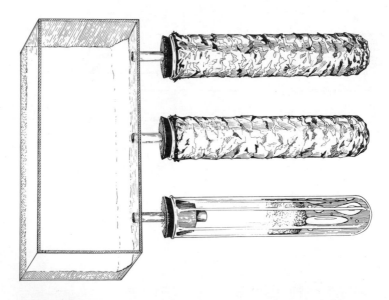

採用玻璃試管時,可以外覆鋁箔紙以保持內部黑暗,可以製成合用的人工蟻巢,許多種螞蟻都可以採用這種蟻巢結構來飼養。先在試管裡加水,再用吸水棉花球緊緊塞住中段,便可以經由貯藏在試管底部的水來維持巢室濕度。請參看圖中最下方的試管。在試管橡皮塞中間插入細玻璃管便可以與覓食場相連。

到 4 公分，並呈橢圓或圓形狀；因此，這類巢室的尺寸邊長應該是 2×3 公分，深 1 公分。人工蟻巢的巢室應由寬、深各為 5 公釐的通道相連，並使用長方形玻璃板緊密覆蓋。蟻巢區域之外的石膏表面是為覓食區，而且應該有 2 到 4 個出口通道。此外，也可以在表面四處散置從原有蟻巢附近採來的腐朽木塊與樹葉，好讓這種微環境較為「自然」。

　　如果要建造大量的石膏蟻巢，我們也會採用以雕塑用黏土或橡膠製成的預鑄模型，這種鑄模的表面形狀與巢室和通道的形狀相反。將液態石膏倒入這種鑄模，等到石膏硬化之後便將其取出，形成人工蟻巢的上半部，或甚至於可以一次就完成整個蟻巢。

　　我們在實驗室裡是採用巴卡爾人工飼料（這種配方的發明人是阿亞維納許‧巴卡爾）來餵養螞蟻，其調配作法如下：

一顆蛋

62 毫升蜂蜜

1 公克維他命

1 公克礦物質與鹽

5 公克洋菜

500 毫升水

將洋菜放在 250 毫升的滾水中溶解。放置冷卻。用打蛋器將 250 毫升的水、蜂蜜、維他命、礦物質與蛋打勻。一邊攪拌一邊加入洋菜溶液。倒入培養皿（0.5 至 1 公分深）讓配方凝結。貯藏在冰箱裡。這份配方相當濃稠，可以倒在直徑 15 公分的培養皿中，看起來就像是果凍。

採用這種配方可以讓大多數以昆蟲為食的螞蟻長得很好，每週餵養三次，並加上少量剛殺死的新鮮昆蟲碎片，例如：（棲息於麵粉等穀類中的）麵包蟲、蟑螂與蟋蟀。如果所飼養的螞蟻種類也會從事捕食，則可以讓牠們進入裝了果蠅（最好是不能飛行的突變種）的瓶子裡，這樣一來，螞蟻會長得特別好。我們也可以將果蠅的成蟲冷凍，散置於覓食區，讓螞蟻自行尋覓取食。

搬動群落

　　螞蟻群落可以棲息在瓶子裡或密封的容器裡達數天或數週之久，不過必須遵循某些基本程序。首先，絕對必須遵守的最重要規則是，必須提供螞蟻富含水分的藏身區域，注意不要過濕，以免螞蟻被水膜或水滴黏住無法脫身，這個環境裡的四處表面必須富含水氣，可以讓四周空氣裡的水分達到飽和。最理想的作法是採用部分原有蟻巢作為藏身區域，最好還有部分群落居住在裡面，如此便可以將其直接安置於容器內部。此外，還必須準備大團潮濕的棉球或紙巾（不要會滴水，那就太濕了）作為備份。容器裡的其他空間則可以填入築巢材料，或鬆散的紙巾，或其他天然材料，以避免群落在運輸途中過度震盪。

　　不要讓群落顯得擁擠，並絕對不可以佔據超過容器容量的百分之一。容器的蓋子必須能夠密封。除非群落極度活躍或具有極高攻擊性，否則不需要在蓋子上打洞或讓空氣流通；實際上，這個程序還會導致過度乾燥。每天將蓋子打開一、兩次，在容器上輕輕搧風引入新鮮空氣。如果整個搬運過程超過數天，可以提供糖水和昆蟲碎塊或其他食物餵養群落。如果螞蟻待在密閉容器裡太長，好像已經死亡，牠們有可能是由於吸進過多的二

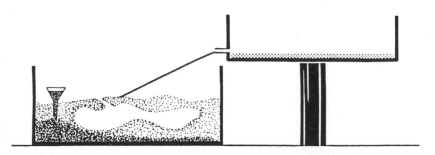

在動物飼養玻璃容器裡鋪上沙子，便可以輕易飼養一個具有相當規模的收割蟻群落。定期透過漏斗添水來保持沙子濕度，至少必須維持沙子底層潮濕。螞蟻會在沙地裡建築蟻巢，並透過狹窄木橋進入覓食場，如圖右邊的挑高部分所示。

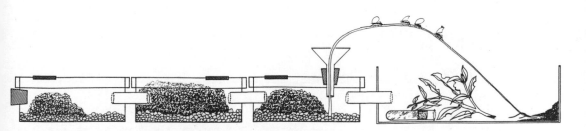

切葉家蟻屬的切葉蟻社會雖然是相當龐大複雜，卻可以輕易豢養。將包括蟻后的群落豢養在圖示的系列巢室裡，巢室以塑膠盒製造，每個盒子的尺寸約為 15×20×10 公分。可以在底部擺放一些黏土小圓石，可以調節濕度。盒蓋上應鑽出數個通風孔並覆蓋鐵絲網。群落初建之時，可以在盒子之間以玻璃管通道彼此串連，隨著群落成長，還可以添加更多盒子。將其中一個盒蓋開口安置漏斗，漏斗內壁塗上滑石粉以避免螞蟻從這裡爬出來。隨後將一根柳樹軟枝插入漏斗口，並連到覓食場，覓食場的四壁都應該塗上水溶性滑石劑或滑石粉以避免螞蟻脫逃。覓食場裡應擺放樹葉供螞蟻採集，此外並可擺放一支供水試管以備螞蟻不時之需。

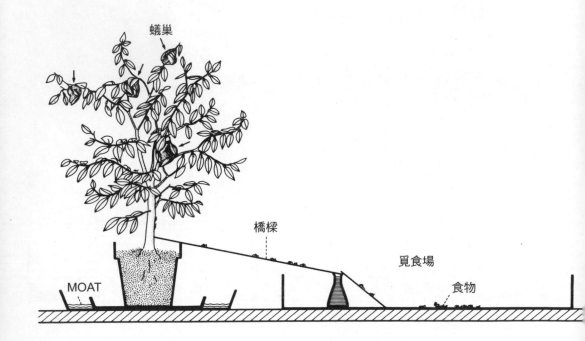

蟻巢

橋樑

覓食場

MOAT

食物

我們曾經在實驗室裡飼養編葉山蟻屬種類，並
使用柑橘類盆栽供螞蟻棲息，螞蟻會運用樹葉
與絲築成數個帳蓬。我們在植物與覓食場之間
搭橋，並在覓食場裡供應食物（昆蟲獵物與蜂
蜜水）。我們當初便是以這種配置，來研究樹
棲型螞蟻在半自然環境下的複雜溝通型態與社
會組織。

氧化碳而昏死過去。可以將牠們放在新鮮空氣裡幾個小時，看牠們會不會甦醒。

由於許多國家都限制進口活體昆蟲，在採集活體群落出口之前，必須小心向相關政府單位查詢。就以美國為例，美國農業部（包含：動物與植物健康檢驗局、植物保護與檢疫、植物進口與技術支援）規定，必須事前向相關州政府官員申報，並取得准許證。整個程序通常需時六到八週。在進入美國時，必須將許可證提交海關官員檢核。

愈來愈多國家限制出口保育類與活體標本，包含各種昆蟲，同時也必須取得特許證。我們必須查詢了解並遵從各地的法規。

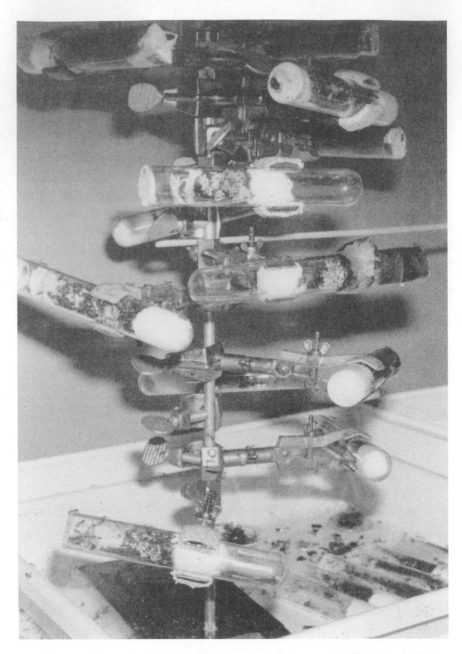

右圖顯示一組試管架，以及以試管鉗固定的許多
試管。我們可以採用這種「試管樹」來飼養編織
蟻等棲息於植物性蟻巢的螞蟻種類。每支試管都
裝水到四分之一滿，並以棉花球緊緊塞住。當時
我們所飼養的螞蟻將出入口封閉，並以絲質牆壁
為巢室重新隔間，下一頁的上圖顯示牆壁正面，
下圖則顯示數面牆壁的側邊寫照。

謝辭

本書裡的所有圖示，除了特別說明者之外，都屬我們所有。各章開頭頁緣的灰黑皺家蟻是由愛咪‧賴特所繪製。其他人所提供的作品則在各章節裡注明。我們特別要感謝國家地理學會讓我們引用約翰‧道森所繪製的精彩畫作，該作品刊載於霍德伯勒所寫的〈繽紛的螞蟻世界〉一文之中（《國家地理雜誌》，1984 年 6 月號，pp.778-813）。

我們也深深感謝下列人士的協助：為我們處理手稿與查考文獻的凱絲琳‧荷敦，處理圖像照片的黑爾嘉‧海爾曼，以及我們的技術助理馬魯‧歐柏梅爾。

台灣家屋中的螞蟻

林宗岐

　　曾在一億年前白堊紀年代與恐龍共舞的弱小螞蟻，在經過千萬年進化路程後，儼然已成為盤據著地表陸域環境的優勢生物；數以千百計各式各樣的螞蟻種類，生活在現今地球上不同的自然環境中，以她們特有的生活習性，攫取環境中所需的有用資源。但百萬年來因人類的冒起，地球陸域的環境受人類活動而逐漸的改變，現代化的人類建築如同乾燥的石化森林取代了原本的綠色大地，恆溫、乾燥及混亂的光週期是如此惡地般生態環境的特色。人類所塑造這樣的「棲地」是刻意排除人類及其眷養寵物外極大多數的生物種類，雖然如此仍有少數物種在此惡地中找到了生存的出路，他們與人類共居，進而騷擾著人們。這群不速之客中包括了多種的螞蟻，人們便將這些有著不同親緣關係卻一樣讓人討厭的螞蟻通稱為「家屋螞蟻」；而其中有些螞蟻（如小黃家蟻）更是因她們的無所不在，不管是在美洲的紐約、洛杉磯，澳洲的雪

梨，亞洲的台北、東京、北京或歐洲的倫敦、巴黎等全球各地，只要有人的居所便有她們的蹤跡，這些螞蟻被稱為流浪種（Tramp species）螞蟻——跟著人類足跡流浪全球的小東西。

現今全球已知將近萬種的螞蟻中，與人類有直接關聯的螞蟻不到五十種，而可稱得上是家屋螞蟻的種類則不到二十種。目前於台灣常見的家屋螞蟻不到十五種，其中部分種類則需要在有庭院的屋舍中才會發現。在台灣常見的家屋螞蟻可依築巢的地點區分二大類型，第一類型為定居型，螞蟻整個群落均生活在人類的建築中，我們常可在家屋中發現螞蟻的巢穴，其中以小黃家蟻（*Monomorium pharaonis*）、中華單家蟻（*Monomorium chinensis*）、花居單家蟻（*Monomorium floricola*）及黑頭慌蟻（*Tapinoma melanocephalum*）最為常見，這些家屋螞蟻常在一、二十樓的大廈中仍會發現；第二類型為侵入型，這類螞蟻多築巢於人類居所之外的環境中，但因緊鄰人類的居所而入侵至人類的地盤中，這類的代表為長腳捷蟻（*Anoplolepis longipes*，黃狂蟻）、熱帶大頭家蟻（*Pheidole megacephala*）、及入侵紅火蟻（*Solenopsis invicta*），此類螞蟻因築巢位置位於居家戶外的因素，則僅在一、二樓的房舍中才會出現，但近幾年因為大樓公寓或集合式住宅的屋頂會有助植栽的屋頂或空中花園而使這類型有害螞蟻也會入侵較高樓層的住家。而長角黃山蟻（*Paratrechina longicornis*，狂蟻、小黑蟻）與疣胸琉璃蟻（*Dolichoderus thoracicus*）則為上述兩型的中間型，多將蟻巢建築於屋外，但也會因屋外環境變化（如下大雨），而暫時將蟻巢遷入屋內，但於屋內發現也多出現在一、二樓的房舍中。

家屋螞蟻多具有以下的一些特性而足以適應人類所塑造的環境，(1)社會結構上為多蟻后型，在同一個蟻巢中多隻具有生殖能力的蟻后同時存

在；(2) 無明顯固定的蟻巢結構，可在人類建築縫隙（牆壁裂縫或地板空隙等）或物品用具內（空紙箱或書籍夾頁中）築巢；(3) 只要些許的個體（數隻工蟻及一隻以上蟻后）便可建立一個新個群落，可以如水螅出芽生殖般的方式擴展領域；(4) 雜食性且較能耐飢與耐旱，常以「取水兵」的方式對抗乾燥環境，派遣工蟻尋找水源以解決水的需求；(5) 無需婚飛的交配行為人類因為發明了人造光源與熱源，進而使居家環境中的光週期與溫溼度脫離了自然的規律，進而使居家螞蟻背離了原本自然環境中以特定婚飛（mating flight）時期的交配模式，改以蟻巢內新生蟻后與雄蟻巢內自交的情況進行。

台灣常見家屋螞蟻的種類

家蟻亞科 MYRMICINAE

Monomorium pharaonis 小黃家蟻

Monomorium chinense 中華單家蟻

Monomorium floricola 花居單家蟻

Pheidole megacephala 熱帶大頭家蟻

Solenopsis invicta 入侵紅火蟻

山蟻亞科 FORMICINAE

Paratrechina longicornis 長角黃山蟻

Polyrhachis dives 黑棘蟻

Anoplolepis longipes 長腳捷蟻

琉璃蟻亞科 DOLICHODERINAE

Tapinoma melanocephalum 黑頭慌蟻
Dolichoderus thoracicus 疣胸琉璃蟻

台灣產家屋螞蟻分類檢索表

1. 中軀與腹錘部有一節明顯的腰節（腹柄節）；腹錘部末端螫針退化
   ➡跳答 2

— 中軀與腹錘部有二節明顯的腰節（腹柄節與後腹柄節）；腹錘部末
   端螫針發達明顯（家蟻亞科 Myrmicinae）➡跳答 6

2. 腹錘部末端具有一半圓形或圓形的酸腺孔，部分種類酸腺孔呈管
   狀突出且著生環狀剛毛；腰節具有明顯的瘤部突起（山蟻亞科
   Formicinae）➡跳答 3

— 腹錘部末端酸腺孔呈裂縫狀開口，且無剛毛著生（琉璃蟻亞科
   Dolichoderinae）➡跳答 5

3. 觸角 11 節（捷山蟻屬 *Anoplolepis*）；體軀雙色，頭、胸部呈淡黃
   色或黃橙色，腹部顏色較深➡**長腳捷蟻 *Anoplolepis longipes***

— 觸角 12 節➡跳答 4

4. 觸角窩接近頭盾後緣，胸部與腰部無明顯突刺或突齒（黃山蟻屬
   Paratrechina）；體軀與足部腿節、脛節著生明顯直立剛毛，體軀
   單色，黑色或深褐色➡**長角黃山蟻 *Paratrechina longicornis***

— 觸角窩接近頭盾後緣，胸部或腰部具有明顯突刺或突齒（棘山蟻屬

Polyrhachis）；體軀與足部腿節、脛節無明顯直立剛毛著生，體軀單色，黑色➡**黑棘蟻** *Polyrhachis dives*

5. 腰節呈管狀無瘤部突起；體軀雙色，頭部深褐色，其餘部分體色呈淡黃色➡**黑頭慌蟻** *Tapinoma melanocephalum*

— 腰節瘤部突起明顯；體軀單色，黑色；體表骨化明顯堅硬，頭胸部體表刻紋明顯➡**疣胸琉璃蟻** *Dolichoderus thoracicus*

6. 觸角 10 節，觸角錘節 2 節➡**入侵紅火蟻** *Solenopsis invicta*

— 觸角 12 節，觸角錘節 3 節以上➡**跳答 7**

7. 大顎具 7 以上的突齒或小齒，前伸腹節刺發達明顯，具有兵蟻亞階級（大頭家蟻屬 *Pheidole*）；側面觀前中胸背板明顯拱狀隆起，中胸背板前緣無凹陷，體軀單色；呈深紅色或褐色；附肢（觸角與足部）呈深黃橙色➡**熱帶大頭家蟻** *Pheidole megacephala*

— 大顎具 3 或 4 個突齒或小齒，無前伸腹節刺，無兵蟻亞階級（單家蟻屬 *Monomorium*）➡**跳答 8**

8. 頭部、胸部及腰部具明顯不規則點狀刻紋；體軀雙色，頭部、中軀部及腹柄部深黃橙色或灰黃橙色，腹柄部呈褐色或灰褐色➡**小黃家蟻** *Monomorium pharaonis*

— 頭部、胸部及腰部前胸背板光滑無不規則點狀刻紋➡**跳答 7**

9. 體軀單色，中軀部呈褐色或暗褐色➡**中華單家蟻** *Monomorium chinense*

— 體軀雙色，中軀部呈深黃橙色或深黃色，頭部與腹錘部同色呈褐色或暗褐色➡**花居單家蟻** *Monomorium floricola*

小黃家蟻（法老蟻 / Pharaoh ant）

學名：*Monomorium pharaonis* Linnaeus
分類地位：家蟻亞科 MYRNICINAE
單家蟻屬 *Monomorium*

　　特徵：體長 2-2.5 mm，中小型螞蟻。體軀雙色，頭部、中軀部及腹柄部深黃橙色或灰黃橙色，腹柄部呈褐色或灰褐色；頭部、胸部及腰部具明顯不規則點狀刻紋。頭部呈長橢圓形。大顎亞三角型，大顎 4 齒。觸角 12 節，觸角錘節由末端 3 節構成。無單眼；複眼大而明顯，由數十個小眼組成，複眼形狀呈圓型，位於頭蓋中線前側緣。無前伸腹節刺，前伸腹節後緣呈圓弧狀。腹柄節略短於柄部，瘤部呈三角狀，無腹柄節刺。腹柄節下突起呈瘤狀小突。腹錘背板光滑無刻紋，著生均勻柱狀毛與長絲狀體毛。螫針發達明顯。

　　習性：小黃家蟻是非洲起源的螞蟻，但目前眾所皆知廣泛分佈於全球各地重要的家屋螞蟻，分佈於只要有人類居住的地區，且其分佈地仍跟著人類的開發而更加拓展，成為已知螞蟻中分佈最廣的種類，但在自然環境中卻較難發現其蹤跡。溫暖潮濕的家屋環境是其喜歡築巢的地方，廚房、浴室中家電用品的空隙便是她們最佳的選擇，而在紙箱或書籍夾頁也常為她們遷居時的中途站。屬於多蟻后的群落結構，且可發展成上萬隻個體以上的群落，蟻巢內常可發現數十隻甚至上百隻的蟻后，但知要有一隻蟻后與數隻工蟻便能建立新的群落，因其群落的拓展相當迅速。屬定居型的家屋螞蟻，在家屋中多為騷擾性種類，較不會主動螫咬人們或寵物。

中華單家蟻

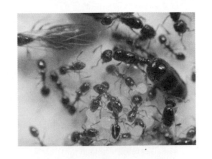

學名：*Monomorium chinense* Santschi
分類地位：家蟻亞科 MYRNICINAE
單家蟻屬 *Monomorium*

  特徵：體長 1.5 mm，小型螞蟻。體軀單色，中軀部呈褐色或暗褐色，體表光滑無明顯刻紋。頭部呈長橢圓形。大顎亞三角型，大顎 3 齒。觸角 12 節，觸角錘節由末端 3 節構成。無單眼；複眼明顯，由 10 個以上小眼組成，複眼形狀呈橢圓型，位於頭蓋中線中側緣。無前伸腹節刺，前伸腹節後緣呈圓弧狀。腹柄節柄部短，長度明顯短於瘤部，瘤部呈三角狀，無腹柄節刺。腹柄節下突起不明顯。腹錘背板光滑無刻紋，著生均勻長針狀體毛。螯針發達明顯。

  習性：中華單家蟻是東亞分布的螞蟻，是與小黃家蟻同為台灣家屋中常見螞蟻，體型較小黃家蟻小，行動速度較慢，但在屋外的草地與樹林地表等環境中仍可發現其蹤跡。在家屋中喜歡築巢於建築縫隙如牆壁裂縫或地板空隙等地方，也為多蟻后型的群落結構，但規模較小多由數百隻個體所組成。屬定居型的家屋螞蟻，在家屋中雖屬騷擾性種類且活動力較慢，但常有螯咬人們或寵物的狀況發生。

花居單家蟻

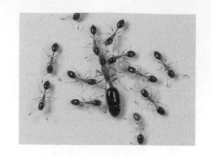

學名：*Monomoroium floricola* (Jerdon)
分類地位：家蟻亞科 MYRNICINAE
單家蟻屬 *Monomorium*

　　特徵：體長 1.7 mm，小型螞蟻。體軀雙色，中軀部呈深黃橙色或深黃色，頭部大顎亞三角型，大顎 4 齒。觸角 12 節，觸角錘節由末端 3 節構成。無單眼；複眼較小，由少於 10 個小眼組成，複眼形狀呈橢圓型，位於頭蓋中線中側緣。無前伸腹節刺，前伸腹節後緣呈圓弧狀。腹柄節柄部短，長度明顯短於瘤部，瘤部呈三角狀，無腹柄節刺。腹柄節下突起不明顯。腹錘背板光滑無刻紋，著生均勻長針狀體毛。螫針發達明顯。

　　習性：花居單家蟻是亞洲起源的螞蟻，目前也入侵到全球其他地區，成為重要的居家螞蟻。在台灣家屋螞蟻中漸漸取代小黃家蟻成為重要的居家螞蟻，體型介於小黃家蟻與中華單家蟻之間，行動速度較快。屋外的草地、花叢、倒木樹皮等環境中也可發現其蹤跡。在家屋中喜歡築巢於牆壁裂縫中，為多蟻后型的群落結構，由數百至數千隻個體所組成。屬定居型的家屋螞蟻，在家屋中雖屬騷擾性種類，但常有螫咬人們或寵物的狀況發生。

熱帶大頭家蟻

學名：*Pheidole megacephla*（Fabricius）
分類地位：家蟻亞科 MYRNICINAE
大頭家蟻屬 *Pheidole*

特徵：職蟻階級為完全雙態型，可分為兵蟻與工蟻兩亞階級。體型上兵蟻體長 4 mm 大型、中大型或中型，工蟻體長 2.5mm 為小型或中小型。體色為黃色系、紅色系或黑色系，體軀單色。工蟻亞階級：頭部與前胸背板表面平滑無明顯刻紋。頭部呈圓形。大顎三角型，大顎具 7 個以上突齒，最前端 2 個突齒大而明顯。觸角 12 節，觸角錘節由末端 3 節構成。無單眼；複眼大而明顯，由數十個小眼組成，位於頭蓋中線中側緣。前胸背板明顯隆起；前伸腹節刺明顯，針刺狀。腹柄節柄長，長度明顯長於瘤部，瘤部呈三角狀，無腹柄節刺。腹柄節下突起不明顯。腹錘背板光滑無刻紋，著生均勻長針狀體毛。螯針發達明顯。兵蟻亞階級：頭部發達呈盾狀。頭部、胸部及腰部具明顯皺紋狀刻紋。大顎具 4 突齒。螯針發達明顯。

習性：熱帶大頭家蟻是百大嚴重入侵生物之一，起源自非洲，目前蟻入侵到全世界各地。為台灣家屋螞蟻中出現頻率較低的種類，個體較大且行動快速，群落中常可發現明顯大型兵蟻階級，在鑑定上容易區分與其他家屋螞蟻區分。屬於侵入型的家屋螞蟻，較不亦在屋內發現蟻巢，此種類多築巢於庭院石塊、樹根及土壤中，也常在草原及樹林中發現其蹤跡。熱帶大頭家蟻會以石塊堆積出明顯的蟻道，而此蟻道則常常被發現在家屋的牆角邊。為多蟻后型的群落結構，但蟻后多生活在屋外的蟻巢中，群落則可由萬隻以上體所組成。在家屋中雖屬騷擾性種類，但因往往侵入屋內的個體數較多，且伴隨著武力強大的兵蟻，因此較會主動螯咬人們或寵物的狀況發生。

入侵紅火蟻（Red imported fire ant）

學名：*Solenopsis invicta* Buren
分類地位：家蟻亞科 MYRNICINAE
火家蟻屬 *Solenopsis*

特徵：職蟻階級個體大小呈連續多態型；具明顯複眼，由數十個小眼構成；體長 2.7 mm 以上，體型中大型螞蟻。體軀單色，暗紅色，腹錘部顏色較深，體表光滑無明顯刻紋。膝狀觸角10節，末端錘節由2節形成。頭部呈橢圓形。大顎亞三角型，大顎 4 齒。複眼大，由數十個小眼組成，位於頭蓋中線中側緣。頭楯前緣，具明顯頭楯中齒與一對側齒，具明顯頭楯中毛及頭楯側毛。無前伸腹節刺，前伸腹節葉不明顯。腹柄部兩節（腹柄節與後腹柄節），無腹柄節刺，無腹柄節下突起或呈小突狀。腹錘部光滑無刻紋，著生均勻長針狀體毛。螫針明顯。大型職蟻（兵蟻亞階級）頭部無明顯特化，且後頭無明顯凹陷。

習性：入侵紅火蟻是百大嚴重入侵生物之一，起源自南美洲，自1930 年入侵到美國，2001 年入侵到澳洲，2003 年入侵台灣，2004 年入侵中國。入侵紅火蟻築巢於屋外的土層環境中，覓食個體與蟻道會進入屋內，也會因屋外環境變化（如下大雨、氣溫變冷），而暫時將蟻巢遷入屋內環境，若於高層樓房出現其蹤跡，往往是因為盆栽或屋頂花園攜入含有蟻巢的土壤所致。為多蟻后型或單蟻后的群落結構，由數百至數千隻個體所組成。屬較傾向入侵型的家屋螞蟻，在家屋中攻擊性強，會主動攻擊人們或寵物的狀況發生。

長角黃山蟻（狂蟻，小黑蟻 / crazy ant）

學名：*Paratrechina longicornis*（Latreille）

分類地位：山蟻亞科 FORMICINAE

黃山蟻屬 *Paratrechina*

　　特徵：體長 2.5 mm，中小型螞蟻。體軀單色，黑色或深褐色，體表光滑無明顯刻紋。頭部呈橢圓形。大顎亞三角型，大顎5齒。觸角12節，觸角柄節長，長度長於頭長，無明顯觸角錘節。觸角與足明顯細長。具3個明顯單眼；複眼大，由數十個小眼組成，位於頭蓋中線中側緣。無前伸腹節刺，前伸腹節後緣呈圓弧狀。腹柄節柄部不明顯，瘤部呈三角狀無腹柄節刺與腹柄節下突起。腹錘背板光滑無刻紋，著生均勻長針狀體毛。螫針退化，具酸腺孔，酸腺孔圓形開口上著生長緣毛。體軀與足部腿節、脛節著生明顯直立剛毛。

　　習性：黃角黃山蟻是非洲起源的螞蟻種類，目前蟻入侵到全世界各地。為台灣家屋螞蟻常見的種類，體型較大於小黃家蟻，體色黑，行動速度較快，常於戶外走廊或人行道上活動。將蟻巢建築於屋外的土層中，也常築巢於乾枯的水溝中，但也會因屋外環境變化（如下大雨），而暫時將蟻巢遷入屋內，但於屋內發現也多出現在一、二樓的房舍中，若於高層樓房出現其蹤跡，往往是因為盆栽或屋頂花園攜入含有蟻巢的土壤所致。為多蟻后型的群落結構，由數百至數千隻個體所組成。屬較傾向入侵型的家屋螞蟻，在家屋中屬騷擾性種類，較不會主動攻擊人們或寵物的狀況發生。

黑棘蟻

學名：*Polyrhachis dives* F. Smith

分類地位：山蟻亞科 FORMICINAE

棘山蟻屬 *Polyrhachis*

　　特徵：體長 5-6 mm，中大型螞蟻。體軀單色，黑色。體表具點狀刻紋，著生白色或黃白色短毛。頭部呈圓形。大顎亞三角型，大顎少於 7 齒。觸角 12 節，無明顯觸角錘節。具 3 個明顯單眼；複眼大，由數十個小眼組成，位於頭蓋中線後側緣。具有明顯前胸背板刺，但無中胸背板刺，前伸腹節刺明顯。腹柄節無柄部，瘤部呈圓狀，具有明顯腹柄節刺，腹柄節下突起則無。腹錘背板光滑無刻紋，著生濃密白色或黃白色短毛。螫針退化，具酸腺孔，酸腺孔圓形開口，但無明顯緣毛著生。體軀與足部腿節、脛節著生明顯直立剛毛。

　　習性：黑棘蟻主要分布在亞洲地區。為台灣家屋螞蟻中典型入侵型螞蟻，且為家屋螞蟻中體型最大的種類，體色釉黑，常因身體上密佈白色或白黃色短毛，而呈金屬光澤。為台灣中低海拔地區常見的螞蟻種類。此種類多於樹枝幹、芒草叢、庭院籬笆等處，建築絲直狀的蟻巢，如編織蟻（weaver ant ）般黑棘蟻以末齡幼蟲所吐出的絲將葉片或枯枝等材料黏合，築出蟻巢外壁與巢室間隔。若黑棘蟻將蟻巢築於離家屋較近的區域，則常常會發現侵入家中尋找食物的個體。為多蟻后型的群落結構，由數百至數千隻個體所組成。在家屋中屬騷擾性種類，具有強烈的領域性，易受驚嚇會將腹部酸腺由腹下前舉觸角上揚，表現出明顯的威嚇的攻擊行為，會有主動攻擊人們或寵物情事發生。

長腳捷蟻（黃狂蟻 Yellow crazy ant）

學名：*Anoplolepis longipes*（Jerdon）

分類地位：山蟻亞科 FORMICINAE

捷山蟻屬 *Anoplolepis*

特徵：體長 4 mm，中大型螞蟻。體軀雙色，頭、胸部呈淡黃色或黃橙色，腹部顏色較深，體表光滑無明顯刻紋。頭部呈長橢圓形。大顎亞三角型，大顎 7 齒以上。觸角 11 節，觸角柄節極長，長度 2 倍長於頭長，無明顯觸角錘節。觸角與足明顯細長。無單眼；複眼大，由數十個小眼組成，位於頭蓋中線中側緣。前胸背板明顯細長延伸，無前伸腹節刺，前伸腹節隆起圓弧狀。腹柄節柄部不明顯，瘤部呈方型，無腹柄節刺與腹柄節下突起。腹錘背板光滑無刻紋，著生均勻長針狀體毛。螫針退化，具酸腺孔，酸腺孔圓形開口上著生長緣毛。

習性：長腳捷蟻是百大嚴重入侵生物之一，南亞起源的螞蟻種類，目前蟻入侵到全世界許多地區。台灣家屋螞蟻出現頻率較低的入侵型種類，但因體色為較鮮豔的黃色，較易引人注意，行動速度較快，常於戶外走廊或人行道上活動。多將蟻巢建築於屋外的土層中，也常築巢於乾枯的水溝中，於屋內發現也多出現在一、二樓的房舍中，若於高層樓房出現其蹤跡，往往是因為盆栽或屋頂花園攜入含有蟻巢的土壤所致。為多蟻后型的群落結構，由數百至數千隻個體所組成。在家屋中屬騷擾性種類，較不會主動攻擊人們或寵物的狀況發生。

黑頭慌蟻

學名：*Tapinoma melanocephalum* (Fabricius)

分類地位：琉璃蟻亞科 DOLICHODERINAE

慌琉璃蟻屬 *Tapinoma*

　　特徵：體長 1.5 mm，小型螞蟻。體軀雙色，頭部深褐色，其餘部分體色呈淡黃色，體表刻紋不明顯。頭型心型。大顎亞三角型，大顎少於 7 齒。觸角 12 節，無明顯錘節形成。無單眼；複眼明顯，由 10 個左右小眼組成，複眼形狀呈橢圓型，位於頭蓋中線中側緣。無前伸腹節刺，前伸腹節後緣呈圓弧狀。腹柄節呈管狀柄部長，無瘤部，無腹柄節刺與腹柄節下突起。無腹柄節下突起。腹錘背板光滑無刻紋，著生些許針狀體毛。螫針退化，具酸腺孔，酸腺孔呈縫線狀開口。

　　習性：黑頭慌蟻是亞洲起源的螞蟻種類，目前蟻入侵到全世界許多地區。小黃家蟻同為台灣家屋中常見螞蟻，體型較小黃家蟻小，體色雙色，容易辨識，行動速度較快速，但在屋外的草地與樹林地表等環境中可常現其蹤跡。在家屋中喜歡築巢於建築縫隙如牆壁裂縫或地板空隙等地方，為多蟻后型的群落結構，多由數百隻個體所組成。屬定居型的家屋螞蟻，在家屋中雖屬騷擾性種類，但活動力較強，但常有螫咬人們或寵物的狀況發生，若將其捏死，常可聞到嗆鼻的酸性氣味，是目前危害最為嚴重的家屋螞蟻。

疣胸琉璃蟻

學名：*Dolichoderus thoracicus* (F. Smith)

分類地位：琉璃蟻亞科 DOLICHODERINAE

琉璃蟻屬 *Dolichoderus*

　　特徵：體長 3-4.5 mm，中型螞蟻。體軀單色，黑色或黑褐色。體表具規則凹孔刻紋與均勻分布細毛。頭部呈圓形。大顎亞三角型，大顎多於10 齒以上。觸角 12 節，無明顯觸角錘節。複眼大，由數十個小眼組成，位於頭蓋中線後側緣。後胸背板溝凹陷明顯，前伸腹節明顯突起。腹柄節柄部短，瘤部呈圓筒狀，無腹柄節刺與柄節下突起。螯針退化，具酸腺孔，酸腺孔圓形開口，但無緣毛著生。

　　習性：疣胸琉璃蟻分布於亞洲，是近年來台灣中部地區家屋中被入侵的螞蟻，體型中型色黑或黑褐色，會形成長列的覓食蟻道容易辨識，屋外的草地與樹林地表等環境中可常現其蹤跡。居家環境中所使用大量鋁門窗、天花板、塑膠與夾板輕隔間隔板等或是屋棚屋外、雜物與枯枝竹竿堆置處，均是提供原本棲息築巢於落葉堆、植物空隙與竹子內的疣胸琉璃蟻良好的棲息與築巢環境。為多蟻后型的群落結構，多由數千隻至數萬隻個體所組成。屬定居型的家屋螞蟻，在家屋中屬騷擾性種類，但因大量入侵且爬行力強，常會因自天花板上掉落至人身上且會有咬與噴蟻酸的攻擊行為造成傷害，是目前危害台灣中部地區重要的家屋螞蟻。

譯後記

當初接下這本大作的翻譯工作，心理還頗為高興，因為這本書讀起來趣味盎然，能夠翻譯螞蟻學泰斗的著作也相當有成就感。等到開始進行之後才發現問題還真不小。尤其以螞蟻學名的中譯問題最難解決。我在工作進行過程裡也蒐集了一些昆蟲資料，詢問過一些專家，卻一直沒有發現比較完整的學名中譯參考工具。於是和本書的執行編輯討論，能不能接受以學名原文刊出，或者根據昆蟲的俗名自行命名。我們認為，兩個作法都對讀者難以交代，於是更積極尋找專家協助。

接近截稿日期，我前往台大昆蟲系拜訪吳文哲主任，獲得吳老師指點迷津，並慷慨出借珍貴資料，我也因此而認識了吳老師的學生，螞蟻專家林宗岐博士。林博士答應抽空幫我做螞蟻的學名中譯，結果他還額外幫我閱讀譯稿，適時修改成該專業領域裡的習慣用詞，讓讀者在閱讀之餘，還能看到螞蟻學的專業

風貌。由於他的參與,我才有信心不至於辜負了霍德伯勒與威爾森的這本傑作。我要在此對林博士表達最高的謝意與敬意,這位年輕博士所表現的高度專業使命感與助人熱情,讓我相當佩服,尤其他在提供協助的期間還在軍中服役,參考資料都不在身邊,還要面臨超過截稿期限的心理壓力。總算,我們能夠在可以容忍的期限裡完成這項工作。

在此我要聲明,承蒙林博士在螞蟻學名中譯上提供專業協助,針對書中出現的螞蟻中文名稱提供了可信的譯法,若有誤植疏忽等錯誤,責任在我,讀者若發現任何缺失,敬請提出糾正,我會虛心接受。

索引

文獻

地名與機構

1～5 畫

11 ～ 15 畫

6 ～ 10 畫

螞蟻中英文學名暨索引對照表

MYRMICINAE 家蟻亞科			
Acanthognathus	刺顎家蟻屬	18, 彩圖 VIII-3	
		Acanthognathus	*teledectus*	遠針刺家蟻	彩圖 VIII-3
Orectognathus	長顎家蟻屬	22, 218	
		Orectognathus	*versicolor*	多彩長顎家蟻	22
Pogonomyrmex	毛收割家蟻屬	52-53, 91, 124, 232, 258, 彩圖 I-2-5, V-4, VIII-8	
		Pogonomyrmex	*desertorum*	沙漠毛收割家蟻	彩圖 I-2
		Pogonomyrmex	*rugosus*	皺毛收割家蟻	53, 彩圖 I-3, VIII-8
		Pogonomyrmex	*barbatus*	鬚毛收割家蟻	52, 彩圖 I-4, V-4, VIII-8
		Pogonomyrmex	*maricopa*	瑪麗卡巴毛收割家蟻	彩圖 I-5, VIII-8
		Pogonomyrmex	*californicus*	加州毛收割家蟻	124
Leptothorax	窄胸家蟻屬	56, 116-117, 119, 225, 258, 262	
		Leptothorax	*allardycei*	亞拉窄胸家蟻	117
		Leptothorax	*acervorum*	堆積窄胸家蟻	56
		Leptothorax	*wheelers*	惠勒窄胸家蟻	225
Zacryptocerus	平頭家蟻屬	258	
Adelomyrmex	密家蟻屬	258	
Aphaenogaster	長腳家蟻屬	77-78	
		Aphaenogaster	*cockerelli*	卡克長腳家蟻	78

<table>
<tr><td colspan="5" align="center">MYRMICINAE 家蟻亞科</td></tr>
<tr><td>Tetramorium</td><td>皺家蟻屬</td><td colspan="3">83, 156-157, 189, 271</td></tr>
<tr><td></td><td></td><td>Tetramorium</td><td>caespitum</td><td>灰黑皺家蟻</td><td>83, 156-157, 189, 271</td></tr>
<tr><td>Pheidole</td><td>大頭家蟻屬</td><td colspan="3">47, 84, 88, 149, 226-227, 274-275, 277, 281, 彩圖 I-2, 彩圖 I-5</td></tr>
<tr><td></td><td></td><td>Pheidole</td><td>dentata</td><td>齒突大頭家蟻</td><td>84, 86</td></tr>
<tr><td></td><td></td><td>Pheidole</td><td>megacephala</td><td>熱帶大頭家蟻</td><td>88, 274-275, 277, 281</td></tr>
<tr><td></td><td></td><td>Pheidole</td><td>nasutoides</td><td>鼻兵大頭家蟻</td><td>227</td></tr>
<tr><td></td><td></td><td>Pheidole</td><td>desertorum</td><td>沙漠大頭家蟻</td><td>彩圖 I-5</td></tr>
<tr><td>Pheidologeton</td><td>擬大頭家蟻屬</td><td colspan="3">206, 彩圖 VIII-2</td></tr>
<tr><td></td><td></td><td>Pheidologeton</td><td>diversus</td><td>紅擬大頭家蟻</td><td>206, 彩圖 VIII-2</td></tr>
<tr><td>Wasmania</td><td>小火蟻屬</td><td colspan="3">88</td></tr>
<tr><td></td><td></td><td>Wasmania</td><td>auropunctata</td><td>小火蟻</td><td>88</td></tr>
<tr><td>Solenopsis</td><td>火家蟻屬</td><td colspan="3">84, 86, 89-91, 113, 239, 282, 彩圖 V-2</td></tr>
<tr><td></td><td></td><td>Solenopsis</td><td>invicta</td><td>入侵火家蟻</td><td>84, 113</td></tr>
<tr><td></td><td></td><td>Solenopsis</td><td>geminata</td><td>熱帶火家蟻</td><td>89, 239</td></tr>
<tr><td></td><td></td><td>Solenopsis</td><td>fugax</td><td>快捷火家蟻</td><td>91</td></tr>
<tr><td></td><td></td><td>Solenopsis</td><td>xyloni</td><td>森林火家蟻</td><td>90, 彩圖 V-2</td></tr>
<tr><td></td><td></td><td>Solenopsis</td><td>pichteri</td><td>南方火家蟻</td><td>113</td></tr>
<tr><td>Myrmecocystus</td><td>蜜瓶家蟻屬</td><td colspan="3">89, 91-93, 95, 115, 彩圖 III-3-5, IV-1-4, V-2</td></tr>
<tr><td></td><td></td><td>Myrmecocystus</td><td>mimicus</td><td>擬態蜜瓶家蟻</td><td>92-93, 95, 115, 彩圖 III-3-4, IV-3-4</td></tr>
<tr><td></td><td></td><td>Myrmecocystus</td><td>mexicanus</td><td>墨西哥蜜瓶家蟻</td><td>彩圖 V-2</td></tr>
<tr><td></td><td></td><td>Myrmecocystus</td><td>navajo</td><td>納瓦伙蜜瓶家蟻</td><td>彩圖 V-2</td></tr>
</table>

MYRMICINAE 家蟻亞科				
Daceton	針刺家蟻屬	218, 彩圖 V-5		
		Daceton	*armigerum*	武士針刺家蟻	219, 彩圖 V-5
Teleutomyrmex	寄生家蟻屬	156-157, 158		
		Teleutomyrmex	*schneideri*	寄食寄生家蟻	156-157, 158
Messor	收割家蟻屬	91, 232, 237-238, 258		
		Messor	*barbacus*	原生收割家蟻	237-238
		Messor	*structor*	建築收割家蟻	237-238
		Messor	*arenarius*	沙丘收割家蟻	237
Atta	切葉家蟻屬	74, 76, 142-143, 146-147, 150, 237, 259, 265, 彩圖 VI-2-8		
		Atta	*cephalotes*	頭切葉家蟻	76, 143, 146
		Atta	*sexdens*	六孔切葉家蟻	143, 146, 彩圖 VI-2
		Atta	*taxana*	德州切葉家蟻	143
		Atta	*vollenweideri*	渥倫切葉家蟻	147
		Atta	*leavigata*	葉口切葉家蟻	150
Myrmica	家蟻屬	173, 189		
		Myrmica	*sabuleti*	聚砂家蟻	189
Basiceros	鈍角家蟻屬	221, 彩圖 VIII-4		
		Basiceros	*manni*	蜜露鈍角家蟻	223, 彩圖 VIII-4
Macromischa	巨幹家蟻屬	225		
		Macromischa	*wheeleri*	惠勒巨幹家蟻	225
Monomorium	單家蟻屬	8, 60-61, 273-275, 277-280, 283, 286		
		Monomorium	*pharaonis*	法老蟻（小黃家蟻）	8, 60-61, 273-275, 277-280, 283, 286

MYRMICINAE 家蟻亞科		
Cladomyrma	分枝家蟻屬	182
Zacryptoceru	扁龜家蟻數	21-22
Acromyrmex	擬切葉家蟻屬	142, 259
Meranoplus	突胸家蟻屬	90
Oligomyrmex	寡家蟻屬	137
Strumigenys	瘤顎針蟻屬	215, 258
Smithistruma	瘤蟻屬	215
Cardiocondyla	瘤突家蟻屬	258
Trichoscapa	柄瘤家蟻屬	215

FORMICINAE 山蟻亞科				
Gigantiops	碩眼山蟻屬	22		
		Gigantiops	*destructor*	破壞碩眼山蟻	22
Myrmoteras	齒顎山蟻屬	219		
Formica	山蟻屬	61, 88, 159-160, 163, 165, 170-173, 219, 231, 283, 285, 彩圖 VII-1, VII-3, VIII-7		
		Formica	*polyctena*	多梳山蟻	88, 170, 179, 231, 彩圖 VIII-7
		Formica	*omnivore*	雜食山蟻	89
		Formica	*lugubris*	哀愁山蟻	61
		Formica	*fusca*	暗褐山蟻	161, 165, 188, 彩圖 VII-1
		Formica	*subintegra*	亞全山蟻	161, 163-164
		Formica	*subsericea*	亞絲山蟻	164
		Formica	*yessensis*	葉盛山蟻	61
		Formica	*neorufibarbis*	新霸山蟻	165
		Formica	*sanguinea*	血色山蟻	彩圖 VII-3
		Formica	*wheeleri*	惠勒山蟻	165
Camponotus	巨山蟻屬	75, 77, 92, 132-134, 137-138, 245, 258, 彩圖 III-2, V-5-6, VI-1		
		Camponotus	*perthiana*	破壞巨山蟻	彩圖 I-6, III-2
		Camponotus	*floridanus*	花間巨山蟻	75, 132, 134
		Camponotus	*gigas*	巨大巨山蟻	22, 137-138
		Camponotus	*plantaus*	平坦巨山蟻	彩圖 V-5
		Camponotus	*femoratus*	腿節巨山蟻	245
		Camponotus	*ligniperda*	木害巨山蟻	彩圖 V-6, VI-1
Lasius	毛山蟻屬	49, 51, 166, 182, 252, 彩圖 VII-2		
		Lasius	*flavus*	黃毛山蟻	49
		Lasius	*neoniger*	新黑毛山蟻	51, 182
		Lasius	*niger*	黑毛山蟻	49, 252
		Lasius	*fuliginosus*	煤灰毛山蟻	166

FORMICINAE 山蟻亞科				
Oecophylla	編葉山蟻屬	64, 266, 彩圖 II-1-5, III-1, VII-5		
		Oecophylla	*longinoda*	長節編葉山蟻	64, 彩圖 II-5, VII-5
		Oecophylla	*smaragdina*	翠綠編葉山蟻	64
Acanthomyops	刺山蟻屬	43, 80, 183		
		Acanthomyops	*clariger*	棍棒刺山蟻	80
Polyergus	悍山蟻屬	159-161, 163, 彩圖 VII-1		
		Polyergus	*rufescens*	紅悍山蟻	160-161, 彩圖 VII-1
Cataglyphis	箭山蟻屬	124, 232		
		Cataglyphis	*bicolor*	雙色箭山蟻	124
Leptomyrmex	細山蟻屬	彩圖 II-3		
Acropyga	臀山蟻屬	183		
Brachymyrmex	短山蟻屬	137		
Polyrhachis	棘山蟻屬	226, 276, 284, 彩圖 VIII-5		

PONERINAE 針蟻亞科				
Odontomachus	鋸針蟻屬	117-118, 212-215, 217		
		Odontomachus	*chelifer*	鉗爪鋸針蟻	117-118
		Odontomachus	*insularis*	島嶼鋸針蟻	212
		Odontomachus	*bauri*	巨大鋸針蟻	212
Prionopelta	鋸盾針蟻屬	233, 235-236		
		Prionopelta	*amabilis*	美麗鋸盾針蟻	233, 235
Diacamma	雙稜針蟻屬	119, 233		
		Diacamma	*australe*	澳洲雙稜針蟻	119
		Diacamma	*rugosum*	皺紋雙稜針蟻	233
Harpegnathos	掠針蟻屬	119-121, 彩圖 V-3-4		
		Harpegnathos	*saltator*	跳躍掠針蟻	119, 121
Pachycondyla	粗針蟻屬	233-234		
		Pachycondyla	*villasa*	長毛粗針蟻	233-234
Thaumatomyrmex	奇顎針蟻屬	218, 220-222		
Ectatomma	泛針蟻屬	彩圖 III-2, V-1		
		Ectatomma	*ruidum*	皺泛針蟻	彩圖 III-2, V-1
Leptogenys	細顎針蟻屬	81		
Amblyopone	鈍針蟻屬	19, 111		
		Amblyopone	*australis*	澳洲鈍針蟻	彩圖 IV-6
Gnamptogenys	彎顎針蟻屬	24		

DOLICHODERINAE 琉璃蟻亞科				
Forelius	前琉璃蟻屬	89, 彩圖 I-2, IV-2		
		Forelius	*pruinosus*	白霜前琉璃蟻	89, 彩圖 I-2
Dorymyrmex	叉琉璃蟻屬	91, 彩圖 IV-3, 彩圖 VII-5		
		Dorymyrmex	*bicolor*	雙色叉琉璃蟻	91, 彩圖 IV-3
		Iridomyrmex	*purpureus*	紫紅琉璃蟻	彩圖 VII-5
		Iridomyrmex	*humilis*	阿根廷蟻	88
Dolichoderus	琉璃蟻屬	168, 183-184, 286-287, 彩圖 VII-7		
		Dolichoderus	*bituberculatus*	雙疣琉璃蟻	168
		Dolichoderus	*tuberifer*	疣節琉璃蟻	彩圖 VII-7
		Dolichoderus	*cuspidatus*	斑點琉璃蟻	183

NOTHOMYRMECINAE 偽牙針蟻亞科				
Nothomyrmecia	偽牙針蟻屬	106-107, 111, 彩圖 IV-5		
		Nothomyrmecia	*macrops*	巨偽牙針蟻	106-107, 109, 229, 彩圖 IV-5
LEPTANILLINAE 昔蟻亞科				
Leptanilla	昔蟻屬	204-205, 207		
		Leptanilla	*japonica*	日本昔蟻	205, 207
ECITONINAE 游蟻亞科				
Neivamyrmex	利馬游蟻屬	167, 203		
		Neivamyrmex	*nigrescens*	黑利馬游蟻	167, 203
Eciton	游蟻屬	20, 165-167, 191, 197, 199-204, 206, 209, 彩圖 VIII-1		
		Eciton	*hamatum*	彎鉤游蟻	197, 200-201
		Eciton	*burchelli*	鬼針游蟻	167, 191, 193, 195-196, 197, 201-202, 206, 209, 彩圖 VIII-1
		Eciton	*dulcius*	甘甜游蟻	165-167
DORYLINAERMP 軍蟻亞科				
Dorylus	軍蟻屬	140, 203-204		
AENICTINA 迷蟻亞科				
Aenictus	迷蟻屬	203		
PSEUDOMYRMICINAE 擬家蟻亞科				
Pseudomyrmex	擬家蟻屬	241, 258		

化石種類				
SPHECOMYRMINAE 蜂蟻亞科				
Sphecomyrma	蜂蟻屬	104-106		
		Sphecomyrma	*freyi*	佛雷氏蜂蟻	104, 彩圖 IV-4
MYRMECIINAE 牙針蟻亞科				
Cariridris	蟹牙針蟻屬	106		
		Cariridris	*bipetiolata*	雙柄蟹牙針蟻	106

JOURNEY TO THE ANTS: A Storyof Scientific Exploration by Bert Hölldobler and Edward O. Wilson
Copyright © 1994 by Bert Hölldobler and Edward O. Wilson
Published by arrangement with Harvard University Press through Bardon-Chinese Media Agency
Complex Chinese translation copyright © 2019 by Owl Publishing House, a division of Cité Publishing Ltd.
All Right Reserved.

貓頭鷹書房 265

螞蟻螞蟻：螞蟻大師威爾森與霍德伯勒的科學探索之旅

作　　　者　威爾森、霍德伯勒
譯　　　者　蔡承志
責任編輯　王正緯
編輯協力　王詠萱
版面構成　張靜怡
封面設計　廖韡

總 編 輯　謝宜英
行銷業務　鄭詠文、陳昱甄
出 版 者　貓頭鷹出版

發 行 人　涂玉雲
發　　　行　英屬蓋曼群島商家庭傳媒股份有限公司城邦分公司
　　　　　　104 台北市中山區民生東路二段 141 號 11 樓
　　　　　　畫撥帳號：19863813；戶名：書虫股份有限公司
城邦讀書花園：www.cite.com.tw　購書服務信箱：service@readingclub.com.tw
購書服務專線：02-2500-7718~9（周一至周五上午 09:30-12:00；下午 13:30-17:00）
24 小時傳真專線：02-2500-1990；25001991
香港發行所　城邦（香港）出版集團／電話：852-2877-8606 ／傳真：852-2578-9337
馬新發行所　城邦（馬新）出版集團／電話：603-9056-3833 ／傳真：603-9057-6622
印 製 廠　中原造像股份有限公司
初　　　版　2019 年 9 月
定　　　價　新台幣 660 元／港幣 220 元
ＩＳＢＮ　978-986-262-396-1

有著作權・侵害必究
缺頁或破損請寄回更換

讀者意見信箱　owl@cph.com.tw
投稿信箱　owl.book@gmail.com
貓頭鷹知識網　www.owls.tw
貓頭鷹臉書　facebook.com/owlpublishing

【大量採購，請洽專線】(02) 2500-1919

城邦讀書花園
www.cite.com.tw

國家圖書館出版品預行編目資料

螞蟻螞蟻：螞蟻大師威爾森與霍德伯勒的科學探索之
　旅／威爾森、霍德伯勒著；蔡承志譯 .-- 初版 .--
　臺北市：貓頭鷹出版：家庭傳媒城邦分公司發行，
　2019.09
　面；　公分 .--（貓頭鷹書房；265）
　譯自：Journey to the ants: a story of scientific exploration
　ISBN 978-986-262-396-1（平裝）

　1. 螞蟻　2. 動物行為

387.781　　　　　　　　　　　　　　　　108012465